应用型本科机电类专业"十三五"规划精品教材

SolidWorks 2016 工程应用

主　编　王　伟　张秀梅

副主编　张　融　章小红　朱凤霞

主　审　周晓星

华中科技大学出版社

中国·武汉

内容简介

本书主要介绍了 SolidWorks 2016 中文版本的基本功能与使用技巧。

全书共分 9 章,分别介绍了 SolidWorks 软件的基础知识、草图绘制、实体建模、零件的装配、工程图和曲面等知识,最后对机构运动分析与零件的受力分析进行初步介绍。

本书在编写零件建模时,先对设计思路进行详细分析,再逐步介绍其设计过程和操作步骤,使读者领会利用 SolidWorks 软件进行机械设计的思路和技巧。

本书编写特点:示例典型丰富,内容实用,结合工程实例进行讲解,并在随书网盘中提供详细的模型。

本书实例选择典型,分析透彻,内容实用。本书适合于利用SolidWorks进行机械设计的技术人员,也可以供大专院校机械专业及其相关专业的师生参考。

图书在版编目(CIP)数据

SolidWorks 2016 工程应用/王伟,张秀梅主编.—武汉:华中科技大学出版社,2017.2(2021.12重印)
应用型本科机电类专业"十三五"规划精品教材
ISBN 978-7-5680-2251-4

Ⅰ.①S⋯　Ⅱ.①王⋯　②张⋯　Ⅲ.①计算机辅助设计-应用软件-高等学校-教材　Ⅳ.①TP391.72

中国版本图书馆 CIP 数据核字(2016)第 243485 号

SolidWorks 2016 工程应用　　　　　　　　　　　　　　　王　伟　张秀梅　主编
SolidWorks 2016 Gongcheng Yingyong

策划编辑:袁　冲
责任编辑:狄宝珠
责任校对:张会军
责任监印:朱　玢
出版发行:华中科技大学出版社(中国·武汉)　　　电话:(027)81321913
　　　　　武汉市东湖新技术开发区华工科技园　　　邮编:430223
录　　排:华中科技大学惠友文印中心
印　　刷:武汉开心印印刷有限公司
开　　本:787mm×1092mm　1/16
印　　张:21.75
字　　数:540 千字
版　　次:2021 年 12 月第 1 版第 6 次印刷
定　　价:43.00 元

应用型本科机电类专业"十三五"规划精品教材

编 委 会

总策划：袁　冲

顾　问：文友先

成　员（排名不分先后）：

容一鸣	潘　笑	李家伟	卢帆兴	孙立鹏
杨玉蓓	胡均安	叶大萌	冯德强	张胜利
李立慧	张　荣	贾建平	严小黑	王　伟
石从继	邓拥军	桂　伟	姜存学	蒋慧琼
李启友	赵　燕	张　融	李如钢	江晓明
徐汉斌	熊才高	肖书浩	王　琨	卢　霞

应用型本科机电类专业"十三五"规划精品教材

鸣谢学校名单

（排名不分先后）

华中科技大学武昌分校

武汉东湖学院

海军工程大学

武汉工业学院工商学院

武汉工程大学邮电信息学院

湖北工业大学工程技术学院

武汉生物工程学院

中国地质大学江城学院

湖北工业大学商贸学院

武汉华夏理工学院

江汉大学文理学院

江西理工大学应用科学学院

河海大学文天学院

北京化工大学北方学院

华东交通大学理工学院

广州技术师范学院天河学院

大连工业大学艺术与信息工程学院

北京交通大学海滨学院

广西工学院鹿山学院

燕山大学里仁学院

长春理工大学光电信息学院

广州大学松田学院

沈阳航空航天大学北方科技学院

大连理工大学城市学院

武汉科技大学城市学院

电子科技大学中山学院

吉林大学珠海学院

北京理工大学珠海学院

东莞理工学院城市学院

集美大学诚毅学院

河南理工大学万方科技学院

浙江大学城市学院

安徽工程大学机电学院

长沙理工大学城南学院

青岛滨海学院

南京航空航天大学金城学院

总序

    2010年12月,我们邀请了十多所二本和三本层次院校的机电学科教学负责人和骨干教师召开了应用型本科院校机电类专业的教学研讨和教材建设会议。会议重点研讨了当前应用型本科机电专业建设、课程设置、招生就业、教材使用、实验实训课程改革等情况。大家一致认为,教材建设是专业建设发展的重要环节,配合教学改革进行教材改革已迫在眉睫。尤其是独立学院面临脱离母体学校独立发展的紧迫形势,编写适合自身特点的教材,也是水到渠成。大家认为编写应用型本科教材,切合市场的需要,也切合各个学院内涵提升的需要,会议决定开发一套应用型本科机电类专业"十三五"规划精品教材,它以独立学院为主体,广泛吸纳民办院校(包括二类本科院校)参与。

    这套教材定位在应用型本科的培养层次。应用型本科终究还是本科,绝不等同于高职,因此,教材编写要力求摒弃传统本科的压缩版,也要避免陷入高职提高版的误区,必须围绕本科生所要掌握的基础理论展开,体现理论够用的原则,并要融入新知识、新技术、新内容、新材料,体现最新发展动态,具有一定的前瞻性。其次,我们希望每种教材最好是由一名教师和一名有企业实际岗位工作经验的工程师来联合主编,要求案例和实训方案来源于生产一线,具有代表性和典型性,突出实用性。在体例编排和内容组织上,建议主编根据课程实际情况,借鉴高职教材以职业活动为导向,以职业技能为核心,突出任务驱动的特点,在形式上能有所创新,达到编写体例新颖、主次分明的目的,条件成熟的可配有配套的习题和教学课件。

    总之,我们希望这套教材能够体现"层次适用、理论够用、案例实用、体例创新"的"三用一新"的特点,并达到:思想性、科学性和方法论相统一;先进性和基础性相统一;理论知识和实践知识相统一;综合性和针对性相统一;教材内容与实际工作岗位对接。

    需要特别说明的是,由于时间关系我们没有邀请更多的院校参加会议,但是并不影响我们博采众长,我们通过电话、邮件、网络等,得到了很多有价值的信息,有的老师热情地提供了人才培养方案,有的老师推荐兄弟院校教师参与,有的老师提供精品课程建设的经验,有的老师提供从企业获取的案例资料等,这些都极大地丰富了编写团队的素材,为教材编写提供了强有力的支撑,这些老师及其学校直接和间接地为本套教材的出版做出了贡献。因此,我们特意收录这些院校的名单,以示鸣谢!

    本系列教材主编和编写人员都是经过精选的,主要选择富有教学和教学改革实践经验和一定精品课程建设经验的教师或生产一线的工程师来担任。为了确保教材的编写质量,我们还邀请了当前国内一流的机电专业教学与研究方面的权威专家对个别教材进行了认真的审稿。专家们普遍给予了高度的肯定,同时也提出了很多宝贵的意见和建议,使得这套教材能更加完善。相信这是一套学生便于学习实践、教师便于教学指导的好教材。也希望各院校在使用的过程当中,给我们提出宝贵的意见和建议,便于我们不断修订完善! 同时,欢迎更多的老师参与到编写修订团队中来!

我们的联系方式如下。

联系人	QQ 号	QQ 群	E-MAIL
袁冲	151211854	126692072	211272956@qq.com
地址	武汉市东湖新技术开发区华工科技园六路		

编委会

2011 年 6 月

前言

　　机械计算机辅助设计与制造(机械 CAD/CAM)是随着计算机和信息技术的发展而产生、发展的一门综合性的应用技术,是高等院校机械专业及其相关专业学生必须掌握的一门基本技术。

　　机械 CAD/CAM 技术涉及内容非常广泛,本教材从应用型本科院校教育目标及知识、能力和素质结构要求出发,在机械专业和相关专业人才培养模式转变及教学方法改革的背景下,在内容安排及教学方法上突出实际应用能力的培养,体现应用型人才培养的特色。

　　本教材选用 SolidWorks 软件作为 CAD/CAM 应用软件。SolidWorks 软件是世界上第一个基于 Windows 开发的三维 CAD 系统,具有功能强大、易学易用和技术创新等特点。为了使初学者能更好地学习该软件,同时尽快熟悉并熟练使用 SolidWorks 2016 进行三维CAD 设计,笔者根据多年在教学第一线的教学经验,以及多年在该领域的设计经验,结合学生特点和社会需求精心编写了本教材。本教材以 SolidWorks 2016 版软件为基础,以工程应用为目标,从学习的角度由浅入深、循序渐进地讲解了该软件的设计和初步仿真分析功能。

　　本教材在编写过程中力求突出以下特点。

　　(1) 重点突出,内容丰富。基础知识以基本操作为主,深入浅出,以"必需、够用"为度,重点介绍 SolidWorks 建模、装配、工程图以及运动仿真等操作,使学生易于接受和理解。

　　(2) 注重简洁高效。通过实例的介绍,将基本概念、常用方法和相关技巧展示给读者,不仅提高学生的学习兴趣,还有助于学生在最短的时间内熟练使用该软件。

　　(3) 注重实用性。精选了机械领域中最典型的产品作为实例进行设计分析。每章最后都附有适量的习题,强化实际操作技能。

　　本教材实例选择典型,分析透彻,内容实用。本教材适合于用 SolidWorks 进行机械设计的技术人员,也可以供大专院校机械专业及其相关专业的师生参考。

　　全书由王伟和张秀梅共同担任主编,张融、章小红、朱凤霞担任副主编。其中第 1、6、9章由张融老师编写,第 2、4 章由王伟老师编写,第 3 章由章小红老师编写,第 5 章由朱凤霞老师编写,第 7、8 章由张秀梅老师编写。王伟对全书进行了统稿和校核工作。

　　本书在编写过程中吸收了很多优秀教材的思想、经验和优点,引用了一些文献,编者谨

i

向各位作者表示诚挚的谢意。

　　此外,本书在编写过程中得到了武汉高顿科技发展有限公司的各位工程师的大力帮助,本书由 SolidWorks 认证专家、SolidWorks 认证讲师周晓星工程师主审,在此一并表示感谢。

　　本书得到华中科技大学出版社的大力支持,出版社的编辑为此付出了辛勤的劳动,特此表示感谢。

　　由于编者水平有限,书中难免有错误和不妥之处,敬请读者批评指正,编者在此深表感谢。

　　本书所有模型,请关注 QQ 群:463054925。

群名称:SolidWorks工程应用

群　号:463054925

编　者

2016 年 5 月

目录

第 1 章 概　　述

随着人们生活水平的提高,消费者的价值观正在发生结构性的变化,呈现出多样化与个性化的特点,用户对各类产品的质量、产品更新换代的速度,以及产品从设计制造到投放市场的周期都提出了越来越高的要求,为了适应这种变化,工厂的产品也向着多品种、中小批量方向发展。在这种市场需求下,CAD 技术应运而生。CAD 技术的出现和发展将人类从烦琐的脑力劳动中解放出来。随着企业对 CAD 技术的重视,越来越多的企业开始利用该技术进行产品设计开发、分析及制造。

1.1　机械 CAD 的概念

机械产品的整个生命周期包含产品设计、制造、装配、销售和使用,如图 1.1 所示。CAD、CAE、CAM、PDM 简称 C3P,C3P 技术是 1993 年由福特汽车公司正式提出,目前已被广大制造业用户所认同。在图 1.1 中,CAD 用于"几何造型及产品建模",CAE 用于"工程分析",CAM 用于"数控编程",PDM 则用于产品生命周期的全过程。

CAD(computer aided design)计算机辅助设计,有广义和狭义之分,狭义的 CAD 是指利用计算机及其图形设备帮助设计人员完成整个产品的设计过程。广义的 CAD 包括设计和分析两个方面,即包括二维绘图设计、三维几何造型设计、有限元分析(FEA)及优化设计、数控加工编程(NCP)、仿真模拟及产品数据管理等内容。

CAE(computer aided engineering)计算机辅助工程,是利用计算机辅助求解分析复杂工程和产品的结构力学性能,以及优化结构性能等的一种近似数值方法。CAE 软件可作静态结构分析和动态结构分析;研究线性、非线性问题;分析结构(固体)、流体、电磁等。可运用 CAE 技术中的动力学或静力学分析结果来指导零件的强度设计。

CAM(computer aided manufacturing)计算机辅助制造,是利用计算机来进行设备管理控制和操作的过程。它的输入信息是零件的工艺路线和工序内容,输出信息是刀具加工时的运动轨迹(刀位文件)和数控程序。CAM 是工程师大量使用产品生命周期管理计算机软件的产品元件制造过程。计算机辅助设计中生成的元件三维模型用于生成驱动数字控制机床的计算机数控代码。这包括工程师选择工具的类型、加工过程及加工路径。

CAPP(computer aided process planning)计算机辅助工艺过程设计,是一种将企业产品设计数据转换为产品制造数据的技术。设计人员通过这种计算机技术辅助工艺完成产品从毛坯到成品的设计。CAPP 系统的应用将为企业数据信息的集成打下坚实的基础。

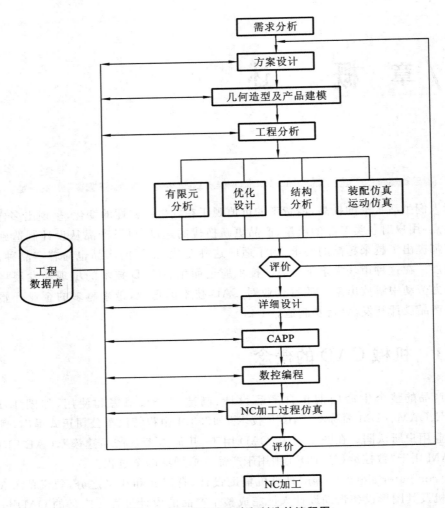

图 1.1　机械产品设计和制造的流程图

　　PDM(product data management)产品数据管理,是一门用来管理所有与产品相关信息(包括零件信息、配置、文档、CAD 文件、结构、权限信息等)和所有与产品相关过程(包括过程定义和管理)的技术。

1.2　机械 CAD 技术及相关软件介绍

1.2.1　机械 CAD 技术

　　实际上,当前 CAD 已经成为一门综合性应用新技术,其基础技术涉及以下几个方面。

　　(1) 图形处理技术。如二维交互图形技术、三维几何造型及其他图形输入输出技术。

　　(2) 工程分析。如有限元分析、优化设计、物理特性计算(如面积、体积、惯性矩等)、模拟仿真及各行各业中的工程分析等。

（3）数据管理与数据交换技术。如数据管理、不同 CAD 系统间的数据交换和接口等。

（4）文档处理技术。如文档制作、编辑及文字处理等。

（5）软件设计技术。如窗口界面、软件工程规范及其工具系统的使用等。

1.2.2 国内外流行的 CAD 软件特点及应用情况

1. UG

UG(Unigraphics NX)是 Siemens PLM Software 公司出品的一个产品工程解决方案，它为用户的产品设计及加工过程提供了数字化造型和验证手段。Unigraphics NX 针对用户的虚拟产品设计和工艺设计的需求，提供了经过实践验证的解决方案。

2. Inventor

Inventor 美国 Autodesk 公司推出的一款三维可视化实体模拟软件 Autodesk Inventor Professional(AIP)。Autodesk Inventor Professional 包括 Autodesk Inventor®三维设计软件；基于 AutoCAD 平台开发的二维机械制图和详图软件 AutoCAD Mechanical；还加入了用于缆线和束线设计、管道设计及 PCB IDF 文件输入的专业功能模块，并加入了由业界领先的 ANSYS 技术支持的 FEA 功能，可以直接在 Autodesk Inventor Professional 软件中进行应力分析。在此基础上，集成的数据管理软件 Autodesk Vault 用于安全地管理进展中的设计数据。由于 Autodesk Inventor Professional 集所有这些产品于一体，因此提供了一个无风险的二维到三维转换路径。现在，用户能以自己的进度将二维图形转换到三维，保护现在的二维图形和知识投资，并且清楚地知道自己在使用目前市场上 DWG 兼容性最强的平台。

3. Pro/Engineer

Pro/Engineer 操作软件是美国参数技术公司(PTC)旗下的 CAD/CAM/CAE 一体化的三维软件。Pro/Engineer 软件以参数化著称，是参数化技术的最早应用者，在目前的三维造型软件领域中占有着重要地位，Pro/Engineer 作为当今世界机械 CAD/CAE/CAM 领域的新标准而得到业界的认可和推广，是现今主流的 CAD/CAM/CAE 软件之一，特别是在国内产品设计领域占据着重要位置。

4. SolidWorks

SolidWorks 为达索系统(Dassault Systemes S. A)下的子公司，专门负责研发与销售机械设计软件的视窗产品。达索公司是负责系统性的软件供应，并为制造厂商提供具有 Internet 整合能力的支援服务。该集团提供涵盖整个产品生命周期的系统，包括设计、工程、制造和产品数据管理等各个领域中的最佳软件系统，著名的 CATIAV5 就出自该公司之手，目前达索的 CAD 产品市场占有率居世界前列。

5. SolidEdge

SolidEdge 是 Siemens PLM Software 公司旗下的三维 CAD 软件，采用 Siemens PLM Software 公司自己拥有专利的 Parasolid 作为软件核心，将普及型 CAD 系统与世界上最具领先地位的实体造型引擎结合在一起，是基于 Windows 平台、功能强大且易用的三维 CAD 软件。

6. EDSI-DEAS

EDSI-DEAS 是美国 UGS 子公司 SDRC 公司开发的 CAD/CAM 软件。该公司是国际上著名的机械 CAD/CAE/CAM 公司,在全球范围享有盛誉,国外许多著名公司,如波音、索尼、三星、现代、福特等公司均是 SDRC 公司的大客户和合作伙伴。

7. CAXA

CAXA 国内是一套高效、方便、智能化的通用中文设计绘图软件,可帮助设计人员进行零件图、装配图、工艺图表、平面包装的设计,适合所有需要二维设计的场合,使设计人员可以把精力集中在设计构思上,彻底甩掉图板,满足行业相关设计要求。

1.3 机械 CAD 技术应用及发展趋势

1.3.1 机械 CAD 技术应用的几个方面

CAD/CAE 技术的应用领域很广泛,它涉及机械、电子、电力、航空等几乎所有的工业部门。图 1.2 所示为 1992 年美国 CAD/CAE 的销售额在各经济领域中所占的比例。

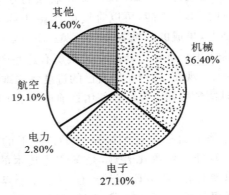

图 1.2 美国 CAD/CAE 技术的市场分配情况

由此可见,机械领域是使用 CAD/CAE 技术的一个主要领域。CAD 技术在机械工业中的主要应用有以下几个方面。

(1) 二维绘图,用以替代传统的手工绘图。

(2) 图形及符号库。可将复杂图形分解成许多简单图形及符号,先存入库中,需要时调出,经编辑修改后插入到另一图形中,从而使图形设计工作由繁杂变为简单。

(3) 参数化设计。标准化或系列化的零部件采用参数化设计的方法建立图形库程序,调用时赋一组新的尺寸参数即可得到新图形。

(4) 三维建模。产品采用实体造型设计,还可作装配及运动仿真、检查有无干涉等。

(5) 工程分析。常见的有有限元分析、优化设计、运动学及动力学分析等。

(6) 设计文档或生成表格。许多产品设计属性需要制成文档说明或输出报表。有些设计还需要直方图、饼图或曲线图等来表达。上述这些工作常由一些专门的软件来完成,如文档制作软件及数据库软件等。

从上述应用情况可知采用 CAD 技术的优势如下。

(1) 减少绘图时间,提高绘图效率。

（2）提高分析计算速度，能解决复杂计算问题。

（3）便于设计更改。

（4）促进设计工作的规范化、系列化和标准化。

总之，采用 CAD 技术能够提高设计质量、缩短设计周期、降低设计成本，从而加快产品的更新换代速度，确保企业保持良好的竞争能力。汽车工业代表着一个国家的制造业发展水平，该行业一直是 CAD/CAE 技术应用的领跑者。

1.3.2 CAD 技术发展趋势

1. 集成化

集成化是 CAD 技术发展的一个最为显著的趋势，它是指把 CAD/CAE/CAPP/CAM 甚至包括 PPC（生产计划与控制）等各种功能不同的软件有机地结合起来，用统一的执行控制程序来组织各种信息的提取、交换、共享和处理，保证系统内部信息的畅通并协调各个系统有效运行。国内外大量经验表明，CAD 系统的效益往往不是从其本身体现出来，而是通过 CAM 和 PPC 系统体现出来；反过来，CAM 系统如果没有 CAD 系统的支持，花巨资引进的设备则往往很难得到有效利用；PPC 系统如果没有 CAD 和 CAM 系统支持，既得不到完整、及时和准确的数据作为计划的依据，制订的计划比较难以贯彻执行，即生产计划与控制将得不到实际效益。因此人们着手将 CAD、CAE、CAPP、CAM 和 PPC 等系统有机地、统一地集成在一起，从而消除"自动化孤岛"，取得最佳效益。

2. 网络化

21 世纪网络化将全球化，制造业也将全球化，从获取需求信息，到产品分析设计、选购原辅材料和零部件、进行加工制造，直至营销，整个生产过程也将全球化。CAD 系统的网络化能使设计人员对产品方案在费用、流动时间和功能上并行化产品设计应用系统；能提供产品进程和整个企业性能仿真、建模和分析技术的拟实制造系统；能开发自动化系统，产生和优化工作计划和车间级控制，支持敏捷制造的制造计划和控制应用系统；对生产过程中的物流能进行管理的物料管理应用系统等。

3. 智能化

人工智能在 CAD 中的应用主要集中在知识工程的引入，发展专家系统。专家系统具有逻辑推理和决策判断能力。它将许多实例和有关专业范围内的经验、准则结合在一起，给设计者更全面、更可靠的指导。应用这些实例和准则，根据设计目标不断缩小探索范围，使问题得到解决。

习　　题

1-1　机械 CAD 包含哪些方面的内容？

第2章　SolidWorks 软件介绍

随着企业对计算机辅助设计——CAD(computer aided design)技术的重视，越来越多的企业开始利用该技术进行产品设计和开发。SolidWorks 软件作为一款流行的三维 CAD 软件，越来越受到企业和工程技术人员的青睐。本章主要包括以下内容：①SolidWorks 主要功能模块简介；②SolidWorks 操作界面；③设置 SolidWorks 工作环境；④SolidWorks 建模特点。

■ 2.1 SolidWorks 主要功能模块简介

SolidWorks 软件是基于 Windows 的三维实体设计软件，全面支持微软的 OLE 技术。该软件已经改变了"CAD/CAE/CAM"领域传统的集成方式，使不同的应用软件能集成到同一个窗口，共享同一数据信息，以相同的方式操作，没有文件传输的烦恼。"基于 Windows 的 CAD/CAE/CAM/PDM 桌面集成系统"贯穿于设计、分析、加工和数据管理的整个过程。

SolidWorks 凭借关键技术的突破、深层功能的开发和工程应用的不断拓展而成为 CAD 市场中的主流产品。SolidWorks 软件包含三大模块：零件、装配体和工程图。

1. 零件

零件模块主要实现建立实体模型、曲面建模、模具设计、钣金设计及焊接件设计。

(1) 实体建模：在建立草图的基础上，通过众多的特征生成工具来设计产品，如凸台、切除、特征等工具栏。利用相关插件，还可对建好的实体模型进行强度校核和优化设计。

(2) 曲面建模：利用曲面生成工具可以完成复杂曲面模型的建模。

(3) 模具设计：利用模具设计工具，并结合实体建模和曲面建模工具，可以完成模具的设计。

(4) 钣金设计：利用钣金设计工具，使钣金的设计变得很容易。

(5) 焊接件设计：焊件结构为单一多实体零件，使用 2D 和 3D 草图来定义基本框架，然后生成包含草图线段组的结构件。

2. 装配体

用装配体模块可创建由许多零部件所组成的复杂装配体，这些零部件可以是零件或其他装配体(称为子装配体)。零部件之间通过各种配合关系联系在一起。

在装配体环境下，可以观察装配体中各零部件的运动，检测干涉及运动间隙。

3. 工程图

直接从"零件"或"装配体"文件生成工程图,并进行标注。利用工程图模块提供的工具可以很方便地完成工程图的绘制。

2.2　SolidWorks 操作界面

2.2.1　启动 SolidWorks 软件

有两种方法可以启动并且进入 SolidWorks 软件环境。

（1）双击 Windows 桌面上的 SolidWorks 软件快捷图标可以启动软件,如图 2.1(a)所示。一般来说,只要软件安装成功,在 Windows 桌面上都会显示 SolidWorks 软件的快捷图标。右键单击该快捷图标,选择"重命名"可以修改图标的名称。

（a）SolidWorks 快捷图标

（b）从"开始"菜单启动软件

（c）SolidWorks软件环境

图 2.1　启动 SolidWorks 软件

（2）从 Windows 任务栏中选择"开始"→"所有程序"→"SOLIDWORKS 2016"→"SOLIDWORKS 2016 x64 Edition"命令也可以启动软件，如图 2.1(b)所示。SolidWorks 软件环境如图 2.1(c)所示。

2.2.2　SolidWorks 操作界面

选择下拉菜单"文件"→"打开"命令，或者单击工具栏中的"打开"按钮，在弹出对话框的"查找范围"的下拉列表中选择"网盘:\第 2 章\轴承支座.SLDPRT"文件，单击"打开"按钮，SolidWorks 的操作界面如图 2.2 所示。

操作界面包含下拉菜单、标准工具栏、建模工具栏、设计树、绘图区、任务窗格和状态栏等。

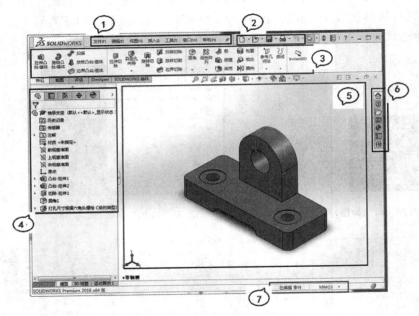

图 2.2　SolidWorks 操作界面

1. 下拉菜单

下拉菜单包含有"文件"、"编辑"、"视图"、"插入"、"工具"、"窗口"、"帮助"等菜单。

（1）"文件"菜单主要完成新建、打开、保存文件等操作，以及退出 SolidWorks 软件等操作。

（2）"编辑"菜单主要是完成对文件中相关素材的复制、粘贴、删除等操作。

（3）"视图"菜单主要设置绘图区模型的外观效果、显示状态等操作。

（4）"插入"菜单主要是建立各种实体模型的操作命令，如凸台、切除、曲面、钣金、模具等的生成命令。

（5）"工具"菜单主要是绘制草图的相关命令，以及模型的检查、分析命令。

（6）"窗口"菜单主要是设置对单个零件文件或多个文件在软件窗口中如何显示。

（7）"帮助"菜单提供了该软件的相关培训课程、相关帮助文档，以及软件的版本信息。

2. 标准工具栏

标准工具栏与下拉菜单"文件"、"编辑"中的有些功能相同,主要完成新建、打开、保存文件等操作。

3. 建模工具栏

图 2.3 所示为建模工具栏。若单击该工具栏下部的"草图"、"评估"等选项,该处会依次出现绘制草图的相关工具栏、评估模型的相关工具栏。相关工具的含义及用法在后续章节中会进行详细介绍。

（a）草图工具栏（部分）

（b）评估工具栏（部分）

图 2.3　建模工具栏

4. 设计树

设计树也称为特征管理器,列出了当前文件中的所有零件(对于装配体文件而言)、特征,以及基准面坐标系、材质属性等,通过树形结构可以便捷地管理这些内容。

在设计树中可以进行如下一些操作。

（1）单击特征名前的小三角图标可以展开某个特征,可以显示生成该特征的草图名。

（2）单击特征名可以显示该特征中的所有尺寸值,如草图尺寸值和特征定义尺寸值。

（3）右击特征名,在弹出的快捷菜单中选择相关选项,完成对特征的一些操作。

5. 绘图区

SolidWorks 各种模型在此区域中建立、修改并显示。在该区域的顶端,还有一些工具按钮,如图 2.4 所示,这些工具能方便设计者对模型进行放大、缩小及视图定向等操作。

图 2.4　绘图区工具栏

6. 任务窗格

任务窗格包含以下一些内容。

（1）SolidWorks 资源 🏠 :在"开始"栏中有新建或打开一个文件,以及软件自带的一些课程链接;在"社区"栏中提供了相关学习网址的链接;"在线资源"栏提供了一些网上资源的链接及搜索功能。

（2）设计库 ⬚ ：提供了一些标准零件库，并且可以将自建零件添加到零件库中以供重复使用。

（3）文件探索器 ⬚ ：方便操作者搜索和打开模型。

（4）查看调色板 ⬚ ：主要是在生成工程图文件时的相关操作。

（5）外观/布景 ⬚ ：修改模型的外观颜色，以及调整模型的背景。

7. 状态栏

状态栏会显示用户在操作过程中的实时状态等信息，以提示用户操作。

2.3 设置 SolidWorks 工作环境

一个合理的、符合设计者习惯的工作环境，对于提高工作效率、缓解设计者疲劳感有很重要的意义。

SolidWorks 软件同其他软件一样，可以根据设计者的需要对工具栏、命令按钮、快捷键、绘图区的背景及模型单位等进行自行设置。

利用软件的下拉菜单"工具"→"自定义"或"选项"命令，可以设置软件的工作环境。

2.3.1 设置工具栏

SolidWorks 软件有很多工具栏，由于绘图区域的限制，不可能全部显示出来，所以系统只是将比较常用的工具栏默认地显示出来。用户在建模过程中，可以根据设计需要显示或隐藏部分工具栏。

设置工具栏的方法有两种，下面予以简单介绍。

1. 利用"自定义"菜单命令设置工具栏

利用"自定义"菜单命令设置工具栏的操作步骤如下。

1）打开"自定义"对话框

选择下拉菜单"工具"→"自定义"菜单命令，或者在工具栏区域单击鼠标右键，在快捷菜单中选择"自定义"选项，此时系统会弹出如图 2.5(a)所示的"自定义"对话框。

2）设置工具栏

选择"自定义"对话框中的"工具栏"选项卡，此时对话框中会出现系统所有的工具栏，根据需要勾选相应的工具栏。若是要隐藏工具栏，只要去掉对应工具栏的勾选即可。

3）确认设置

单击"自定义"对话框中的"确定"按钮后，操作界面上会显示所选择的工具栏。

2. 利用鼠标右键设置工具栏

利用鼠标右键添加或隐藏工具栏的操作步骤如下。

（1）在操作界面的工具栏中单击鼠标右键，系统会出现设置工具栏的快捷菜单，如图 2.5(b)所示。

（2）单击需要的工具栏，前面复选框的颜色会加深，则操作界面上会显示选择的工具栏。如果单击已经显示的工具栏，前面复选框的颜色会变浅，则操作界面上会隐藏选择的工

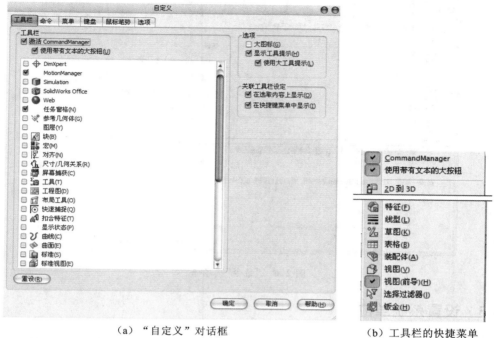

（a）"自定义"对话框　　　　　　　　　（b）工具栏的快捷菜单

图 2.5 设置工具栏

具栏。

注意　当选择显示或隐藏的工具栏时，对工具栏的设置会应用到当前激活的 SolidWorks 文件类型中。

2.3.2　设置工具栏命令按钮

利用"自定义"对话框中的"命令"选项卡，可以向现有的工具栏添加命令按钮。

设置工具栏命令按钮的操作步骤如下。

（1）选择下拉菜单"工具"→"自定义"菜单命令，或者在工具栏区域单击鼠标右键，在快捷菜单中选择"自定义"选项，则弹出"自定义"对话框。

（2）单击"自定义"对话框中的"命令"选项卡，出现如图 2.6 所示的"命令"选项卡的类别和按钮选项。在"类别"列表框中选择"特征"命令，在"按钮"选项中显示"命令"工具栏中所有的命令按钮。选择要增加的命令按钮，然后按住左键拖动该按钮到要放置的工具栏上，然后松开鼠标左键，即添加成功。

（3）单击"自定义"对话框中的"确定"按钮，退出"自定义"对话框。

若要删除工具栏中无用的命令按钮，只要在操作界面上的工具栏中选择对应的命令按钮，然后按住鼠标左键拖动需要删除的按钮到绘图区，就可以删除无用的命令按钮。

注意　对工具栏添加或删除命令按钮时，对工具栏的设置会应用到当前激活的 SolidWorks 文件类型中。

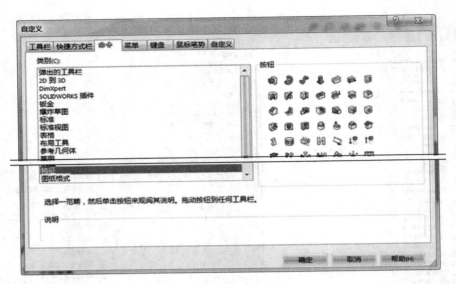

图 2.6 "命令"选项卡

2.3.3 设置系统单位

系统默认的单位为"MMGS(毫米、克、秒)",但有时零件的单位系统为其他类型。因此,在建立零件实体模型之前,需要设置系统的单位。可以使用"选项"对话框来定义其他类型的单位系统。

设置系统单位的操作步骤如下。

(1) 选择下拉菜单"工具"→"选项"命令。

(2) 在弹出的文档属性对话框中单击"文档属性"选项卡,打开"文档属性"选项卡选择"单位"选项,如图 2.7 所示。在"单位系统"中选择所需的单位,单击"确定"按钮完成设置。

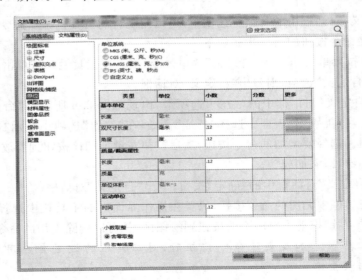

图 2.7 文档属性对话框

2.3.4　设置界面背景

在 SolidWorks 软件中,可以依据操作者的喜好来更改操作界面的背景及颜色,以设置个性化的用户界面。

设置界面背景的操作步骤如下。

(1) 选择下拉菜单"工具"→"选项"菜单命令,弹出系统选项对话框,如图 2.8(a)所示。

(2) 在"系统选项"列表框中选择"颜色"选项,如图 2.8(a)所示。在"颜色方案设置"中

(a) 系统选项对话框

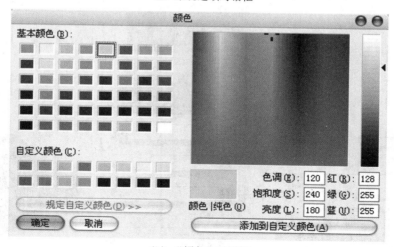

(b)　"颜色"对话框

图 2.8　设置界面背景

选择"视区背景",然后单击右边颜色的"编辑"按钮,弹出如图 2.8(b)所示的"颜色"对话框,在其中选择要设置的颜色,然后单击"确定"按钮。

(3) 按同样的操作,可以设置其他选项的颜色。

2.3.5 设置实体的颜色

绘制的零件实体,其颜色系统默认为灰色。在零部件和装配体模型中,通常通过改变实体的颜色来增加模型的层次感和便于分辨不同的零部件。

打开"网盘:\第 2 章\轴承支座.SLDPRT"文件,在此基础上进行练习。

在设计树(特征管理器)中单击要改变颜色的特征名(如"凸台-拉伸 2"),在弹出的快捷菜单中选择"外观"图标 ,出现如图 2.9(a)所示的菜单,单击"凸台-拉伸 2",系统弹出

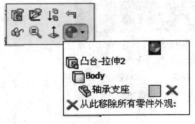

| （a）菜单 | （b）"颜色"属性管理器 | （c）效果 |

图 2.9 设置实体颜色

"颜色"属性管理器,如图 2.9(b)所示。

在"颜色"栏下的"添加当前颜色到样块"对应的颜色窗口中,选择所需颜色(两个窗口中都可以选,也可以通过调整 RGB 的控制棒来设置颜色),单击"颜色"属性管理器的"确定"按钮,则颜色设置完成。效果如图 2.9(c)所示。

除了可以对特征的颜色进行设置外,还可以对零件的某个面进行颜色设置。具体操作如下:在绘图区单击要改变颜色的面,此时系统弹出快捷菜单,选择"外观"图标 ，出现如图 2.10 所示类似的菜单,单击"面 1",系统弹出"颜色"属性管理器,其设置与特征颜色设置类似。

在装配体模型中,还可以对某个零件整体进行颜色设置,一般在特征管理器中选择需要设置的零件,然后对其进行设置,步骤也与设置特征颜色类似。

注意　对于单个零件而言,设置实体颜色可以渲染实体使其更加接近实际情况;对于装配体而言,设置零件颜色可以使装配体具有层次感,方便观察。

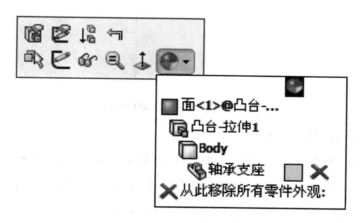

图 2.10　设置面的颜色

2.4　SolidWorks 建模特点

SolidWorks 是基于特征的实体造型软件。基于特征是指零件模型的构造是由各种特征生成的,零件的设计过程就是特征的累积过程。

有关特征的定义比较多,此处不一一罗列,在 SolidWorks 软件中,特征是构成三维实体的基本元素(即组成空间几何体的一些基本几何体),复杂的三维实体是由多个特征组成的。

本节首先通过一个实例来介绍零件建模的一般过程,在此基础上再详细介绍SolidWorks 软件的建模特点。

2.4.1　零件建模一般过程

下面以一个螺杆零件为例来介绍零件建模的一般过程。

1. 打开软件

双击 Windows 桌面上的 SolidWorks 软件快捷图标启动软件,进入如图 2.11 所示的软件环境。

图 2.11　SolidWorks 软件环境

2. 新建一个 SolidWorks 文件

在 SolidWorks 软件环境下,新建一个零件:选择下拉菜单 文件(F) → 新建(N)... 命令,或者在标准工具栏中单击"新建"按钮 ;在系统弹出的图 2.12 所示的"新建 SOLIDWORKS 文件"对话框中,先选择"零件"模块,再单击 确定 按钮,进入建模环境,或者直接双击"零件"图标,进入如图 2.13 所示的建模操作界面。

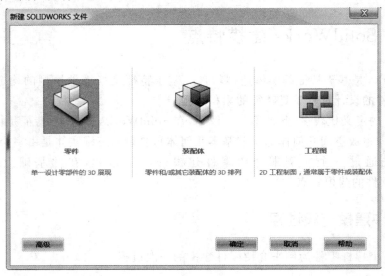

图 2.12　"新建 SOLIDWORKS 文件"对话框

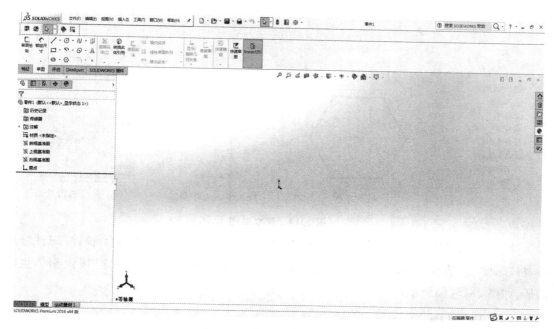

图 2.13　SolidWorks 操作界面

3．建立第一个特征

1）建立特征草图

（1）选择草图基准面。

在设计树中单击"上视基准面"（即选择草图基准面），在弹出的快捷菜单中选择"草图绘制"图标 ，如图 2.14(a)所示。此时，系统进入草图绘制环境。

（2）绘制草图。

① 首先绘制一条通过原点的水平中心线。在草图工具栏中单击"直线"工具按钮 的下拉列表（一个小三角符号），单击"中心线"命令，绘制一条通过原点的水平中心线，如图 2.14(b)所示。

② 绘制一个正六边形。

在草图工具栏中选择"多边形"工具按钮 ，系统会弹出一个如图 2.14(c)所示的"多边形"属性管理器，系统默认的参数是六边形，此例不用另外设置。

依次在原点和原点右边的水平线上单击鼠标左键各一次；然后在草图工具栏中选择"智能尺寸"工具按钮 ，将鼠标移动到六边形内切圆上单击左键，在出现的"修改"对话框中输入数值"15.00"，如图 2.14(d)所示，单击"确定"按钮 ，退出尺寸编辑。

③ 完成草图绘制。在草图工具栏中单击"退出草图"按钮，或者在绘图区单击图标 ，保存并退出草图绘制状态。

2）由草图生成特征

在设计树中单击刚生成的"草图 1"，在特征工具栏中单击"拉伸凸台/基体"按钮 ，或

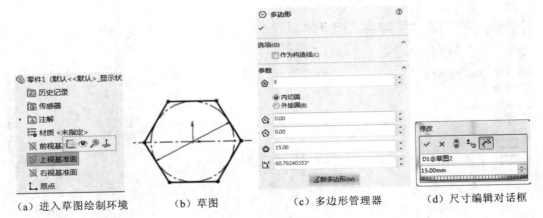

（a）进入草图绘制环境　　　（b）草图　　　（c）多边形管理器　　　（d）尺寸编辑对话框

图 2.14　建立草图

者选择下拉菜单"插入"→"凸台/基体"→"拉伸"选项命令，系统弹出"凸台-拉伸"属性管理器，将"深度" 值设为"6.0 mm"，其他设置如图 2.15（a）所示。单击"确定"按钮 ，生成特征，如图 2.15（b）所示。

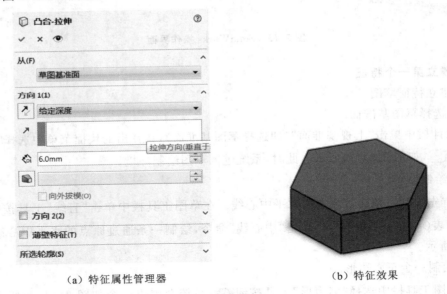

（a）特征属性管理器　　　　　　　　　　　　（b）特征效果

图 2.15　生成第一个特征

4. 添加第二个特征

1）建立特征草图

单击六棱柱的顶面（此顶面作为草图基准面），在弹出的快捷菜单中选择"草图绘制"图标 ，进入草图绘制环境。

在草图工具栏中选择"圆"工具按钮 ，绘制如图 2.16（a）所示的圆，该圆的圆心与原点重合。然后退出草图绘制环境。

2）生成第二个特征

在设计树中单击刚生成的"草图 2"，在特征工具栏中单击"拉伸凸台/基体"按钮 ，或者选择下拉菜单"插入"→"凸台/基体"→"拉伸"选项命令,系统弹出"凸台-拉伸"属性管理器,将"深度" $\overset{\leftrightarrow}{\smallsetminus}$ D1 值设为"30.00 mm",其他设置如图 2.16(b)所示。单击"确定"按钮 ✅,生成特征,如图 2.16(c)所示。

　　至此就完成了一个螺杆零件的建模。

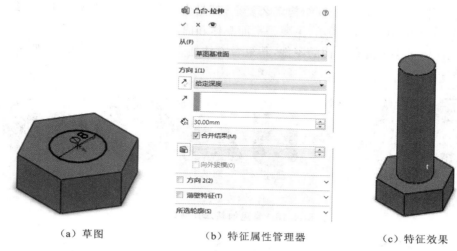

（a）草图　　　　　　　　（b）特征属性管理器　　　　　　（c）特征效果

图 2.16　生成第二个特征

5. 保存该零件文件

　　选择下拉菜单"文件"→"保存"选项命令,或者单击标准工具栏中的"保存"按钮 🖫,系统弹出"另存为"对话框,在"文件名"文本框中输入"螺杆"作为该零件的文件名(见图 2.17);在

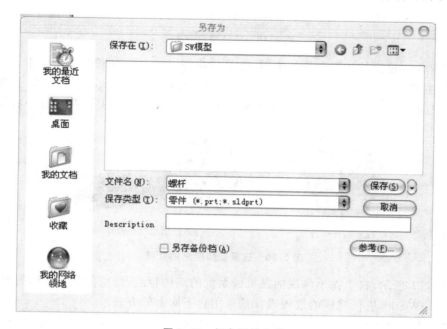

图 2.17　保存零件文件

"保存"下拉列表中选择合适目录。建议在 E 盘的根目录下建立一个名为"SW 模型"的文件夹,读者练习的模型可存入该文件夹进行集中管理。

2.4.2 零件建模的特点

在机械工程领域,零件无论其结构多么复杂,都是由一些基本几何体(即特征)组成的。常见的基本几何体如图 2.18 所示,主要是平面立体和曲面立体。

基本几何体可组成复杂结构的零件,其组合方法通常有切割、叠加等方法,如图2.19所示。

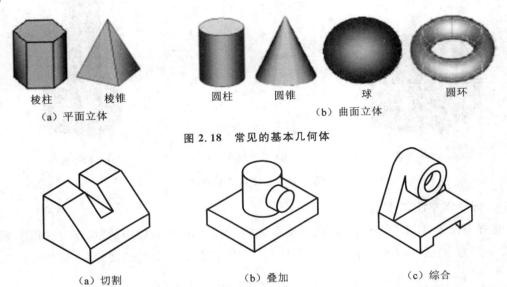

棱柱　　棱锥　　　　　圆柱　　圆锥　　　球　　　圆环

（a）平面立体　　　　　　　　　　（b）曲面立体

图 2.18　常见的基本几何体

（a）切割　　　　　　　（b）叠加　　　　　　　（c）综合

图 2.19　特征组合方式法

SolidWorks 建模的过程也与此相同,就是依次按一定的空间位置关系,将一个个特征组合起来,生成一个三维零件。如图 2.20 所示的螺杆,是在一个六棱柱的基体上叠加一个圆柱体而成的。无论零件多么复杂,其建模过程都与此类似,无非是多建立几个特征而已。

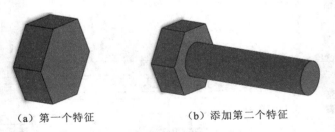

（a）第一个特征　　　　　　　　　（b）添加第二个特征

图 2.20　三维模型的创建过程

如图 2.21 所示,自上而下体现的是机械系统的结构特点,反映的是设计师的设计思路。但是用 SolidWorks 进行建模的过程通常是采用自下而上的方式。

注意　在建立零件模型之前,首先分析该零件由哪些特征组成,再分析每个特征又应该是由什么样的草图用哪种特征工具生成的(自上而下);在此基础上,再动手利用

SolidWorks 软件建立零件模型（自下而上），即先绘制草图，然后在草图基础上生成特征。这种思路会提高读者的学习效果。

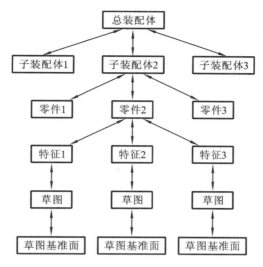

图 2.21　设计及建模过程

在 SolidWorks 系统中，零件设计是核心，特征设计是关键，草图设计是基础。

草图指的是生成特征的二维轮廓或横截面。如图 2.22 所示，黑色的二维图形为草图，实体为草图生成的特征。对草图进行拉伸、旋转、放样，或沿某一路径扫描等操作后即生成特征。更详细的内容将在后续章节中详细介绍。

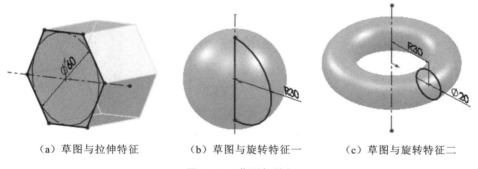

（a）草图与拉伸特征　　　（b）草图与旋转特征一　　　（c）草图与旋转特征二

图 2.22　草图与特征

2.4.3　本书有关鼠标操作的说明

本书中有关鼠标操作的简略表述说明如下。

（1）单击：将鼠标指针移至某位置处，然后按一下鼠标的左键。

（2）双击：将鼠标指针移至某位置处，然后连续快速地按两次鼠标的左键。

（3）右击：将鼠标指针移至某位置处，然后按一下鼠标的右键。

（4）单击中键：将鼠标指针移至某位置处，然后按一下鼠标的中键。

（5）滚动中键：只是滚动鼠标的中键，而不能按中键。

（6）选择（选取）某对象：将鼠标指针移至某对象上，单击以选取该对象。

（7）拖移某对象：将鼠标指针移至某对象上，然后按下鼠标的左键不放，同时移动鼠标，将该对象移动到指定的位置后，松开鼠标的左键。

习　题

2-1　尝试建立如图 2.22 所示的三维实体。

第 *3* 章 草图绘制

草图是生成特征、零件的基础,一般都是先绘制二维草图,然后生成基体特征及添加其他特征,完成零件的创建。当然,也可以用 SolidWorks 直接生成三维草图,三维草图不需要选择绘图面,就可直接进入绘图状态绘制空间草图。但大部分三维零件都是由二维草图形成的,所以本节主要讲解二维草图的绘制。

3.1 草图绘制的基本步骤

3.1.1 进入草图绘制

建立特征前必须先绘制草图,进入草图绘制有以下三种方式。

(1) 先选择任何默认的基准面(前视基准面、上视基准面或右视基准面)或其他平面作为绘图面,然后单击"草图绘制"工具 草图绘制 或从菜单栏中选择"插入"→"草图绘制"。此时在图形区的右上角产生进入草图的符号,开始绘制一幅新的草图,如图 3.1 所示。

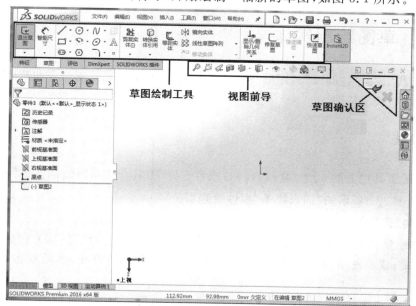

图 3.1 进入草图绘制状态

（2）先单击"草图绘制"工具 ，系统提示选择一基准面为实体生成草图，然后选择一默认基准面或其他已有的平面。此时在图形区的右上角产生进入草图的符号，开始绘制一幅新的草图，如图 3.1 所示。

（3）直接单击实体特征工具 或从菜单栏中选择"插入"→"拉伸"，然后选择一默认基准面或其他平面。此时在图形区的右上角产生进入草图的符号，开始绘制一幅新的草图，如图 3.1 所示。

3.1.2　草图绘制步骤

草图绘制步骤具体如下。

（1）进入草图绘制。

（2）进入到草图绘制界面，"草图绘制"变成"退出草图"，草图工具栏如图 3.2 所示。

图 3.2　草图工具栏

（3）在草图工具栏中选择所需的绘图工具，即可开始绘制草图。

（4）草图绘制完成以后，可以根据需要进行尺寸标注，也可以根据需要添加几何关系约束。

（5）单击图形区右上角的"确定"按钮 ，或者单击工具栏上"退出草图"按钮 ，退出草图绘制状态，完成草图绘制。

3.2　草图绘制实体

使用"直线"、"圆"、"圆弧"、"矩形"和"样条曲线"等基本图元绘制命令和草图工具，可以绘制任意复杂形状的草图。

3.2.1　直线

单击草图工具栏上的 （直线）按钮，或者选择"工具"→"草图绘制实体"→"直线"命令，即弹出如图 3.3 所示的"插入线条"属性管理器。

1. "方向"选项组

（1）"按绘制原样"单选按钮：可以使用"单击-拖动"的方法，绘制任意方向的直线，然后释放鼠标左键；或者使用"单击-单击"的方法，绘制任意方向的直线，然后双击鼠标左键结束。

（2）"水平"单选按钮：可以绘制水平直线，直到释放鼠标左键。鼠标附近出现水平图标符号 。

（3）"竖直"单选按钮：可以绘制竖直直线，直到释放鼠标左键，鼠标附近出现竖直图标符号▌。

（4）"角度"单选按钮：可以以一定角度绘制直线，直到释放鼠标左键。除"按绘制原样"外，选项组外的所有选项均在"直线"属性管理器中显示"参数"选项组，如图 3.4 所示。

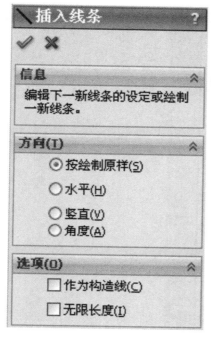

图 3.3　"插入线条"属性管理器

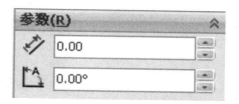

图 3.4　"参数"选项组

2. "选项"选项组

（1）"作为构造线"复选按钮：勾选复选框，所绘制的直线转换为一条构造线。

（2）"无限长度"复选按钮：勾选复选框，所绘制的直线变为一条可裁剪的无限长度直线。

3. "参数"选项组

（1）"长度"文本框 ✐：制定直线的长度。

（2）"角度"文本框 ⌐：制定直线相对于网格线的角度，逆时针方向为正。

4. 编辑线条属性

绘制直线后，在草图中选择直线，弹出如图 3.5 所示的"线条属性"属性管理器。用户可在其中编辑该直线的属性。

（1）"现有几何关系"选项组：该选项组显示了草图中现有的几何关系，即草图绘制过程中自动推理或手工使用"添加几何关系"功能生成的现有几何关系。

（2）"添加几何关系"选项组：该选项组可以将新的几何关系添加到所选择的草图的实体中。

直线绘制通常有两种方式：拖动式和单击式。拖动式是在绘制直线的起点，按住鼠标左键不放,直到直线的终点放开,完成直线绘制;单击式是在直线起点单击,然后在直线终点单击,完成直线绘制。

注意 如果想要在画完直线以后接着画直线或圆弧,可以通过 A 键来切换画直线或画圆弧;一般情况下,直线画完后,接着可继续画直线,如果接下来要画圆弧,则可通过 A 键来切换。

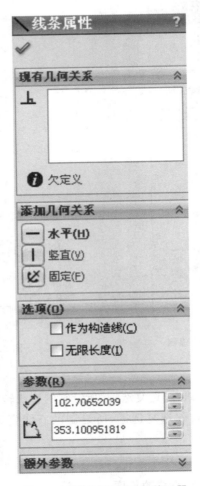

图 3.5 "线条属性"属性管理器

3.2.2 中心线

单击"草图"工具栏上的 ┇ (中心线)按钮,或者选择"工具"→"草图绘制实体"→"中心线"命令,即弹出如图 3.6 所示的"插入线条"属性管理器。对比图 3.2 可以发现,中心线各参数设置除了"选项"选项组中将"作为构造线"选中作为默认设置以外,其他与直线相同。

注意 实线和构造线可以相互转换,若要将实线转换成构造线,只需要选中实线,在"线条属性"属性管理器中勾选"作为构造线"复选框;反之,取消"作为构造线"复选框即可将构造线转换为实线。

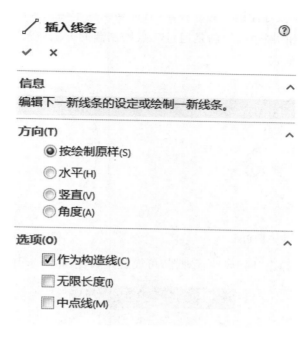

图 3.6　"插入线条"属性管理器

3.2.3　圆

绘制圆的类型有两种：中心圆和周边圆。单击"草图"工具栏上的 ⊘ ▾（圆）按钮，或者选择"工具"→"草图绘制实体"→"圆"菜单命令，显示"圆"属性管理器，如图 3.7 所示。

图 3.7　"圆"属性管理器 1

在"圆类型"选项组中，若选中◎（中心圆）按钮，中心圆绘制只需要确定圆心和半径即可。在图形区域中单击鼠标左键放置圆心，然后拖动鼠标来确定圆的半径，如图 3.8 所示。若选中 ⊙ (周边圆) 按钮，周边圆绘制是通过三点绘制圆的方式，在图形区域中选择三点来确定一个圆，如图 3.9 所示。

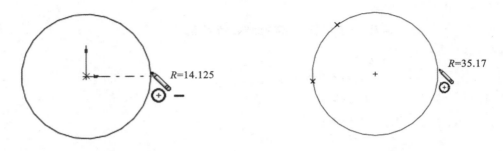

图 3.8　中心圆创建　　　　　　　　　图 3.9　周边圆创建

确定好圆半径后，弹出"圆"属性管理器，可设置其属性，如图 3.10 所示。

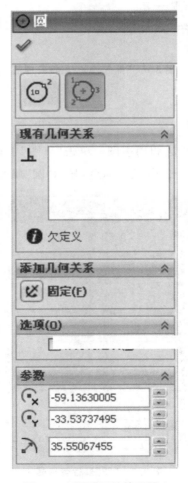

图 3.10　"圆"属性管理器 2

1. "现有几何关系"选项组

该选项组可显示现有几何关系所选草图实体的状态信息。

2. "添加几何关系"选项组

该选项组可将新的几何关系添加到所选的草图实体圆中。

3. "选项"选项组

该选项组可选择"作为构造线"选项,将实体圆转换为构造几何体的圆。

4. "参数"选项组

该选项组用来设置圆心位置坐标和圆的半径。

3.2.4　圆弧

绘制圆弧的方式有三种:圆心/起点/终点圆弧、切线弧和三点圆弧。单击"草图"工具栏上的 (圆弧)按钮,或者选择"工具"→"草图绘制实体"→"圆心/起点/终点圆弧"菜单命令,选择圆弧绘制类型,开始绘制圆弧,如图 3.11 所示。

1. 　圆心/起点/终点圆弧

单击此图标,只需确定圆心,然后拖动鼠标放置起点、终点即可画圆弧,如图 3.12 所示。

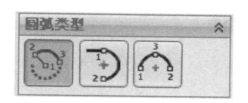

图 3.11　圆弧类型

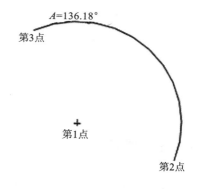

图 3.12　圆心/起点/终点圆弧

2. 　切线弧

绘制切线弧可以生成一条与草图实体(如直线、圆弧、椭圆或样条曲线)相切的圆弧,也可以利用自动过渡将绘制直线切换到绘制圆弧,而不必单击"切线弧"按钮。

切线弧绘制方式:单击直线、圆弧、椭圆或样条曲线的端点作为起始点,然后再单击另一直线、圆弧、椭圆或样条曲线的端点作为圆弧终点,则切线弧绘制完成。

打开"网盘\第 3 章\切线弧.SLDPRT"文件,单击工具栏上"切线弧" 按钮,然后依次选取图 3.13 所示的第 1 点和第 2 点,即完成切线弧的绘制。

注意　SolidWorks 从鼠标指针的移动中可推理出想要切线弧还是法线弧,存在 4 个目的区,具有如图 3.14 所示的 8 种可能结果。沿着切线方向移动鼠标,将生成切线弧,如图 3.14 中的 14、58 弧。沿着垂直方向移动鼠标,将生成法线弧,如图 3.14 中的 27、36 弧。可通过先返回到端点,然后向新的方向移动来实现切线弧和法线弧之间的切换。

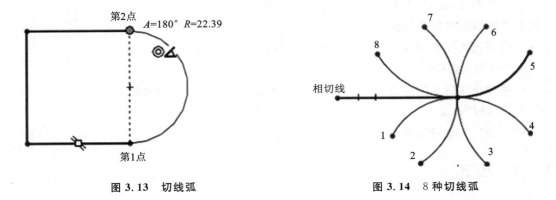

图 3.13　切线弧　　　　　　　　　图 3.14　8 种切线弧

3. 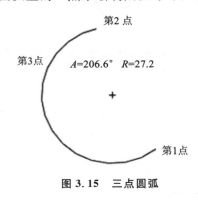 三点圆弧

通过指定起点、终点和圆弧上的一点来绘制圆弧,如图 3.15 所示。

图 3.15　三点圆弧

3.2.5　椭圆

单击"草图"工具栏上的 $\oslash$ ▪ (椭圆)按钮右侧的黑色三角形符号,显示如图 3.16 所示的三种类型,可在其中选择椭圆的绘制类型。

图 3.16　椭圆的三种绘制类型

(1) $\oslash$ (椭圆):以椭圆的中心、长轴和短轴绘制椭圆。

(2) $\oslash$ (部分椭圆):以椭圆的中心、长轴或短轴、椭圆弧的起点和终点绘制椭圆。

(3) $\cup$ (抛物线):以抛物线的焦点、顶点、起点和终点绘制抛物线。单击"草图"工具

栏上的 ∪ (抛物线)按钮,依次单击确定抛物线的焦点、顶点、起点和终点,完成抛物线的绘制。

3.2.6 矩形

矩形绘制方式有 5 种:边角矩形、中心矩形、3 点边角矩形、3 点中心矩形和平行四边形。单击"草图"工具栏中的 □▾ (边角矩形)按钮右侧的黑色三角形符号,显示图 3.17 所示的 5 种矩形类型。或者直接单击 □▾ (边角矩形)按钮,在属性管理器里面有矩形类型选项,如图 3.18 所示,可在其中选择矩形的绘制类型。

图 3.17 五种矩形类型

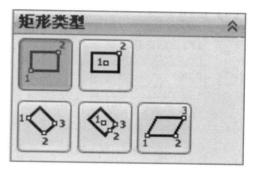

图 3.18 属性管理器中的矩形类型

(1) □ (边角矩形):以两个对角点绘制矩形。

(2) □ (中心矩形):以中心点和一个顶点绘制矩形。

(3) ◇ (3 点边角矩形):以 3 个顶点绘制矩形。

(4) ◆ (3 点中心矩形):以中心点和两个顶点绘制矩形。

(5) ▱ (平行四边形):以 3 个顶点绘制平行四边形。

3.2.7 多边形

多边形是由 3 条(至少)至多条长度相等的边组成的封闭多边形。绘制多边形的方式是指定多边形的中心及对应该多边形的内切圆或外接圆的直径。

绘制多边形的操作步骤如下。

(1) 单击 ⊕ (多边形)按钮或选择"工具"→"草图绘制实体"→"多边形"菜单。

(2) 在"多边形"属性管理器如图 3.19 所示的"参数"选项中设置多边形的属性,即多边形的边数和内切圆或外接圆。

"新多边形"按钮:单击该按钮,将在关闭属性管理器之前生成另一个多边形。

(3) 在绘图区先点击鼠标左键确定多边形中心,然后拖动鼠标到一定位置,调整好多边形方向和内切圆或外接圆的半径,再单击鼠标左键确定多边形,如图 3.20 所示。

图 3.19 "多边形"属性管理器

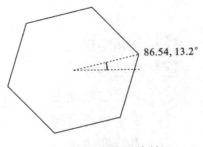

图 3.20 多边形绘制

3.2.8 样条曲线

样条曲线是由一组点定义的光滑曲线,样条曲线经常用于精确地表示对象的造型,最少由两个点组成,中间为型值点(或通过点),两端为端点。可通过拖动样条曲线的型值点或端点改变其形状,也可以在端点处定义相切几何关系。

1. 绘制样条曲线

绘制样条曲线的步骤如下。

(1) 单击"草图"工具栏上 ∿(样条曲线),或者单击"工具"→"草图绘制实体"→"样条曲线"。

(2) 单击以放置第一个点并将第一段线拖出。

(3) 拖动鼠标,单击下一个点并将第二个线段拖出。

(4) 按步骤(3)将其他线段拖出,然后在样条曲线完成时双击,如图 3.21 所示。

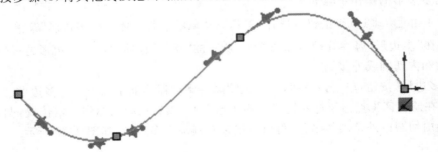

图 3.21 样条曲线

2. 简化样条曲线

使用 （简化样条曲线）命令可提高包含复杂样条曲线等多种模型的性能。

（1）选择已有的样条曲线，然后单击鼠标右键，在弹出的菜单中选择"简化样条曲线"命令或选择"工具"→"样条曲线工具"→"简化样条曲线"菜单命令，弹出"简化样条曲线"对话框，如图 3.22 所示。

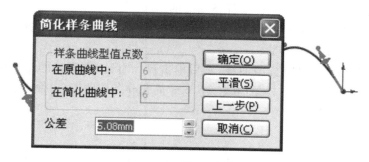

图 3.22　"简化样条曲线"对话框

（2）在"样条曲线型值点数"选项组的"在原曲线中"和"在简化曲线中"数值中显示点的数量，在"公差"数值框中显示公差值。如果要通过公差控制样条曲线点，则可在"公差"数值框中输入数值，然后按下"确定"按钮，样条曲线点的数量可在图形区域中预览。

（3）在"简化样条曲线"对话框中，单击"平滑"按钮，系统将调整公差并计算点数更少的新曲线。点的数量重新显示在"在原曲线中"和"在简化曲线中"数值框中，公差值显示在"公差"数值框中。原始曲线显示在图形区域中并显示平滑曲线的预览，如图 3.23 所示。

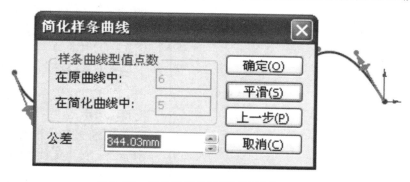

图 3.23　简化样条曲线设置平滑曲线预览

（4）继续单击"平滑"按钮，直到只剩两个点为止，单击"确定"按钮，完成操作。

3. 插入样条曲线型值点

与前面的功能相反，（插入样条曲线型值点）命令可为样条曲线增加一个或多个型值点。

选择样条曲线，单击右键，在弹出的菜单中选择"插入样条曲线型值点"命令（或选择"工具"→"样条曲线工具"→"插入样条曲线型值点"菜单命令）。在样条曲线上单击鼠标左键定义一个或多个需要插入点的位置。

4. 修改样条曲线

（1）拖动鼠标来改变样条曲线的形状。

（2）添加或移除通过样条曲线的点来帮助改变样条曲线的形状。

（3）选择样条曲线，单击右键，在弹出的菜单中选择"插入样条曲线型值点"命令，在样条曲线上增加一个或多个需插入的型值点，或者删除某些型值点，选择要删除的型值点，按Delete 键。拖动型值点或端点来改变样条曲线的形状。

（4）选择样条曲线，单击右键，在弹出的菜单中选择"显示控制多边形"命令，通过移动或选择方框操纵样条曲线的形状。

（5）简化样条曲线。选择样条曲线，然后单击鼠标右键，在弹出的菜单中选择"简化样条曲线"命令或选择"工具"→"样条曲线工具"→"简化样条曲线"菜单命令。

3.2.9 槽口

绘制槽口的方式有四种：绘制直槽口、绘制中心点直槽口、绘制三点圆弧槽口和绘制中心点圆弧槽口。单击"草图"工具栏 ⬜▾（直槽口）按钮右侧的黑色三角形符号，显示图 3.24 所示的四种类型，或者直接单击"草图"工具栏 ⬜▾（直槽口）按钮，在弹出"槽口"属性管理器中选择槽口类型，如图 3.25 所示，可在其中选择槽口的绘制类型。

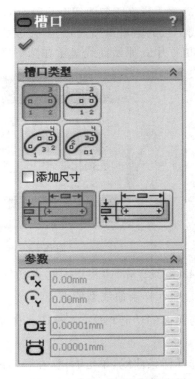

图 3.24　槽口绘制类型　　　　　　图 3.25　"槽口"属性管理器

1. "直槽口"绘制

（1）单击"草图"工具栏上的 ⬜▾（直槽口）按钮，或者选择"工具"→"草图绘制实体"→

"直槽口"菜单命令。

（2）单击图形区两点来放置直槽口左半圆圆心和右半圆圆心。

（3）移动鼠标并单击来设定直槽口宽度（半径），如图 3.26（a）所示。若在槽口属性管理器中选中"添加尺寸"复选框，则在图形区域绘制的直槽口直接显示基本尺寸，如图 3.26（b）所示。

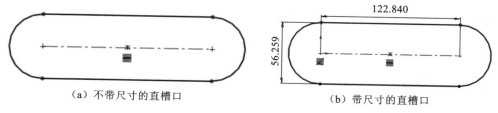

（a）不带尺寸的直槽口　　　　　　　（b）带尺寸的直槽口

图 3.26　绘制直槽口

2."中心点直槽口"绘制

（1）单击"草图"工具栏上的 （中心点直槽口）按钮，或者选择"工具"→"草图绘制实体"→"中心点直槽口"菜单命令。

（2）单击图形区两点来放置直槽口圆心和右半圆圆心。

（3）移动鼠标并单击来设定直槽口宽度（半径），与图 3.26（a）相同。若在槽口属性管理器中选中"添加尺寸"复选框，则在图形区域绘制的直槽口直接显示基本尺寸，与图 3.26（b）相同。

3."三点圆弧槽口"绘制

（1）单击"草图"工具栏上的 （三点圆弧槽口）按钮，或者选择"工具"→"草图绘制实体"→"三点圆弧槽口"菜单命令。

（2）单击图形区两点来放置圆弧槽口左半圆圆心、右半圆圆心和确定圆弧半径。

（3）移动鼠标并单击来设定圆弧槽口宽度，如图 3.27（a）所示。若在"槽口"属性管理器中选中"添加尺寸"复选框，则在图形区域绘制的直槽口直接显示基本尺寸，如图 3.27（b）所示。

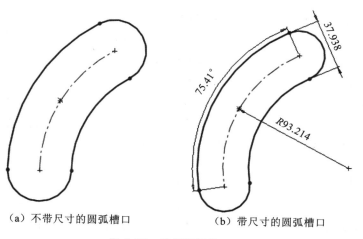

（a）不带尺寸的圆弧槽口　　　　　（b）带尺寸的圆弧槽口

图 3.27　绘制圆弧槽口

4. "中心点圆弧槽口"绘制

(1) 单击"草图"工具栏上的 (中心点圆弧槽口)按钮,或者选择"工具"→"草图绘制实体"→"中心点圆弧槽口"菜单命令。

(2) 单击图形区两点来放置圆弧槽口圆心和两个半圆圆心。

(3) 移动鼠标并单击来设定圆弧槽口宽度,与图 3.27(a)相同。若在"槽口"属性管理器中选中"添加尺寸"复选框,则在图形区域绘制的圆弧槽口直接显示基本尺寸,与图 3.27(b)相同。

3.3 草图绘制工具

草图绘制工具主要包括圆角,倒角,选取实体,等距实体,转换实体引用,剪裁实体,延伸实体,镜向草图绘制实体,草图阵列,移动、复制和旋转草图实体等。

3.3.1 圆角、倒角

1. 绘制圆角

"绘制圆角"工具在两个草图实体的交叉处剪裁掉角部分,从而生成一个切线弧。绘制圆角的操作步骤如下。

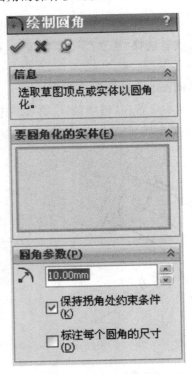

图 3.28 "绘制圆角"属性管理器

(1) 单击"草图"工具栏上 (绘制圆角)按钮或单击"工具"→"草图工具"→"绘制圆角"菜单命令,弹出"绘制圆角"属性管理器,如图 3.28 所示。在"半径"文本框中输入半径值,选中"保持拐角处约束条件"复选框。

(2) 在图形区选择要圆角化的草图实体。

(3) 单击 (确定)按钮,绘制圆角如图 3.29 所示,或者单击 (撤销)按钮来放弃本次所做的圆角。

2. 绘制倒角

"绘制倒角"工具在两个草图实体的交叉处剪裁掉角部分,从而生成一条直线倒角。绘制倒角的操作步骤如下。

(1) 单击"草图"工具栏上 (绘制倒角)按钮,或者单击"工具"→"草图工具"→"绘制倒角"菜单命令,弹出"绘制倒角"属性管理器,如图 3.30 所示。

(2) 设定倒角参数。

① 角度距离。

选择"角度距离"单选按钮,并分别输入距离和角度,如图 3.31 所示,然后在图形区选择需要做倒角的两条直线,生成倒角,如图 3.32 所示。

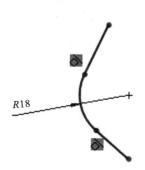

图 3.29 绘制圆角

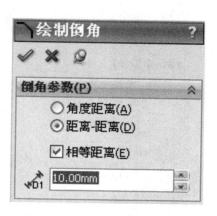

图 3.30 "绘制倒角"属性管理器

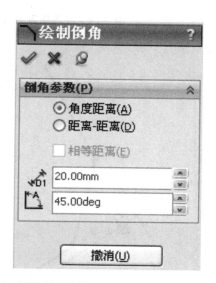

图 3.31 "绘制倒角"属性管理器(选择"角度距离")

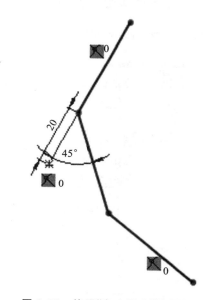

图 3.32 使用"角度距离"绘制倒角

② 不等距离绘制圆角。

选中"距离-距离"单选按钮,并分别输入两个距离,如图 3.33 所示,然后在图形区选中需要做倒角的两条直线,生成倒角,如图 3.34 所示。

③ 相等距离绘制圆角。

选中"距离-距离"单选按钮,并选中"相等距离"复选框,输入距离值,如图 3.35 所示,然后在图形区选中需要做倒角的两条直线,生成倒角,如图 3.36 所示。

(3) 单击 ✔ (确定)按钮,绘制的倒角分别如图 3.32、图 3.34 和图 3.36 所示,或者单击 ✖ (撤销)按钮来放弃本次所做的倒角。

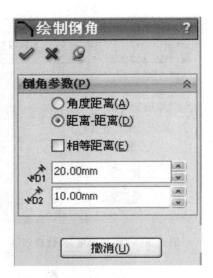

图 3.33 "绘制倒角"属性管理器(选择"距离-距离")

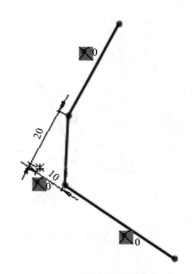

图 3.34 不等距离绘制倒角

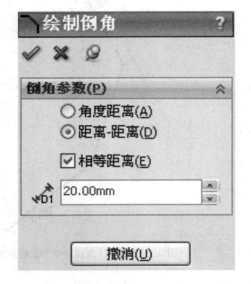

图 3.35 "绘制倒角"属性管理器(选择"相等距离")

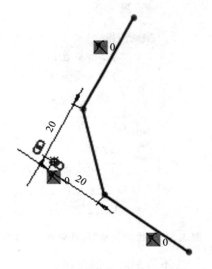

图 3.36 相等距离绘制倒角

3.3.2 选取实体

选取实体方式有以下几种。

1. 单一选取实体

单击要选取的实体,每次只能选择一个实体,如图 3.37 所示。

2. 多重选取实体

按住 Ctrl 键不放,依次单击实体,可以选取多个实体,如图 3.38 所示。

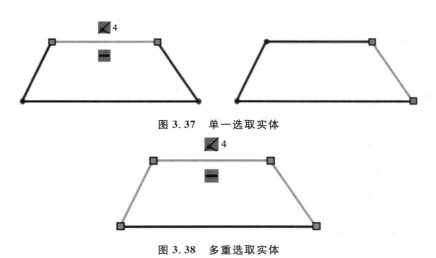

图 3.37　单一选取实体

图 3.38　多重选取实体

3. 窗口选取实体

单击矩形第一点(按住不放),拖动要选取范围的第二点,放开鼠标,如图 3.39 所示。

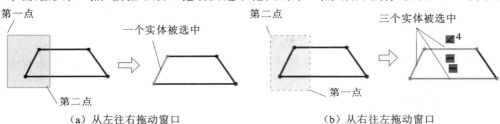

（a）从左往右拖动窗口　　　　　　　（b）从右往左拖动窗口

图 3.39　窗口选取实体

注意　窗口从左往右拖动时,则全部在窗口内部的实体被选中;窗口从右往左拖动时,与窗口相交或在窗口内部的实体都被选中。

3.3.3　等距实体

等距实体是将已有草图实体、已有模型边界或其他草图中的草图实体沿着其法向偏移一段距离。如果重建模型时原始实体改变,则等距实体也会随之改变。

注意　等距实体只能实现直线、圆弧和样条曲线等距,不能等距套合先前等距的样条曲线或产生自我相交几何体的实体。

1. 等距实体操作步骤

（1）在草图中,选择一个或多个草图实体、一个模型面或一条模型边线。

（2）单击“草图”工具栏上的  (等距实体)按钮,或者选择“工具”→“草图工具”→“等距实体”菜单命令。弹出“等距实体”属性管理器,如图 3.40 所示。

图 3.40　“等距实体”属性管理器

39

（3）在"等距实体"属性管理器中设置以下参数。

打开"网盘:\第 3 章\绘制等距实体.SLDPRT"文件。

① 在 （等距距离）文本框中输入要等距的距离，如图 3.41 所示。

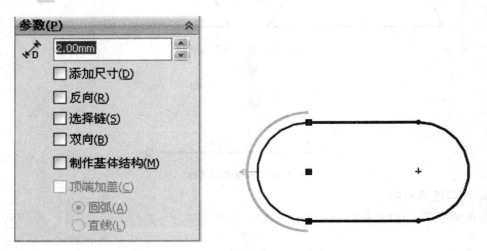

图 3.41　绘制等距实体过程

② 选中"添加尺寸"复选框，在草图中包含等距距离，这不会影响到包括在原有草图实体中的任何尺寸。

③ 选中"反向"复选框，可更改单向等距的方向，如图 3.42 所示。

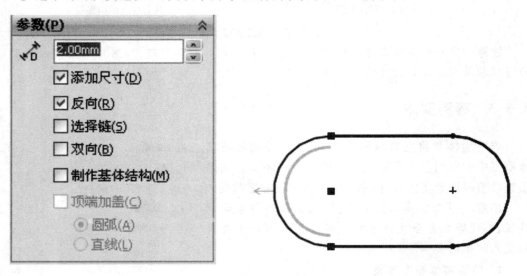

图 3.42　绘制反向等距实体

④ 选中"选择链"复选框，将生成所有连续草图实体的等距，如图 3.43 所示。

⑤ 选中"双向"复选框，将生成双向链等距实体，如图 3.44 所示。

⑥ 单击 （确定）按钮，完成等距实体。

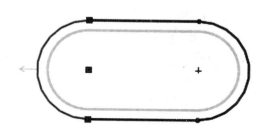

图 3.43　绘制反向链等距实体

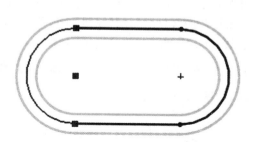

图 3.44　绘制双向链等距实体

2. 顶端加盖等距实体的操作步骤

（1）单击"草图"工具栏上的 （等距实体）按钮，或者选择"工具"→"草图工具"→"等距实体"菜单命令，弹出"等距实体"属性管理器，如图 3.45（a）所示。

① 选中"双向"复选框。

② 选中"制作基体结构"复选框，将原有草图实体转换到"构造性直线"。

③ 选中"顶端加盖"复选框。

④ 选中"圆弧"或"直线"单选按钮，作为延伸顶盖类型，如图 3.45（b）所示。

（2）单击 （确定）按钮，完成等距实体操作。

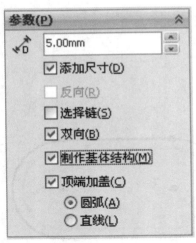

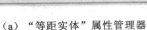

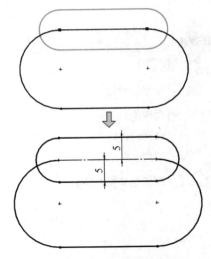

（a）"等距实体"属性管理器　　　　　　（b）绘制顶端加盖等距实体

图 3.45　绘制顶端加盖等距实体

3.3.4　转换实体引用

转换实体引用是将边线、环、面、曲线或外部草图轮廓线、一组边线或一组草图曲线投影到草图基准面上,从而在该绘图面上生成一条或多条曲线。

打开"网盘:\第 3 章\转换实体引用.SLDPRT"文件。

（1）在打开的文件中,选择基准面 1,单击"草图绘制"按钮,开始绘制一幅新的草图。单击模型边线、环、面、曲线或外部草图轮廓线、一组边线或一组草图曲线。

（2）单击"草图"工具栏上"转换实体引用" 按钮,选取表面,则表面边线被转换成新草图边线,如图 3.46 所示。

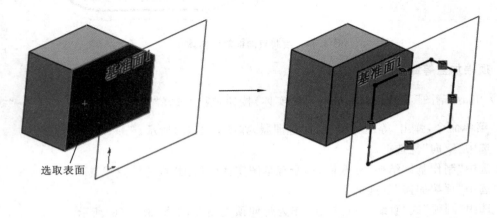

图 3.46　转换实体引用

3.3.5 剪裁实体

剪裁实体共有 5 种方式:强劲剪裁、边角、在内剪除、在外剪除、剪裁到最近端。

在打开的草图中,单击"草图"工具栏上的 ![按钮] 按钮,弹出"剪裁"属性管理器,如图 3.47 所示。

图 3.47 "剪裁"属性管理器

1. 强劲裁剪

单击"剪裁"属性管理器中的 按钮,在图形区的草图中,按下鼠标左键并拖动穿越要剪裁的草图实体,只要是该轨迹穿越过的线段都可被删除,如图 3.48 所示。

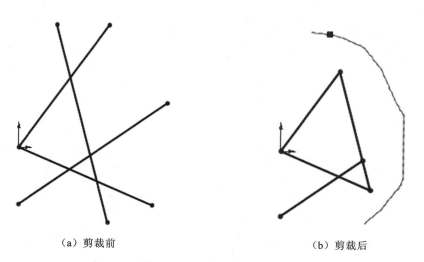

（a）剪裁前　　　　　　　　　　　　　　（b）剪裁后

图 3.48 强劲剪裁过程

单击"剪裁"属性管理器中的 按钮,在图形区的草图中,单击鼠标左键选取实体,移动鼠标可缩短或延伸实体,如图 3.49 所示。

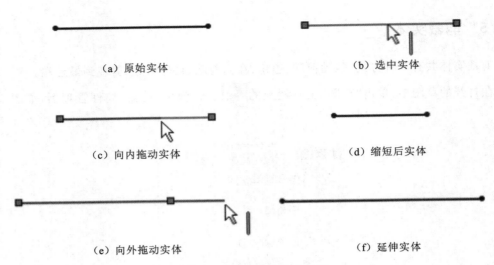

（a）原始实体 　　　　　　　　　（b）选中实体

（c）向内拖动实体 　　　　　　　　（d）缩短后实体

（e）向外拖动实体 　　　　　　　　（f）延伸实体

图 3.49　缩短或延伸实体过程

2. 边角

单击"剪裁"属性管理器中的 ⊞（边角）按钮，延伸或剪裁两个草图实体，直到它们在虚拟边角处相交，如图 3.50 所示。

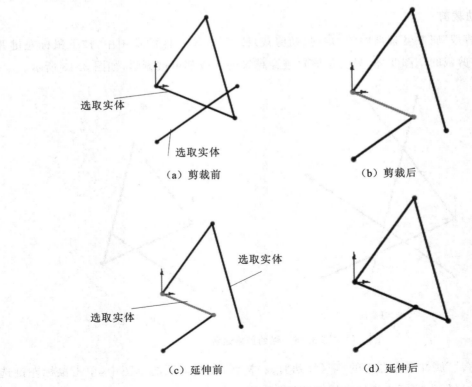

选取实体

选取实体

（a）剪裁前 　　　　　　　　　　　（b）剪裁后

选取实体

选取实体

（c）延伸前 　　　　　　　　　　　（d）延伸后

图 3.50　边角剪裁和延伸过程

注意　如果所选两个实体没有几何上的自然交叉关系，则剪裁无效。

3. 在内剪除

单击"剪裁"属性管理器中的 ▦（在内剪除）按钮，剪除位于两个所选边界实体之间的开环的草图实体。先选择两条边界实体，然后选择要剪除的部分，如图 3.51 所示。

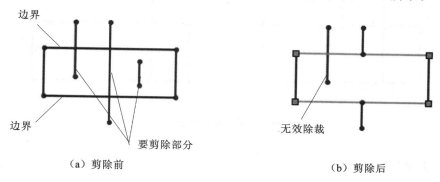

图 3.51　在内剪除实体

4. 在外剪除

单击"剪裁"属性管理器中的 ▦（在外剪除）按钮，用于剪除与两个所选边界之外的部分。先在图形区选择两条边界实体，然后在图形区选择要保留的部分，如图 3.52 所示。

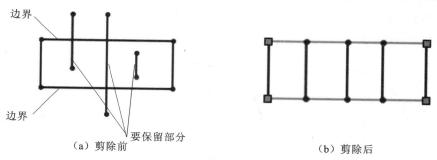

图 3.52　在外剪除实体

5. 剪裁到最近端

单击"剪裁"属性管理器中的 ✛（剪裁到最近端）按钮，用于将在图形区所选的实体剪裁到最近交点，如图 3.53 所示。

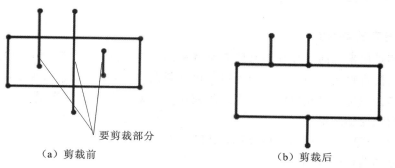

图 3.53　剪裁到最近端

单击"剪裁"属性管理器中的 <u>十</u>（剪裁到最近端）按钮，在图形区单击左键选取实体端点，移动鼠标可延伸实体，如图 3.54 所示。

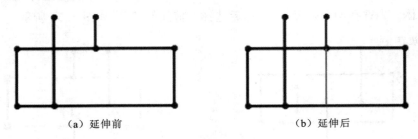

（a）延伸前   （b）延伸后

图 3.54　剪裁到最近端延伸实体

3.3.6　延伸实体

延伸实体可增加草图实体（直线、中心线或圆弧）的长度。使用延伸实体将草图实体延伸与另一草图实体相交。

（1）单击"草图"工具栏上的 <u>丁</u>（延伸实体）按钮，将鼠标移动到草图实体。

（2）所选实体以浅蓝色出现，预览按延伸实体的方向以粉色出现。

（3）如果预览以错误方向延伸，则需将鼠标移到直线或圆弧的另一半上。

（4）单击草图实体接受预览，如图 3.55 所示。

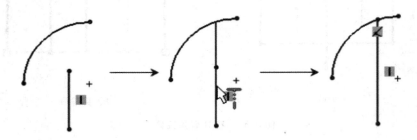

图 3.55　延伸实体

3.3.7　镜向草图绘制实体

1. 镜向已有的草图实体

镜向实体是用来镜向已存在的某些或所有草图实体，镜向可以绕任何类型直线来镜向，而不仅仅是绕构造直线来镜向。镜向可以只包含新的实体，也可以包含原有实体和镜向实体。镜向实体会在每一对相应的草图点之间应用一一对应关系。如果更改被镜向的实体，则其镜向图像也会随之更改。

打开"网盘:\第 3 章\镜向实体.SLDPRT"文件。

镜向实体的操作步骤如下。

（1）在打开草图中单击"草图"工具栏上的 <u>帆</u>（镜向实体）按钮，或者单击"工具"→"草图工具"→"镜向实体"菜单命令,弹出"镜向"属性管理器,如图 3.56 所示。

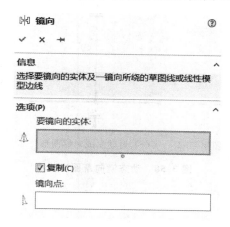

图 3.56　"镜向"属性管理器

(2) 设置参数。

① 激活"要镜向的实体"列表框,在图形区选取要镜向的草图实体,选取如图 3.57 所示需要镜向的实体。

② 选中"复制"复选框,包括原始实体和镜向实体。清除"复制"复选框,则仅包括新镜向实体。

③ 激活"镜向点"列表框,在图形区选择镜向所绕的任意中心线、直线、模型线性边线或工程图线性边线。选取如图 3.57 所示的镜向线。

(3) 单击 ✅(确定)按钮,如图 3.57 所示。

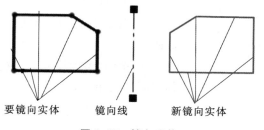

要镜向实体　　　　镜向线　　　新镜向实体

图 3.57　镜向实体

2. 动态镜向草图实体

先选择镜向对称线,然后绘制要镜向的草图实体。动态镜向草图实体的操作步骤如下。

(1) 在打开的草图中,单击"工具"→"草图工具"→"动态镜向"菜单命令。

(2) 选择镜向对称线,此时在实体上、下方会出现"="符号,如图 3.58(a)所示。

(3) 在对称线的一侧绘制图形,如图 3.58(b)所示。

(4) 自动生成对称图形,如图 3.58(c)所示。

(5) 依次完成对称图形,如图 3.58(d)所示。

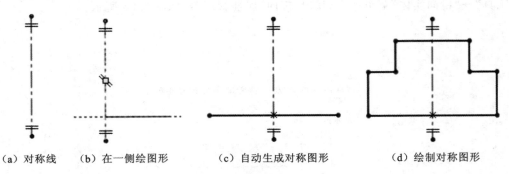

（a）对称线　　（b）在一侧绘图形　　　（c）自动生成对称图形　　　　（d）绘制对称图形

图 3.58　动态镜向草图实体

3.3.8　草图阵列

1. 线性阵列

打开"网盘:\第 3 章\线性阵列实体.SLDPRT"文件。

图 3.59　"线性阵列"属性管理器

（1）在打开的草图中,选择"草图"工具栏上的 （线性阵列）按钮,弹出"线性阵列"属性管理器,如图3.59所示。

（2）在"方向 1"选项卡下,设置以下参数。

① 在 （阵列方向）文本框里,选择要阵列的方向(一般为直线)。

② 单击 （反向）按钮,反转阵列方向。

③ 在 （间距）文本框里,输入阵列实体之间的间距。

④ 选中"添加尺寸"复选框,则在阵列后,显示实体之间的间距。若不选此复选框,则不显示间距。

⑤ 在 （数量）文本框里,输入阵列实体的总数,包括阵列原实体。

⑥ 在 （角度）文本框里,输入阵列的旋转角度。

（3）要想以两个方向生成阵列,则重复步骤(2),为"方向 2"设置各参数,选中"在轴之间添加角度尺寸"复选框。

（4）激活"要阵列的实体"列表框,在图形区选择草图实体。

（5）激活"可跳过的实例"列表框,在草图中选择要删除的实例。若想将实例返回到阵列中,在"可跳过的实例"中选择实例,然后按 Delete 键。

（6）线性阵列实例，如图 3.60 所示。

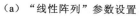

（a）"线性阵列"参数设置

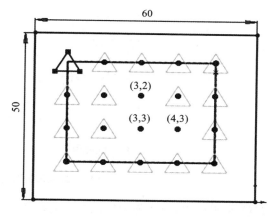

（b）阵列实体

图 3.60　线性阵列实例

2. 圆周阵列

打开"网盘：\第 3 章\圆周阵列实体.SLDPRT"文件。

（1）在打开的草图中，选择"草图"工具栏上的 （圆周阵列），弹出"圆周阵列"属性管理器，如图 3.61 所示。

（2）在"参数"选项卡中进行以下操作。

① 单击 （反向旋转）按钮，阵列旋转方向反向。

② 选取中心点：使用草图原点（默认），或者在 文本框和 文本框中输入中心点 X 和 Y 的坐标值。

③ 在 （数量）文本框中，输入阵列数量，包括原始草图实体在内。

图 3.61　"圆周阵列"属性管理器

④ 在 文本框中,输入阵列实例之间的角度。

注意　若选中"等间距"复选框,"间距"为指定阵列中第一个实例和最后实例之间的角度。取消"等间距"复选框,"间距"为指定阵列实例之间的角度。

⑤ (半径)文本框中的数值为测量所选实体的中心到阵列的中心点的距离,或者通过输入数值来设定阵列的半径。

⑥ (角度)文本框中的数值为测量从所选实体的中心到阵列中心点的夹角。

⑦ 激活"要阵列的实体"列表框,在图形区选择要阵列的实体。

⑧ 激活"可跳过的实例"列表框,在草图中选择要删除的实例。若想将实例返回到阵列中,在"可跳过的实例"中旋转实例,然后按 Delete 键。

(3) 单击 (确定)按钮。

(4) 圆周阵列实例如图 3.62 所示。

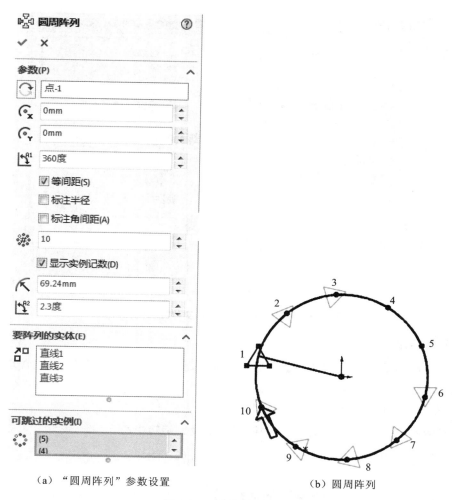

（a）"圆周阵列"参数设置　　　　　　（b）圆周阵列

图 3.62　圆周阵列实例

3.3.9　移动、复制和旋转草图实体

在草图和工程图中可以对已有的草图实体进行移动、复制和旋转。移动和复制操作不生成几何关系，若想生成几何关系，必须添加几何关系。

1. 移动或复制实体

（1）单击"草图"工具栏上的 或 按钮，弹出"移动实体"属性管理器或"复制实体"属性管理器，如图 3.63 所示。

（2）激活"要移动的实体"列表框，选择要移动的草图实体。

（3）在"参数"选项卡中进行以下操作。

① 选择"从/到"，单击"起点"来设定 ●（基点），然后拖动鼠标将草图实体定位。

② 选择"X/Y"，然后为 ΔX 和 ΔY 设定数值以将草图实体定位。

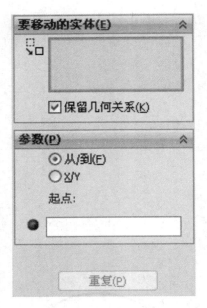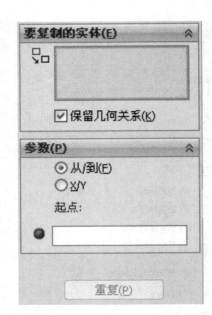

图 3.63　"移动实体"和"复制实体"属性管理器

2. 旋转实体

（1）单击"草图"工具栏上的 ⊞ （旋转实体）按钮，弹出"旋转实体"属性管理器，如图 3.64 所示，在属性管理器中，选择"要旋转的实体"。

（2）在"参数"选项卡中进行以下操作。

① 激活 ● （基点）列表框，然后单击图形区来设定旋转中心。

② 设置 ⊡ （旋转角度）。旋转实体过程如图 3.65 所示。

图 3.64　"旋转实体"属性管理器

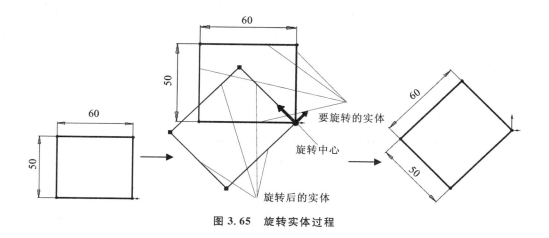

图 3.65 旋转实体过程

3.4 草图尺寸标注

SolidWorks 的尺寸标注是参数式,即通过改变标注的尺寸来改变图形形状或各部分之间的相对位置关系。

3.4.1 智能尺寸

单击"草图"工具栏上的 ![按钮] 按钮,可以给草图实体标注尺寸。智能尺寸取决于所选定的实体项目。对于某些形式的智能尺寸(如点到点、角度、圆等),尺寸所放置的位置也会影响其形式。当尺寸被选中时,尺寸箭头上出现圆形控标。单击箭头控标,箭头会向外或向内翻转(如果尺寸有两个控标,可以单击任一控标)。

1. 线性尺寸

(1) 单击"草图"工具栏上的 ![按钮] 按钮,或者选择"工具"→"标注尺寸"→"智能尺寸"菜单命令。也可在图形区单击鼠标右键,然后在弹出的菜单中选择"智能尺寸"命令。

(2) 定位智能尺寸项目。移动鼠标指针时,智能尺寸会自动捕捉到最近的方位,包括水平尺寸、垂直尺寸或平行尺寸。当预览显示出想要的位置及类型时,可单击鼠标左键来锁定尺寸。

智能尺寸定义的线性尺寸项目有以下几种。

① 直线或边线的长度。选择要标注的直线,拖到到要标注的位置。

② 直线之间的距离。选择两条平行线,或者一条直线与一条与之平行的模型边线。

③ 点到直线的垂直距离。选择一个点及一条直线或模型上的一条边线。

④ 点到点的距离。选择两个点,然后为每个尺寸选择不同的位置,生成距离尺寸,如图 3.66 所示。

(3) 单击鼠标左键确定尺寸数值的位置。

(4) 当需要标注水平尺寸、垂直尺寸或平行尺寸时,只要在选取直线后,移动鼠标拖出水平、垂直或平行尺寸,如图 3.67 所示。

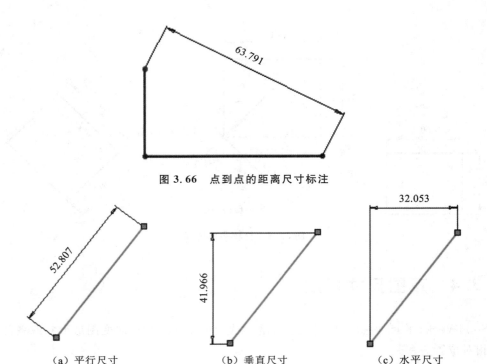

图 3.66　点到点的距离尺寸标注

（a）平行尺寸　　　　　　（b）垂直尺寸　　　　　　（c）水平尺寸

图 3.67　线性尺寸的三种标注方式

2. 角度尺寸

角度尺寸分为两种,一种是两直线间的角度尺寸,另一种是直线与点之间的角度尺寸。

单击"草图"工具栏上的 按钮,选择两条直线,然后选择不同的位置。当预览显示出想要的位置时,单击鼠标左键来锁定尺寸。鼠标指针位置改变,要标注的角度尺寸数值也会随之改变,如图 3.68 所示。

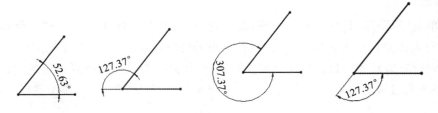

图 3.68　角度尺寸不同方位的尺寸标注

3. 圆弧尺寸

圆弧尺寸标注有三种:圆弧半径标注、圆弧弧长标注和圆弧弦长标注。

1) 圆弧半径标注

单击圆弧,拖出半径尺寸后,在合适位置放置尺寸,单击鼠标左键来确定尺寸数值的位置。在弹出的"修改"尺寸对话框中,输入尺寸数值,单击"确定"按钮,完成圆弧半径尺寸的标注,如图 3.69(a)所示。

2) 圆弧弧长标注

单击圆弧,然后单击圆弧的两个端点(或者先选取圆弧两个端点,然后再选取圆弧),拖出的尺寸即为圆弧弧长。在合适位置单击鼠标左键,确定尺寸的位置。在弹出的"修改"尺寸对话框中,输入尺寸数值,单击"确定"按钮,完成圆弧半径尺寸的标注,如图 3.69(b)所示。

3）圆弧弦长标注

单击圆弧的两个端点,拖出的尺寸即为圆弧弦长。在合适位置单击鼠标左键,确定尺寸的位置。在弹出的"修改"尺寸对话框中,输入尺寸数值,单击"确定"按钮,完成圆弧半径尺寸的标注,如图 3.69(c)所示。

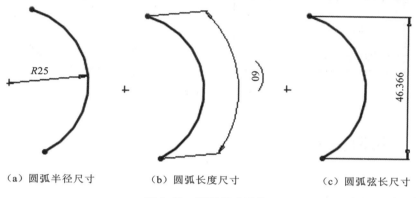

（a）圆弧半径尺寸　　　　（b）圆弧长度尺寸　　　　（c）圆弧弦长尺寸

图 3.69　圆弧尺寸标注

4. 圆的尺寸标注

以一定角度放置圆的尺寸,尺寸数值显示为直径尺寸。

单击"草图"工具栏上的按钮,选取圆。移动鼠标拖出的尺寸即为圆的直径。在合适的位置单击鼠标左键,确定尺寸的位置。在弹出的"修改"尺寸对话框中,输入尺寸数值,单击"确定"按钮,完成圆的尺寸标注,如图 3.70 所示。

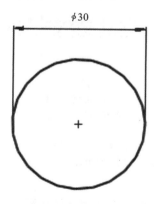

图 3.70　圆的尺寸标注

3.4.2　修改尺寸

要修改尺寸,可双击草图尺寸,在弹出的"修改"对话框中设置新的尺寸,然后单击 ✔

（确定)按钮,完成操作,如图 3.71 所示。

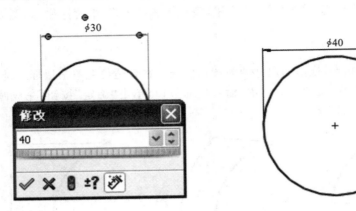

图 3.71　修改尺寸

3.5　几何关系

3.5.1　自动几何关系

自动几何关系是指在绘图过程中,系统会根据几何元素的相对位置,自动赋予几何关系,不需要另行添加几何关系。例如在绘制一条水平线时,系统会将"水平"的几何关系自动添加给该直线。

自动几何关系的设置方法如下:选择"工具"→"选项"命令,弹出"系统选项"对话框,选择"几何关系/捕捉"选项,并选中"自动几何关系"复选框,如图 3.72 所示。

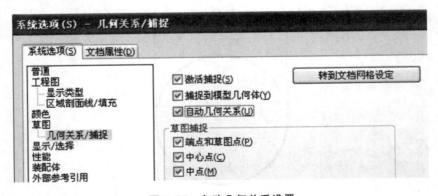

图 3.72　自动几何关系设置

3.5.2　添加几何关系

"添加几何关系"用于为草图实体之间添加几何关系,如平行、共线、垂直、相切等。单击"草图"工具栏上的 ⚙ (显示和删除几何关系)按钮下黑色三角形符号,单击 ⊥ (添加几何关系)按钮,弹出"添加几何关系"属性管理器,进行几何关系设定。添加几何关系的操作步骤如下。

(1) 激活所选实体,选择要添加几何关系的实体,如图 3.73 所示。

(2) 在添加几何关系中单击要添加的几何关系,所选的几何关系出现在现有几何关系列表框中。

(3) 单击 (确定)按钮。

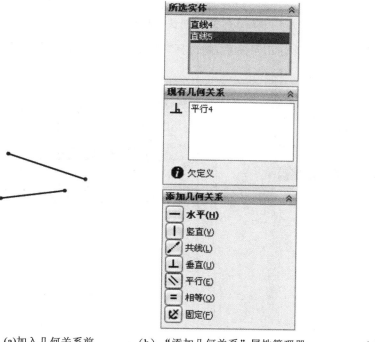

(a)加入几何关系前   (b)"添加几何关系"属性管理器   (c)加入平行几何关系后

图 3.73   添加几何关系过程

3.5.3 显示/删除几何关系

要绘制一个完整的复杂形状的草图,草图元之间必须建立一定的几何关系,可通过以下两种方法显示/删除所选实体的几何关系。

第一种方法是单击需显示几何关系的实体,在其属性管理器中有"现有几何关系"列表,从中可看到实体对应的几何关系,如果需要删除几何关系,右击"现有几何关系"列表中的相应几何关系,选择"删除"命令,即可删除该几何关系,如图 3.74 所示。

第二种方法是单击"草图"工具栏上的 按钮,弹出"显示/删除几何关系"属性管理器,当草图中没有实体被选中时,管理器中"过滤器"为"全部在此草图中",即显示草图中所有的几何关系,如图 3.75(a)所示。在图形区选择需要显示几何关系的实体,则在"几何关系"列表中会显示该实体的所有几何关系,单击各几何关系,图形区将以浅蓝色显示对应关系的实体。如果需要删除几何关系,右击"几何关系"列表中的相应几何关系,选择"删除"命令,即

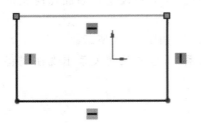 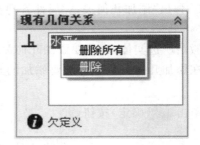

图 3.74 "显示/删除几何关系"属性管理器

可删除该几何关系。如果需要删除所有几何关系,则选择"删除所有"命令,如图 3.75(b)所示。

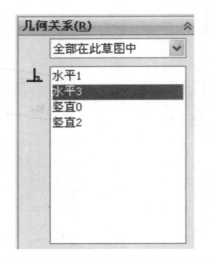 

（a）显示全部草图几何关系　　　　　　　　（b）删除实体几何关系

图 3.75 "显示/删除几何关系"属性管理器

3.6　草图的合理性

　　SolidWorks 是一个完全参数化的造型软件,通过对草图尺寸的标注建立参数的关系。改变其中一个图形元素的数值,将会改变整个与之相关联的草图的尺寸。而要做到这点,草图必须处于完全定义的状态。草图几何体的几种状态如下。

　　(1) 完全定义——黑色,完整而正确地描述了尺寸和几何关系。图 3.76 定义了直线和半圆的尺寸。每个几何图形都有相应的几何关系,其关系如下。

　　① 圆心 0:与坐标原点重合。

　　② 半圆弧 1 和半圆弧 3:与直线 2 和直线 4 相切。

　　③ 直线 2 和直线 4:与半圆弧 1 和半圆弧 3 相切。

　　(2) 欠定义——蓝色,草图中的一些尺寸和/或几何关系未定义,可以随意改变。用户可以拖动端点、直线或曲线,直到草图实体改变形状。

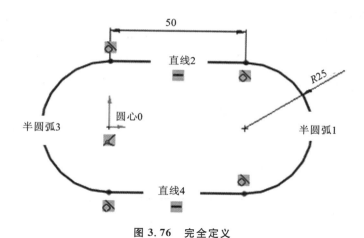

图 3.76 完全定义

（3）过定义——红色，有些尺寸或几何关系在两者中冲突或存在多余尺寸。

3.7 绘制草图综合实例

绘制如图 3.77 所示的外棘轮，其操作步骤如下。

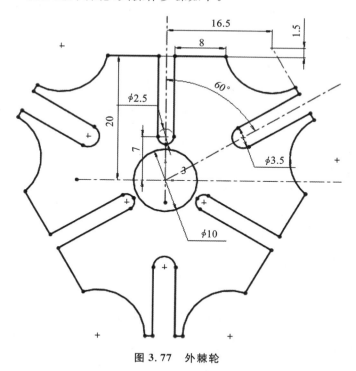

图 3.77 外棘轮

1. 新建文件

选择下拉菜单"文件"→"新建"命令，出现"新建 SolidWorks 文件"对话框，在对话框中单击"零件"图标，单击"确定"按钮。

2. 选择绘图平面

在 Featuremanager 设计树中选择"前视基准面",单击"草图"工具栏上的"草图绘制"按钮 ，进入草图绘制。

3. 创建基本图形

(1) 单击"草图"工具栏上的"中心线"按钮 ，分别绘制三条中心线,如图 3.78 所示。

(2) 单击"草图"工具栏上的"直线"按钮 ，绘制一条水平直线,如图 3.78 所示。

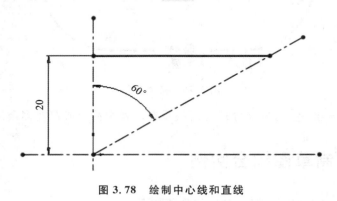

图 3.78　绘制中心线和直线

(3) 单击"草图"工具栏上的"圆"按钮 ，绘制两个圆,直径分别为 2.5 和 3.5,单击"草图"工具栏上的"3 点圆弧"按钮 ，绘制一段圆弧,如图 3.79 所示。

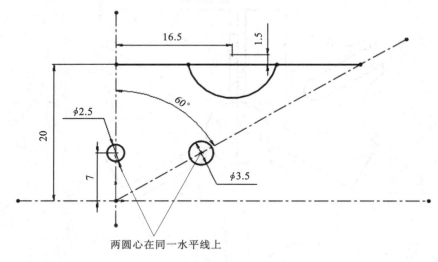

两圆心在同一水平线上

图 3.79　绘制圆和圆弧

(4) 单击"草图"工具栏上的"直线"按钮 ，绘制两条水平直线,单击"添加几何关系"按钮 ，保证直线和圆相切并且平行于中心线。

(5) 单击"草图"工具栏上的"直线"按钮 ，过圆弧的圆心,绘制直线,垂直于 60°中心线,如图 3.80 所示。

(6) 单击"草图"工具栏上的"剪裁实体"按钮 ，剪去多余线段,结果如图 3.81 所示。

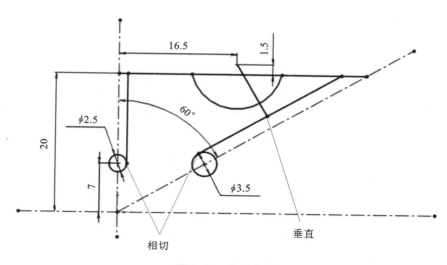

图 3.80　绘制直线

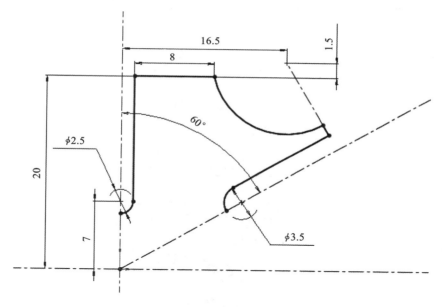

图 3.81　编辑后图形

4．对基本图形进行镜向和阵列

（1）单击"草图"工具栏上的"镜向实体"按钮 ，镜向基本图形，结果如图 3.82 所示。

（2）选择"草图"工具栏上"圆周阵列"按钮 ，出现"圆周阵列"对话框设置选项，完成阵列操作，结果如图 3.83 所示。

5．绘制中心孔

单击"草图"工具栏上的"圆"按钮 ，绘制直径为 10 的圆，结果如图 3.84 所示。

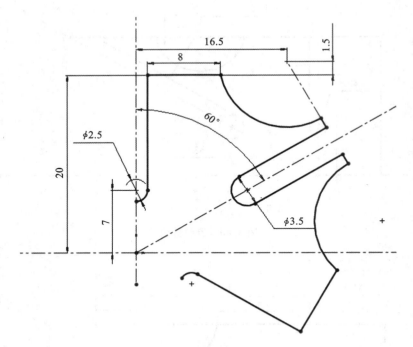

图 3.82　镜向后图形

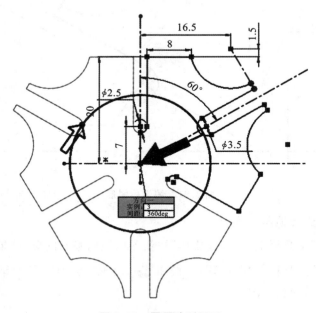

图 3.83　圆周阵列图形

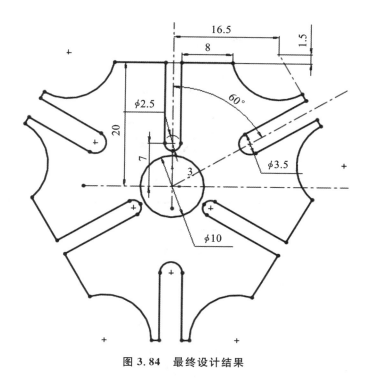

图 3.84　最终设计结果

习　题

3-1　绘制如题 3-1 图所示的草图，并标注尺寸。

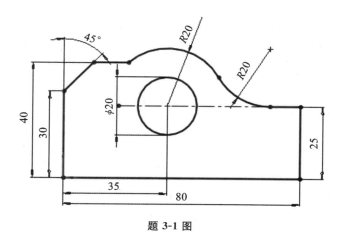

题 3-1 图

3-2　绘制如题 3-2 图所示的草图，并标注尺寸。

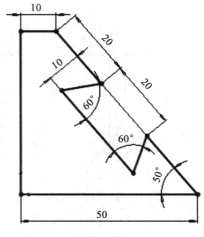

题 3-2 图

3-3 绘制如题 3-3 图所示的草图,并标注尺寸。

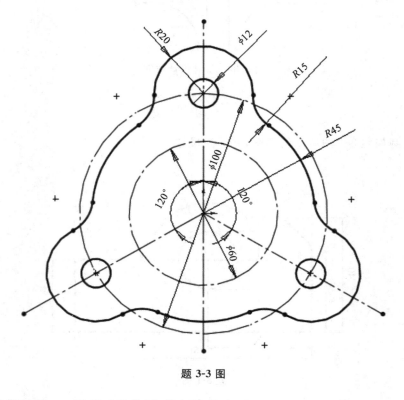

题 3-3 图

3-4 绘制如题 3-4 图所示的草图,并标注尺寸。

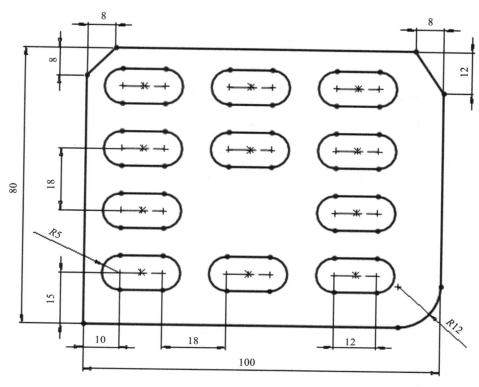

题 **3-4** 图

3-5　绘制如题 3-5 图所示的草图,并标注尺寸。

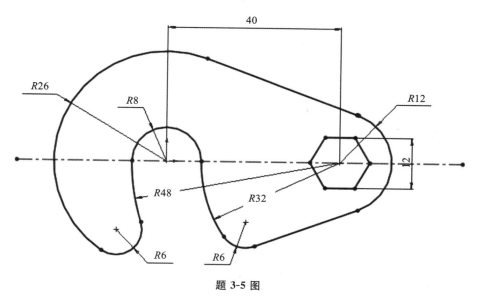

题 **3-5** 图

3-6　绘制如题 3-6 图所示的草图,并标注尺寸。

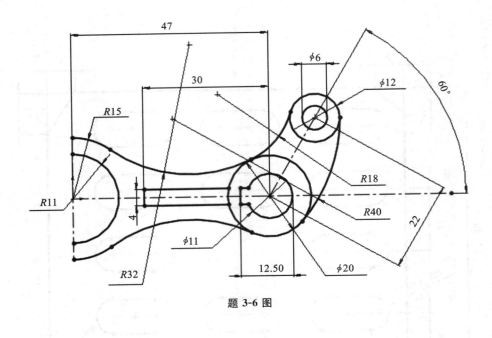

题 3-6 图

第 *4* 章 零件建模

在第 2 章已经介绍,特征是构成零件的基本要素,复杂的零件是由多个特征叠加而成的。特征建模是零件建模的基础技术,特征建模就是将多个特征按一定位置关系叠加起来,生成一个三维零件。

在 SolidWorks 软件中,特征建模一般分为基础特征建模和基本实体编辑两步。基础特征建模是三维实体最基本的生成方式,是单一的命令操作。基本实体编辑是在生成基本特征的基础上,对模型进行局部修饰的特征建模方法。另外,本章还对零件属性的设置、参考几何体及查询,以及零件建模的其他功能进行了介绍。

SolidWorks 提供了专用的"特征"工具栏,如图 4.1 所示。单击工具栏中相应的按钮就可以对草体实体进行相应的操作,生成需要的特征模型。

图 4.1 "特征"工具栏

4.1 基础特征建模

基础特征建模是三维实体最基本的绘制方式,可以生成最基本的三维实体。基础特征建模工具主要包括拉伸特征、旋转特征、扫描特征、放样特征等。

4.1.1 参考几何体

基础特征建模的前提是建立特征草图,SolidWorks 软件缺省地提供了三个草图基准面:前视基准面、上视基准面和右视基准面。利用这三个基准面建立草图,可以完成大部分基础特征的建模,但是对于有些基础特征而言,只有这三个基准面还不足以完成特征草图的建立。

建立草图的基准面除了前视基准面、上视基准面和右视基准面这三个外,现有特征的平面也可作为草图基准面,另外,SolidWorks 软件还提供了生成参考几何体的功能。

参考几何体主要包括基准面、基准轴、坐标系与点。"参考几何体"工具栏如图 4.2 所示。参考几何体在创建零件的特征、曲面、零件的剖面及装配体中起着极其重要的作用。

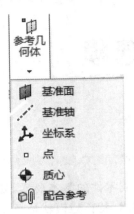

图 4.2 "参考几何体"工具栏

4.1.1.1 建立基准面

在创建特征时,如果模型上没有合适的平面作为草图基准面,用户可以自己创建合适的基准面。另外,对于一些特殊的特征,如扫描和放样特征,需要在不同的基准面上绘制草图,才能完成模型的构建,这同样需要创建新的基准面。

下面将详细介绍各种创建基准面的方式。单击"特征"工具栏中"参考几何体"下的"基准面"按钮,将出现如图 4.3 所示的"基准面"属性管理器。

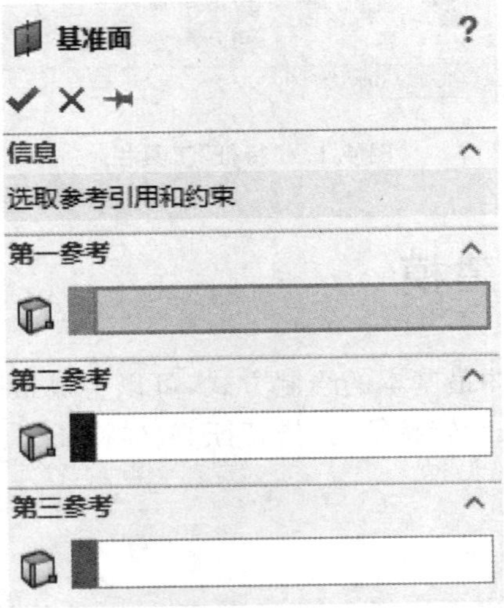

图 4.3 "基准面"属性管理器

在"信息"栏中会提示基准面生成的状态,当提示"完全定义"时,才能生成基准面。"基准面"属性管理器提供了三个参考选择栏,可以选择点、线或面作为参考来生成基准面。

当选择了参考元素后,"基准面"属性管理器会出现一系列的位置关系供操作者选择,如表 4.1 所示。

表 4.1 参考元素的位置关系及其功能

位 置 关 系		参考元素			功　　能
		点	线	面	
重合	（图标）	✓	✓	✓	生成一个穿过选定参考元素的基准面
平行	（图标）			✓	生成一个与选定参考面平行的基准面。 　例如,为一个参考选择一个面,为另一个参考选择一个点,软件会生成一个与这个面平行并与这个点重合的基准面
垂直	（图标）		✓	✓	生成一个与选定参考元素垂直的基准面。 　例如,为一个参考选择一条边线或曲线,为另一个参考选择一个点或顶点,软件会生成一个与穿过这个点的曲线垂直的基准面;将原点设在曲线上会将基准面的原点放在曲线上,如果清除此选项,原点就会位于顶点或点上
投影	（图标）	✓	✓		将单个对象(比如点、顶点、原点或坐标系)投影到空间曲面上
相切	（图标）				生成一个与圆柱面、圆锥面、非圆柱面及空间面相切的基准面
两面夹角	（图标）			✓	生成一个基准面,它通过一条边线、轴线或草图线,并与一个圆柱面或基准面成一定角度
偏移距离	（图标）			✓	生成一个与选定参考面平行的基准面,并偏移指定距离,可以指定要生成的基准面数
两侧对称	（图标）			✓	在平面、参考基准面及 3D 草图基准面之间生成一个两侧对称的基准面,对两个参考都选择两侧对称

1. 直线和点方式

直线和点方式用于创建一个通过线(如边线、轴或草图线)与点、两平行线或通过三点的基准面。

打开"网盘:\第 4 章\基础特征建模\基准面练习.SLDPRT"文件,在此基础上建立基准面。

单击"参考几何体"工具栏中的"基准面"按钮 ，或者选择"插入"→"参考几何体"→"基准面"菜单命令,此时系统弹出如图 4.3 所示的"基准面"属性管理器。

在"第一参考"栏选择实体上一边,在"第二参考"栏选择实体上一点,如图 4.4(a)所示,注意系统自动地将参考元素与基准面定义为重合 ，单击"基准面"属性管理器上的"确定"按钮 ，生成基准面。请读者观察"基准面"属性管理器中参考的位置关系。

此时所创建的基准面会出现在特征管理器中。

以上类型的操作,分别利用两平行线生成基准面,如图 4.4(b)所示;利用实体上三个点生成基准面,如图 4.4(c)所示。

注意　读者如需更改参考栏中的选择,有两种方式:一是在绘图区单击右键,从系统弹

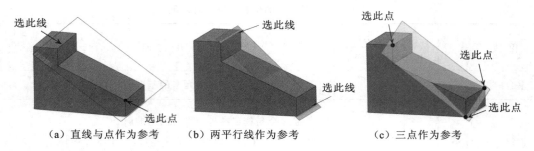

（a）直线与点作为参考　　（b）两平行线作为参考　　（c）三点作为参考

图 4.4　通过直线和点方式生成基准面

出的快捷菜单中选择"消除选择"命令,然后重新选择;二是在"基准面"属性管理器中参考栏中单击右键,选择"删除"命令,然后重新选择。

2. 点和平行面方式

点和平行面方式用于创建一个通过点且平行于选定参考面的基准面,其中选定的参考面可以是已知基准面或现存实体上的平面。

打开"网盘:\第 4 章\基础特征建模\基准面练习. SLDPRT"文件,在此基础上建立基准面。

单击"参考几何体"工具栏中的"基准面"按钮 ,此时系统弹出如图 4.5 所示的"基准面"属性管理器。

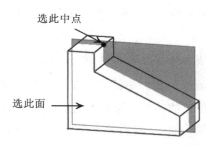

图 4.5　点和平行面方式"基准面"属性管理器及基准面预览

如图 4.5 所示,在"第一参考"栏选择实体上一边的中点,此时选择"重合"位置关系;在"第二参考"栏选择实体上一平面,此时选择"平行"位置关系。单击"确定"按钮 ,生成基准面。请读者观察"基准面"属性管理器中参考的位置关系。

3. 两面夹角方式

两面夹角方式用于创建一个通过一条边线、轴线或草图线,并与选定参考面成一定角度的基准面。

打开"网盘:\第 4 章\基础特征建模\基准面练习.SLDPRT"文件,在此基础上建立基准面。

单击"参考几何体"工具栏中的"基准面"按钮,此时系统弹出如图 4.6 所示的"基准面"属性管理器。

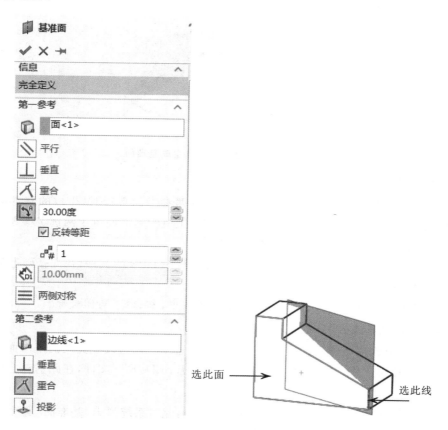

图 4.6　两面夹角方式"基准面"属性管理器及基准面预览

如图 4.6 所示,在"第一参考"栏选择实体上一平面,此时选择"两面夹角"按钮,输入角度值 30;在"第二参考"栏选择实体上一边线,此时选择"重合"位置关系。单击"确定"按钮,生成基准面。请读者观察"基准面"属性管理器中参考的位置关系。

注意　两面夹角的角度值只能为 0～360°,根据实际所需可勾选"反转";另外,还可在"要生成基准面数"栏输入大于 1 的整数,连续生成多个基准面。请读者自己尝试。

4. 偏移距离方式

偏移距离方式用于创建一个平行于选定的参考面,并偏移指定距离的基准面,其中选定的参考面可以是已知基准面或现存实体上的平面。

打开"网盘:\第 4 章\基础特征建模\基准面练习.SLDPRT"文件,在此基础上建立基准面。

单击"参考几何体"工具栏中的"基准面"按钮 ,此时系统弹出"基准面"属性管理器。

首先选择实体上一面作为参考面,如图 4.7 所示,单击"偏移距离"按钮 ,在其后的数据栏中输入值 30。最后单击"确定"按钮 ,结果如图 4.7 所示。勾选"反转"复选框,可以设置生成基准面相对于参考面的方向;还可在"要生成基准面数"栏 输入大于 1 的整数,连续生成多个等距基准面。

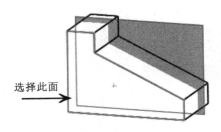

选择此面

图 4.7　通过偏移距离方式生成基准面

5. 两侧对称方式

两侧对称方式用于创建一个基准面。当选定的两参考面平行时,生成的基准面位于两选定参考面的中间位置;当选定的两参考面相交时,生成的基准面位于两选定参考面夹角的平分位置,当勾选"反转"时,基准面与平分面垂直。

打开"网盘:\第 4 章\基础特征建模\基准面练习.SLDPRT"文件,在此基础上建立基准面。请读者自行操作。

注意　在选定的第一参考、第二参考的位置关系中,都选择"两侧对称"。

6. 垂直于曲线方式

垂直于曲线方式用于创建一个通过一个点且垂直于一条边线或曲线的基准面。

打开"网盘:\第 4 章\基础特征建模\基准面练习.SLDPRT"文件,在此基础上建立基准面。

单击"参考几何体"工具栏中的"基准面"按钮 ,此时系统弹出"基准面"属性管理器。

如图 4.8 所示,在"第一参考"栏选择实体上一曲线,此时选择"垂直"按钮 ,可勾选"将原点设在曲线上",使基准面的原点位于曲线上;在"第二参考"栏选择实体上一点,此时选择"重合"位置关系。单击"确定"按钮 ,生成基准面。

7. 曲面切平面方式

曲面切平面方式用于创建一个与空间面或圆形曲面相切于一点的基准面。

打开"网盘:\第 4 章\基础特征建模\基准面练习.SLDPRT"文件,在此基础上建立基准面。

单击"参考几何体"工具栏中的"基准面"按钮 ▣，此时系统弹出"基准面"属性管理器。

如图 4.9 所示，在"第一参考"栏选择实体上一曲面，此时选择"相切"按钮 ⌔；在"第二参考"栏选择实体上一点，此时选择"重合"位置关系。单击"确定"按钮 ✓，生成基准面。

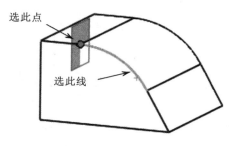

图 4.8 垂直于曲线

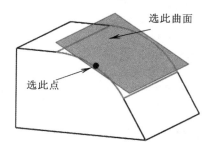

图 4.9 与曲面相切

4.1.1.2 建立基准轴

基准轴是在零件设计过程中建立的轴线，基准轴可以用做特征创建时的参照，如圆周阵列、创建基准面等。

每一个圆柱和圆锥面都有一条轴线。临时轴是由模型中的圆锥和圆柱隐含生成的，可以通过"视图"→"临时轴"菜单命令来隐藏或显示所有临时轴。临时轴能起到与基准轴相同的功能。

创建基准轴有五种方式：一直线/边线/轴方式、两平面方式、两点/顶点方式、圆柱/圆锥面方式、点和面/基准面方式。

选择下拉菜单"插入"→"参考几何体"→"基准轴"菜单命令，或者单击"参考几何体"工具栏中的"基准轴"按钮 ⁄，此时系统弹出如图 4.10(a)所示的"基准轴"属性管理器。

打开"网盘:\第 4 章\基础特征建模\基准轴练习.SLDPRT"文件，在此基础上建立基准轴。

1. 一直线/边线/轴方式

选择草图中的直线、实体中的边线或轴，创建所选直线所在的轴线。

单击"参考几何体"工具栏中的"基准轴"按钮 ⁄，此时系统弹出如图 4.10(a)所示的"基准轴"属性管理器。在零件实体上选择一边线，单击"确定"按钮 ✓，生成基准轴，如图 4.10(b)所示。

2. 两平面方式

两平面方式将所选两平面的交线作为基准轴。

打开"基准轴"属性管理器，在绘图区展开"基准轴练习"设计树，选择前视基准面和右视基准面，单击属性管理器的"确定"按钮 ✓，生成基准轴，如图 4.10(c)所示。

3. 两点/顶点方式

两点/顶点方式将两个点或两个顶点的连线作为基准轴。

打开"基准轴"属性管理器，如图 4.10(d)所示，单击实体上的两顶点，单击"基准轴"属

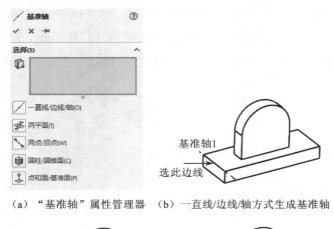
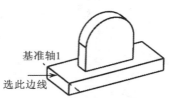

（a）"基准轴"属性管理器　（b）一直线/边线/轴方式生成基准轴　（c）两平面方式生成基准轴

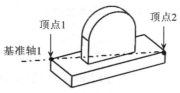

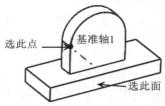

（d）两顶点方式生成基准轴　　（e）圆柱面方式生成基准轴　　（f）点和面方式生成基准轴

图 4.10　基准轴属性管理器及各种方式生成基准轴

性管理器的"确定"按钮，生成基准轴。

4．圆柱/圆锥面方式

选择圆柱面或圆锥面,将其临时轴确定为基准轴。

打开"基准轴"属性管理器,如图 4.10(e)所示,单击实体上的圆柱面,单击"基准轴"属性管理器的"确定"按钮，生成基准轴。

5．点和面/基准面方式

选择一曲面或基准面,以及顶点、点或中点,创建一个通过所选点并且垂直于所选面的基准轴。

打开"基准轴"属性管理器,如图 4.10(f)所示,单击实体上的一点和一个平面,单击"基准轴"属性管理器的"确定"按钮，生成基准轴。

4.1.1.3　建立参考点

建立参考点可作为建立其他实体的参考元素。

创建参考点有五种方式:圆弧中心方式、面中心方式、交叉点方式、投影方式和沿曲线距离或多个参考点方式。

选择下拉菜单"插入"→"参考几何体"→"点"菜单命令,或者单击"参考几何体"工具栏中的"点"按钮，此时系统弹出如图 4.11(a)所示的"点"属性管理器。

打开"网盘:\第 4 章\基础特征建模\参考点练习.SLDPRT"文件,在此基础上练习建立参考点。

1.圆弧中心方式

通过圆弧中心方式生成的参考点位于所选圆弧的圆心处,具体操作步骤为:打开"点"属性管理器,单击"圆弧中心"按钮 ,然后在零件实体上选择一圆弧,如图 4.11(b)所示,单击"点"属性管理器的"确定"按钮 ,生成点。

2.投影方式

投影方式是指将所选的点投影到所选的面上生成参考点的一种方式。选择的点可以是曲线的端点及草图线段、实体的顶点。具体操作步骤为:打开"点"属性管理器,单击"投影"按钮 ,然后在零件实体上选择一点和一平面,如图 4.11(c)所示,单击"点"属性管理器的"确定"按钮 ,生成点。

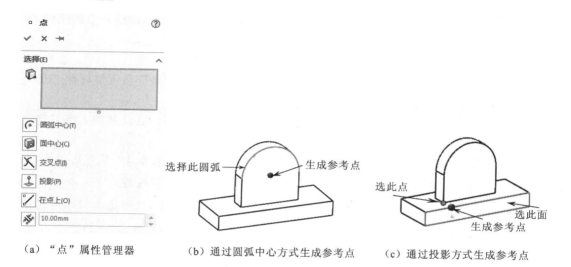

(a)"点"属性管理器　　(b)通过圆弧中心方式生成参考点　　(c)通过投影方式生成参考点

图 4.11 "点"属性管理器及圆弧中心方式生成参考点

3.沿曲线距离或多个参考点方式

沿曲线距离或多个参考点方式是指沿边线、曲线或草图线段生成一组参考点的方式。选择曲线后,有三种选项来生成参考点:距离、百分比和均匀分布。

距离:按设定的距离生成参考点。第一个参考点并非在所选曲线的端点上生成,而是距端点按设定的距离生成。

百分比:按设定的百分比生成参考点。百分比指的是所选曲线长度的百分比。例如,选择一条 100 mm 长的曲线,如果将参考点数设定为 5,百分比为 10%,则 5 个参考点将以实体总长度的百分之十(即 10 mm)彼此相隔而生成。

均匀分布:在所选曲线上均匀分布参考点。如果编辑参考点数,则参考点将相对于开始端点而更新其位置。

另外,还可设定参考点的数量 。设定要沿所选曲线生成的参考点数,参考点使用选中的距离、百分比或均匀分布选项而生成。其具体操作步骤如下:打开"点"属性管理器,单击"沿曲线距离或多个参考点"按钮 ,然后在零件实体上选择一边线,如图 4.12 所示,设定距离为 10 mm,参考点数设定为 3,单击"点"属性管理器的"确定"按钮 ,生成 3 个点。

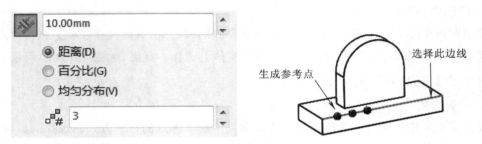

图 4.12　沿曲线距离或多个参考点方式生成参考点

另外两种生成参考点的方式如面中心方式和交叉点方式,请读者自行练习。

面中心方式:在所选面的引力中心(即重心)生成一参考点,可选择平面或非平面。

交叉点方式:在两个所选曲线的交点处生成一参考点,可选择边线、曲线及草图线段。

4.1.1.4　建立坐标系

坐标系主要用来定义零件或装配体的坐标系,此坐标系通常与测量和质量属性工具一同使用。下面通过实例来介绍建立坐标系的操作步骤。

打开"网盘:\第 4 章\基础特征建模\坐标系练习.SLDPRT"文件,在此基础上练习建立坐标系。

选择下拉菜单"插入"→"参考几何体"→"坐标系"菜单命令,或者单击"参考几何体"工具栏中的"坐标系"按钮 ↳,弹出如图 4.13(a)所示的"坐标系"属性管理器。

如图 4.13(b)所示,在"原点"一栏中,选择顶点;在"X 轴"一栏中,选择边线〈1〉,可以单击"X 轴"一栏的"方向"按钮 ↗,更改 X 轴的方向;在"Y 轴"一栏中,选择边线〈2〉。

单击"坐标系"属性管理器中的"确定"按钮 ✔,创建一个新的坐标系。

注意　定义坐标系时,只要定义了原点和 X 轴、Y 轴、Z 轴中的任意两轴就可以确定坐标系。坐标系满足右手定则:右手四指从 X 轴绕向 Y 轴,大拇指方向即为 Z 轴正方向。

(a)　"坐标系"属性管理器　　　　　　　(b)新坐标系

图 4.13　创建坐标系

4.1.2 拉伸特征

拉伸特征工具是 SolidWorks 特征建模工具中最基础的工具之一,也是构造零件最常见的一种基础特征。拉伸特征是将一个二维平面草图,按照选定的条件沿与草图平面垂直的方向拉伸一段距离而形成的特征。

拉伸特征应用比较广泛,主要应用在如图 4.14 所示的棱柱类零件和圆柱类零件中。

拉伸特征包括三个基本的要素:草图、拉伸方向和终止条件。

通常将特征的典型截面作为草图的轮廓,草图是拉伸特征最基本的要素,通常要求拉伸的草图是一个封闭的二维图形,并且不能有自相交叉的现象;拉伸方向是指垂直于草图平面的正、反两个方向;终止条件是设定拉伸特征在拉伸方向上的终止条件。

拉伸特征具体可以分为拉伸凸台特征和拉伸切除特征。

（a）棱柱类零件　　　　　　　　（b）圆柱类零件

图 4.14　基本几何体

4.1.2.1 拉伸凸台特征

1. 创建拉伸凸台特征的操作步骤

下面以棱柱类零件为例,说明创建拉伸凸台特征的操作步骤。

(1) 新建零件文件。

(2) 绘制草图,如图 4.15 所示。

注意　新建零件文件和绘制草图的操作在前面的章节中已经作了介绍,本章中不再介绍。在本章介绍其他特征操作步骤时,将跳过这两个步骤直接进行下一步骤的介绍。

(3) 执行拉伸命令。

单击"特征"工具栏上的"拉伸凸台/基体"按钮 ,或者单击下拉菜单"插入"→"凸台/基体"→"拉伸"命令,此时系统出现"凸台-拉伸"属性管理器。各栏的含义如图 4.16 所示。

(4) 设置"凸台-拉伸"属性管理器。

按照设计要求在"凸台-拉伸"属性管理器中进行参数设置,开始条件为"草图基准面",终止条件为"给定深度",拉伸深度设定为 70 mm,最后单击属性管理器的"确定"按钮 ,即可生成凸台特征。

2. 开始条件

开始条件有四种,即草图基准面、曲面/面/基准面、顶点和等距,表示拉伸凸台特征的起

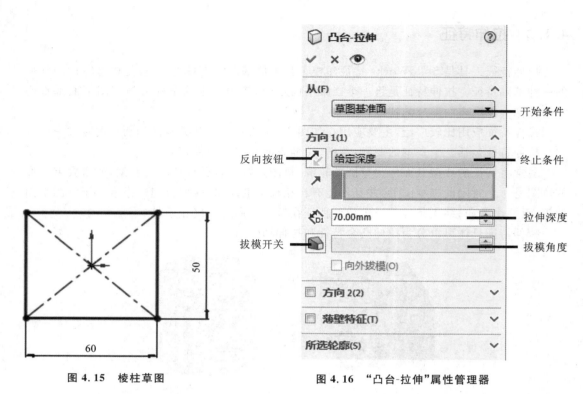

图 4.15　棱柱草图

图 4.16　"凸台-拉伸"属性管理器

始位置。如图 4.17 所示,选择不同的开始条件,但终止条件统一选择"完全贯穿"。

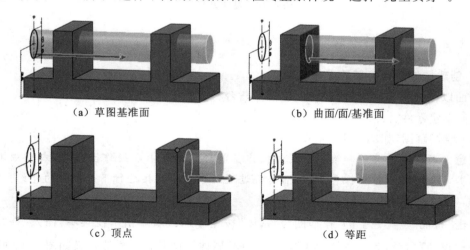

（a）草图基准面　　　　　　　　　　　（b）曲面/面/基准面

（c）顶点　　　　　　　　　　　（d）等距

图 4.17　不同开始条件的拉伸效果

打开"网盘:\第 4 章\基础特征建模\拉伸凸台. SLDPRT"文件,对"草图 2"进行拉伸凸台操作练习。

（1）草图基准面:表示特征从草图基准面开始拉伸,如图 4.17(a)所示。

（2）曲面/面/基准面:需要选择一个面,通过选择一个面作为拉伸的起始位置。如图 4.17(b)所示,选择左侧凸台右侧的平面为开始条件。

（3）顶点：选择一个点，该点所在的与草图平行的面即为拉伸的起始位置。如图4.17(c)所示，选择右侧凸台右侧的顶点为开始条件。

（4）等距：输入一个距离，表示拉伸的起始面与草图距离。如图4.17(d)所示，在数据栏输入 45 mm 作为开始条件。

3. 拉伸特征的终止条件

SolidWorks 软件在"方向 1"中提供了 8 种形式的终止条件，在"终止条件"下拉菜单中可以选用需要的终止条件：给定深度、完全贯穿、成形到下一面、成形到一顶点、成形到一面、到离指定面指定的距离、成形到实体和两侧对称。如图4.18所示，统一选择"草图基准面"作为开始条件，但依次选择不同的终止条件。

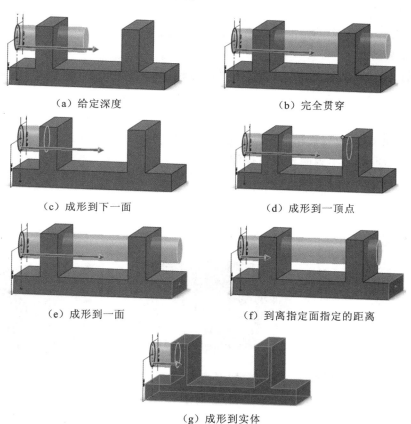

（a）给定深度　　　　　　　　（b）完全贯穿

（c）成形到下一面　　　　　　（d）成形到一顶点

（e）成形到一面　　　　　　（f）到离指定面指定的距离

（g）成形到实体

图 4.18　不同终止条件的拉伸效果

打开"网盘:\第4章\基础特征建模\拉伸凸台.SLDPRT"文件，对"草图 2"进行拉伸凸台操作练习。

（1）给定深度：给定距离，从草图基准面以指定的距离按指定方向进行拉伸特征，如图4.18(a)所示。

（2）完全贯穿：在拉伸方向上，从草图基准面一直拉伸到现有特征的最远端生成特征，如图4.18(b)所示。

（3）成形到下一面：在拉伸方向上，从草图基准面到现有特征最近的面生成特征。下一面必须在同一零件上,该面既可以是平面也可以是曲面,如图 4.18(c)所示。

（4）成形到一顶点:从草图基准面拉伸特征到所选顶点处的一个平面,该平面过顶点且平行于草图基准面,如图 4.18(d)所示。

（5）成形到一面:从草图的基准面拉伸特征到所选的面以生成特征,该面既可以是平面也可以是曲面,如图 4.18(e)所示。

（6）到离指定面指定的距离:从草图的基准面拉伸生成特征,该特征的终止面距离指定面存在一定的距离(即输入的距离值)。该指定面既可以是平面也可以是曲面,如图4.18(f)所示。

（7）成形到实体:从草图的基准面拉伸特征到指定的实体,如图 4.18(g)所示,与"成形到下一面"终止条件的效果是相同的。

（8）两侧对称:从草图的基准面向两个方向对称拉伸特征。

4. 拔模拉伸

在拉伸形成特征时,SolidWorks 提供了拔模拉伸特征。单击"拔模开关"按钮 ,在"拔模角度"一栏中输入需要的拔模角度。还可以利用"向外拔模"复选框选择是向外拔模还是向内拔模。

图 4.19(a)所示为设置拔模的"凸台-拉伸 1"属性管理器;图 4.19(b)所示为向内拔模拉伸的图形;图 4.19(c)所示为向外拔模拉伸的图形。

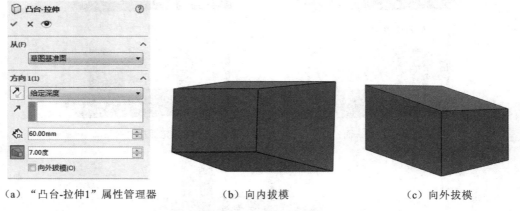

（a）"凸台-拉伸1"属性管理器 （b）向内拔模 （c）向外拔模

图 4.19 "凸台-拉伸 1"属性管理器的拔模特征

5. 薄壁拉伸

SolidWorks 可以对闭环和开环草图进行薄壁拉伸,所不同的是,如果草图是一个闭环图形,则既可以选择将其拉伸为薄壁特征,也可以选择将其拉伸为实体特征;如果草图本身是一个开环图形,则拉伸凸台/基体工具只能将其拉伸为薄壁。

闭环草图生成薄壁特征时必须勾选"薄壁特征",如图 4.20 所示。薄壁特征的类型有三种:单向、两侧对称和双向。薄壁厚度可以在"厚度"栏 中进行设置,还可以勾选"顶端加盖"。请读者自己动手操作,加深理解。

开环草图在拉伸凸台特征时,只能生成为薄壁特征,如图 4.21 所示。薄壁特征参数的设置方法与上述方法类似。

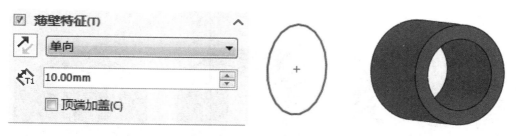

图 4.20　"薄壁特征"复选栏、闭环草图及其拉伸特征

图 4.21　开环草图及其拉伸特征

4.1.2.2　拉伸切除特征

拉伸切除特征是 SolidWorks 中最基础的特征之一,也是最常用的特征建模工具。拉伸切除是指在指定的基体上,按照设计需要进行切除。

"切除-拉伸"属性管理器中的参数设置与"凸台-拉伸"属性管理器中的参数设置基本相同,如图 4.16 所示。不同之处在于增加了"反侧切除"复选框,该选项是指移除轮廓外的所有实体。

打开"网盘:\第 4 章\基础特征建模\拉伸切除.SLDPRT"文件,其中"草图 2"的基准面选择了圆柱体的顶面。切除拉伸特征的操作步骤如下。

1. 执行切除拉伸命令

在设计树中单击"草图 2",然后单击"特征"工具栏上的"拉伸切除"按钮 ；或者选择"插入"→"切除"→"拉伸"菜单命令,此时系统出现"切除-拉伸"属性管理器,如图 4.22 所示。

2. 设置"切除-拉伸"属性管理器

按照图 4.22 所示对参数进行设置,也可按设计意图对"切除-拉伸"属性管理器进行参数设置,然后单击"确定"按钮 。

下面结合图 4.23 来说明"反侧切除"复选框切除拉伸的特征效果。

在没有选择"反侧切除"复选框时,切除的是由草图轮廓拉伸得到的实体,反之,是保留由草图轮廓拉伸得到的实体。

图 4.22　"切除-拉伸"属性管理器

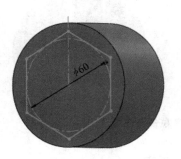  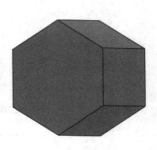

（a）绘制草图轮廓　　　（b）未勾选"反侧切除"的特征　　（c）勾选"反侧切除"的特征

图 4.23　草图及拉伸切除的特征

4.1.3　旋转特征

旋转特征是由截面草图绕一条轴线旋转而成的实体特征。旋转轴和旋转的草图必须位于同一个草图中，旋转轴一般为中心线（也可以是草图中的直线），旋转的截面草图必须是封闭的，且不能穿过旋转轴，但是可以与旋转轴接触。

注意　在进行旋转特征操作时，旋转轴一般为中心线，也可以是一条直线或一条边线；如果草图中有两条以上的中心线或其他直线，操作时应指定旋转轴。

旋转特征应用比较广泛，是比较常用的特征建模工具。它适于构造回转体零件，如图4.24 所示。

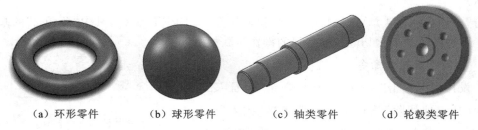

（a）环形零件　　　　（b）球形零件　　　　（c）轴类零件　　　　（d）轮毂类零件

图 4.24　各种回转体零件

4.1.3.1　旋转凸台特征

1. 旋转凸台特征的操作步骤

1）绘制旋转轴和旋转轮廓

图 4.25(b)所示为旋转轮廓草图和绘制旋转轴（水平中心线），注意草图中三个直径尺寸的含义。

2）执行旋转命令

单击"特征"工具栏上的"旋转凸台/基体"按钮 ，此时系统出现"旋转"属性管理器，如图 4.25(a)所示。

3）设置"旋转"属性管理器

按照图 4.25(a)"旋转"属性管理器中的参数进行设置，也可根据设计需要进行参数设置。

4）确认旋转图形

单击"确定"按钮 ，实体旋转完毕，如图 4.25(c)所示。

注意 实体旋转轮廓可以是一个或多个交叉或非交叉草图。尤其注意对于有交叉的草图，在生成特征时，需进行选择草图中的轮廓操作，建议最好在草图中不要出现交叉现象。

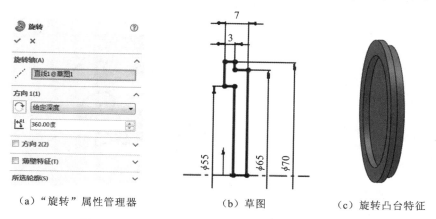

（a）"旋转"属性管理器　　　　（b）草图　　　（c）旋转凸台特征

图 4.25　"旋转"属性管理器、草图及其旋转凸台特征

2. 旋转类型

不同旋转类型的旋转效果是不同的。如图 4.26 所示，对同一个草图按照不同的旋转类型生成旋转特征，生成特征的总角度都为 260°。请读者动手操作，加深理解。

3. 薄壁特征旋转

在旋转形成特征时，SolidWorks 提供了旋转为薄壁特征的功能。如果选中"旋转"属性管理器的"薄壁特征"复选框，可以旋转为薄壁特征，否则旋转为实体特征。

利用图 4.26(a)中的草图，参数设置具体操作如图 4.27 所示。单击"确定"按钮 ，特征效果如图 4.27 所示，发现无法观察薄壁现象。

为了观察薄壁现象，需添加一个剖面视图，单击下拉菜单"视图"→"显示"→"剖面视图"命令，在"剖面视图"属性管理器中进行参数设定，主要是设定剖面的位置参数。按图 4.28 所示的参数进行设置（选择"前视基准面"作为剖面），单击"确定"按钮 ，即可观察薄壁现象。

善于利用"薄壁特征旋转"，有时可以使建模变得简单快捷。

如图 4.29 所示，对一开环草图进行旋转，生成薄壁特征。在建好开环草图的条件下，单击"特征"工具栏上的"旋转凸台/基体"按钮 ，将会出现一个提示窗口询问"是否自动将此草图封闭？"单击"否"，即出现如图 4.29 所示的"旋转"属性管理器，进行相应操作即可。

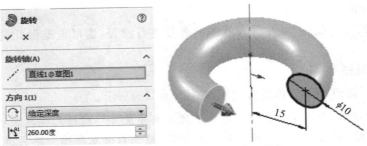

（a）单向旋转属性管理器及其特征预览

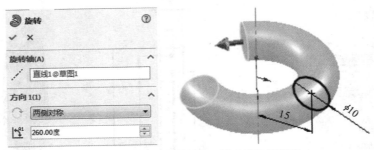

（b）两侧对称旋转属性管理器及其特征预览

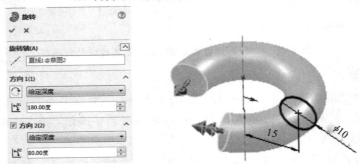

（c）双向旋转属性管理器及其特征预览

图 4.26　不同旋转类型及其特征预览

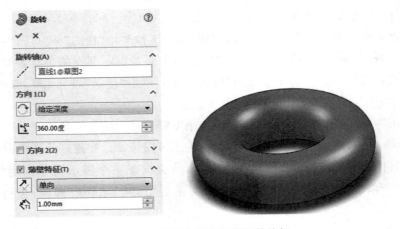

图 4.27　薄壁特征管理器及其特征

图 4.28 "剖面视图"属性管理器及其效果

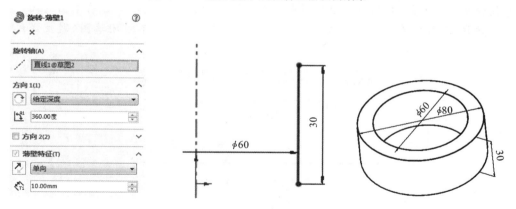

图 4.29 "旋转"属性管理器、开环草图及其旋转特征

4.1.3.2 旋转切除特征

旋转切除特征是在现有的基体上,按照设计需要进行旋转切除。旋转切除特征与旋转凸台特征的基本要素、参数类型和参数含义完全相同,这里不再赘述,请参考旋转凸台特征的相应介绍。

打开"网盘:\第 4 章\基础特征建模\旋转切除练习.SLDPRT"文件,进行旋转切除特征操作。

1. 建立旋转切除特征草图

单击设计树中的"前视基准面",选择"草图绘制"按钮 ⬚ ,按照图 4.30(a)所示绘制草图。

2. 执行切除旋转命令

选择"插入"→"切除"→"旋转"菜单命令,或者单击"特征"工具栏中的"旋转切除"按钮 ⬚ ,系统弹出"切除-旋转"属性管理器,在旋转轴线中选择草图中的中心线,其他设置详见

图 4.30(b),单击"切除-旋转"属性管理器中的"确定"按钮 ,生成切除特征如图 4.30(c)所示。

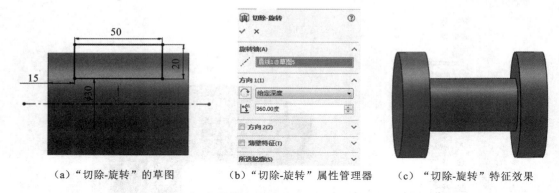

（a）"切除-旋转"的草图　　　　（b）"切除-旋转"属性管理器　　　（c）"切除-旋转"特征效果

图 4.30　切除-旋转特征的草图、属性管理器及特征效果

注意　使用旋转凸台特征和旋转切除特征命令时，所绘制的草图轮廓必须是封闭的。若草图轮廓不是封闭图形，系统会出现图 4.31 所示的提示框，提示是否将草图封闭。若选择"是"按钮，系统将草图封闭生成实体特征；若选择"否"按钮，不封闭草图，则生成薄壁特征。

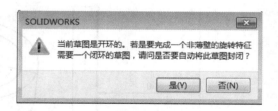

图 4.31　系统提示框

4.1.4　扫描特征

扫描特征是将一轮廓沿着一路径移动来生成基体、凸台与曲面的特征。扫描特征分为凸台扫描特征和切除扫描特征。

扫描特征包括三个基本参数：轮廓、路径和引导线。其中引导线并非是必需的参数。轮廓、路径和引导线这三个参数必须以三个不同的草图建立。

对于基体或凸台扫描特征，轮廓草图必须是闭环的。

路径和引导线可以为开环或闭环。路径可以是一张草图、一条曲线或一组模型边线中包含的一组草图曲线。

路径的起点必须位于轮廓的基准面上。如需用到引导线，则引导线必须与轮廓或轮廓草图中的点重合。

4.1.4.1　凸台扫描特征

扫描方式通常有不带引导线的扫描方式、带引导线的扫描方式和薄壁特征的扫描方式。

1. 不带引导线的扫描方式

下面以绘制如图 4.32(e)所示的弹簧为例，来说明不带引导线的扫描特征的操作步骤。

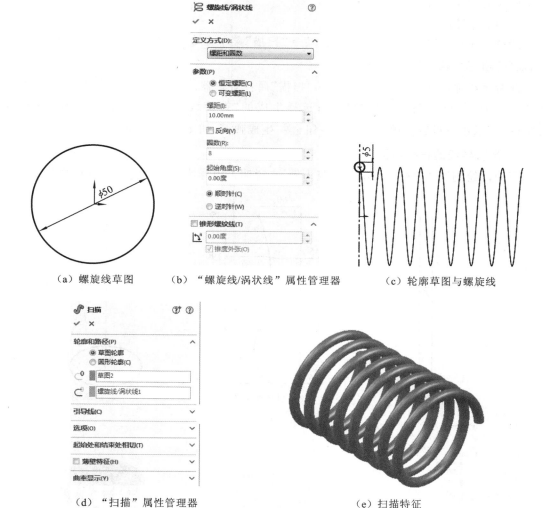

（a）螺旋线草图　　　（b）"螺旋线/涡状线"属性管理器　　　（c）轮廓草图与螺旋线

（d）"扫描"属性管理器　　　　　　　　（e）扫描特征

图 4.32　不带引导线的扫描特征生成过程

1）绘制螺旋状路径

单击左侧的特征管理器中"右视基准面"，在系统弹出的快捷菜单中单击"草图绘制"按钮 ，按照图 4.32(a)所示绘制草图，圆心与原点重合。

选择下拉菜单"插入"→"曲线"→"螺旋线/涡状线"菜单命令，或者单击"曲线"工具栏上的"螺旋线/涡状线"按钮 ，此时系统弹出如图 4.32(b)所示的"螺旋线/涡状线"属性管理器，如图 4.32(b)所示进行设置后，单击"确定"按钮 ，生成螺旋线特征。

2）绘制轮廓

单击左侧的特征管理器中"上视基准面"，在系统弹出的快捷菜单中单击"正视于"按钮，将视图以正视于"上视基准面"的方式显示。

在"上视基准面"中绘制如图 4.32(c)所示的轮廓,该轮廓为直径为 5 mm 的圆,其圆心与螺旋线的端点重合。

3）生成扫描特征

选择下拉菜单"插入"→"凸台/基体"→"扫描"菜单命令,或者单击"特征"工具栏中的"扫描"按钮 ,执行扫描命令。

此时系统弹出如图 4.32(d)所示的"扫描"属性管理器。在"轮廓和路径"一栏中,选择图 4.32(c)中的圆(草图 2)作为轮廓;选择生成的"螺旋线/涡状线 1"作为路径,按照图 4.32(d)所示进行设置。单击"确定"按钮 ,生成弹簧,如图 4.32(e)所示。

2. 带引导线的扫描特征

下面以绘制图 4.33(e)所示的花瓶为例,来说明带引导线的扫描特征的操作步骤。

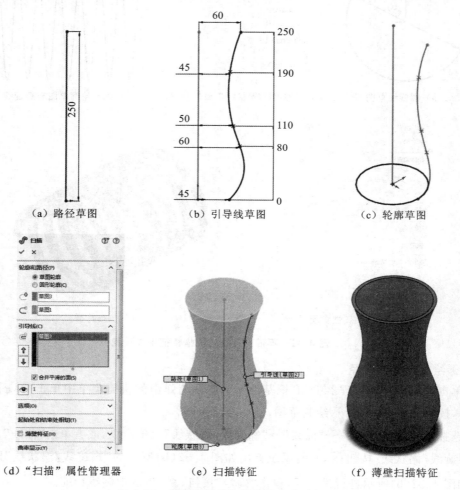

（a）路径草图　　　（b）引导线草图　　　（c）轮廓草图

（d）"扫描"属性管理器　　　（e）扫描特征　　　（f）薄壁扫描特征

图 4.33　带引导线的扫描特征生成过程

1）绘制路径草图

单击左侧特征管理器中的"前视基准面",在系统弹出的快捷菜单中单击"草图绘制"按

钮 ，按照图 4.33(a)所示绘制草图，然后退出草图绘制状态，此时生成了路径草图。

2）绘制引导线草图

单击左侧特征管理器中的"前视基准面"作为绘制图形的基准面，在系统弹出的快捷菜单中单击"草图绘制"按钮 。

选择"工具"→"草图绘制实体"→"样条曲线"菜单命令，绘制如图 4.33(b)所示的图形并标注尺寸，然后退出草图绘制状态。注意，此段样条曲线有 5 个点，且其两端点与路径直线平齐。

3）绘制轮廓草图

单击左侧的特征管理器中的"上视基准面"作为绘制图形的基准面，在系统弹出的快捷菜单中单击"草图绘制"按钮 。

单击"标准视图"工具栏中的"等轴测"按钮 ，将视图以等轴测方向显示，结果如图 4.33(c)所示。

选择"工具"→"草图绘制实体"→"圆"菜单命令，以原点为圆心绘制一个圆，该圆与引导线的端点重合，然后退出草图绘制状态，生成轮廓草图。

注意　由于此例中轮廓沿路径进行扫描时，轮廓的大小在发生变化，所以在绘制草图时，应用几何位置关系定义草图，而不能用标注尺寸的方式定义草图。此例若将轮廓圆直径标注为 90 mm，则在生成扫描特征时会提示出错。

4）生成扫描特征

选择下拉菜单"插入"→"凸台/基体"→"扫描"菜单命令，或者单击"特征"工具栏中的"扫描"按钮 ，此时系统弹出图 4.33(d)所示的"扫描"属性管理器。

在"轮廓和路径"一栏中，选择图 4.33(c)中的圆（草图 3）作为轮廓；选择图 4.33(c)中的"直线 2"（草图 1）作为路径；在"引导线"一栏中，选择图 4.33(c)中的样条曲线（草图 2）作为引导线。

最后单击"确定"按钮 ，扫描特征完毕，结果如图 4.33(e)所示。

3. 薄壁特征的扫描方式

仍以绘制如图 4.33(e)所示的花瓶为例，说明带薄壁扫描特征的操作步骤。

其操作步骤与"带引导线的扫描方式"基本相同，只是在最后一步的"扫描"属性管理器的设置不同，在属性管理器中选择了"薄壁特征"复选栏，将壁厚定为 2 mm。

最后单击"确定"按钮 ，扫描薄壁特征完毕，结果如图 4.33(f)所示。

4.1.4.2　切除扫描特征

切除扫描特征就是利用扫描的方式在现有的实体上进行切除操作。其操作方式与扫描方式类似，通常有不带引导线的扫描方式和带引导线的扫描方式两种。

打开"网盘:\第 4 章\基础特征建模\切除扫描练习.SLDPRT"文件，在此基础上进行练习。

选择下拉菜单"插入"→"切除"→"扫描"菜单命令，或者单击"特征"工具栏中的"扫描切除"按钮 ，执行切除扫描操作：在弹出的"切除-扫描"属性管理器中，选择"草图 3"作为轮廓,"草图2"作为路径。具体操作过程请读者自行练习。

4.1.5 放样特征

放样特征是指按一定顺序连接多个剖面或轮廓而形成的基体、凸台或切除的特征。放样特征分为凸台放样特征和切除放样特征。

放样特征包括两个基本参数:轮廓和引导线。其中引导线并非是必需的参数。不同轮廓和引导线必须以不同的草图建立。

创建放样特征应遵循以下规则。

(1) 轮廓的数量至少需要两个。其中,仅第一个或最后一个轮廓可以是"点",也可以是这两个轮廓均为"点"。放样时,对应的点不同,产生的效果也不同。创建实体特征时,轮廓草图必须是封闭的。

(2) 引导线在放样特征中可有可无。当需要引导线时,引导线必须与轮廓接触。加入引导线的作用是为了控制轮廓根据引导线产生变化,从而有效地控制模型的外形。

4.1.5.1 凸台放样特征

1. 凸台放样特征

打开"网盘:\第4章\基础特征建模\放样练习.SLDPRT"文件,在此基础上进行练习。

选择下拉菜单"插入"→"凸台/基体"→"放样"菜单命令,或者单击"特征"工具栏中的"放样"按钮 ，系统弹出"放样"属性管理器,在轮廓栏中依次选择"草图1"、"草图2"。最后单击"确定"按钮 ，生成放样特征。

注意 此时观察绘图区的放样预览,如图4.34(b)所示,其中对应的点位于棱台同一棱边,若拖动"草图2"中的对应点,则放样结果会发生变化。

"起始/结束约束"是应用约束以控制开始和结束轮廓的相切。这些选项有默认、无、方向向量、垂直于轮廓,具体说明如下。

(1) 默认(在最少有三个轮廓时可供使用) 近似在第一个和最后一个轮廓之间刻画的抛物线。该抛物线中的相切约束驱动放样曲面,在未指定匹配条件时,所产生的放样曲面更具可预测性且更自然。

(2) 无 没有应用相切约束(曲率为零)。

(3) 方向向量 根据需要为方向向量的所选实体而应用相切约束。选择一方向向量,然后设定拔模角度和起始或结束处相切长度。

(4) 垂直于轮廓 应用垂直于开始或结束轮廓的相切约束。设定拔模角度和起始或结束处相切长度。

放样特征可以使用一条或多条引导线来连接轮廓,引导线的作用就是控制放样实体的中间轮廓。另外,引导线与各轮廓之间应存在几何关系,否则,放样会失败。

2. 薄壁特征

打开"网盘:\第4章\基础特征建模\放样练习.SLDPRT"文件,在此基础上进行练

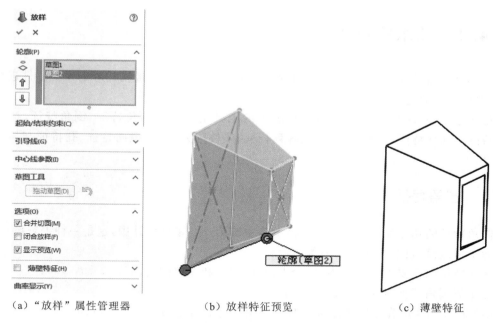

（a）"放样"属性管理器　　　　（b）放样特征预览　　　　（c）薄壁特征

图 4.34　"放样"属性管理器、放样特征预览及薄壁特征

习。

　　薄壁特征的操作与放样凸台的操作基本一致，只是在设置"放样"属性管理器时，勾选"薄壁特征"，对薄壁的壁厚进行设置即可。具体操作请读者自行练习。

4.1.5.2　切除放样特征

　　切除放样特征就是利用放样的方式在现有的实体上进行切除操作的特征。其操作方式与放样凸台方式相类似。

　　打开"网盘:\第 4 章\基础特征建模\切除放样练习.SLDPRT"文件，在此基础上进行练习。

　　选择下拉菜单"插入"→"切除"→"放样"菜单命令，或者单击"特征"工具栏中的"放样切割"按钮 ，执行切除放样操作：在弹出的"切除-放样"属性管理器中，依次选择"草图 2"、"草图 3"作为轮廓，切除放样的前后对比如图 4.35 所示。具体操作请读者自行练习。

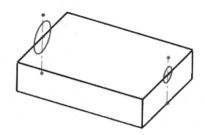 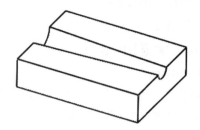

图 4.35　切除放样的前后对比

4.2　基本实体编辑

上一节介绍了常见的基本几何体的建模方法。本节将对已经构建好的模型零件进行编辑，以简化建模的过程。

在 SolidWorks 中对基本实体进行编辑的工具主要包括圆角特征、倒角特征、抽壳特征、筋特征、圆顶特征、拔模特征、圆周阵列特征、线性阵列特征、镜向特征、孔特征与异型孔特征等。

4.2.1　圆角特征

圆角特征的功能就是在现有的实体上建立圆角。在零件设计中，这是一种工艺设计，使两表面平滑过渡，目的是减少应力集中。

圆角特征的主要类型有等半径、变半径、面圆角和完整圆角。

在生成圆角特征时应遵循以下规则。

（1）较大圆角应在小圆角之前添加。当有多个圆角会聚于一个顶点时，应先生成较大的圆角。

（2）在生成圆角前先添加拔模特征。如果要生成具有多个圆角边线及拔模面的铸模零件，在大多数的情况下，应在生成圆角之前添加拔模特征。

（3）最后添加装饰用的圆角。在大多数其他几何体定位后再添加装饰圆角。如果先添加装饰圆角，则系统需要花费比较长的时间重建零件。

（4）尽量使用一个单一圆角操作来处理需要相同半径圆角的多条边线，这样可以加快零件重建的速度。

下面通过实例来介绍不同圆角类型的操作步骤。

1. 等半径圆角

等半径圆角特征用于生成整个圆角的弧度都有等半径的圆角。

打开"网盘:\第 4 章\基本实体编辑\圆角. SLDPRT"文件，在此基础上进行圆角练习。

选择下拉菜单"插入"→"特征"→"圆角"的菜单命令，或者单击"特征"工具栏中的"圆角"按钮 ，系统弹出"圆角"属性管理器。

在系统弹出的"圆角"属性管理器中，如图 4.36(a)所示，系统缺省状态位于"手工"选项卡，在"圆角类型"下选择"等半径"；在"圆角项目"下的"半径"栏 中输入 1 mm，在"边线、面、特征和环"栏 中，选择图 4.36(b)中的面。最后单击"确定"按钮 ，生成圆角特征，如图 4.36(c)所示。

FilletXpert 选项卡(仅限等半径圆角)可帮助设计者管理、组织和重新排序等半径圆角。

注意　此例在"边线、面、特征和环"栏 中选的是零件的一个面，即该面的全部边界线都生成了圆角。若在"边线、面、特征和环"栏 中选的是该面的六条边线和中间的圆，最后生成的效果与图 4.36(c)所示是一样的。

当选择多条边线生成圆角，且边线的圆角半径各不相同时，可以在"等半径"圆角类型

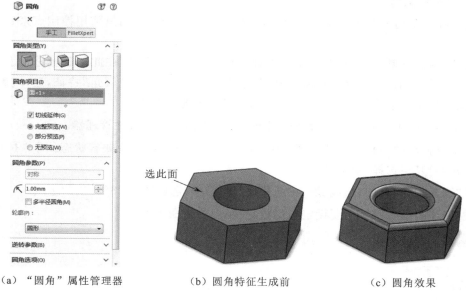

（a）"圆角"属性管理器　　　（b）圆角特征生成前　　　（c）圆角效果

图 4.36　等半径圆角特征

下,使用"多半径圆角"选项生成不同半径值的圆角。进行多半径操作时,必须勾选"圆角项目"中的"多半径圆角"复选框,如图 4.37(a)所示。

在绘图区选择"边线〈1〉"(该边线加入 栏中),如图 4.37(b)所示,然后在"半径"栏 中输入 1 mm,按回车键确认。按相同的方法分别定义"边线〈2〉"的半径为 2 mm、"边线 〈3〉"的半径为 4 mm。最后单击"确定"按钮 ,生成圆角特征,如图 4.37(c)所示。

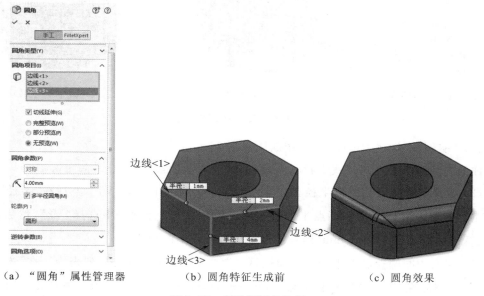

（a）"圆角"属性管理器　　　（b）圆角特征生成前　　　（c）圆角效果

图 4.37　多半径圆角特征

2. 变半径圆角

变半径圆角用于在同一条边线上生成变半径数值的圆角,通过使用控制点来定义变半径圆角。

打开"网盘:\第 4 章\基本实体编辑\圆角.SLDPRT"文件,在此基础上进行变半径圆角练习。练习之前,在"特征"管理器中,右键单击上例中生成的"圆角"特征,选择"删除"操作(此操作只是为了将零件恢复到如图 4.36(b)所示的状态)。

单击"特征"工具栏中的"圆角"按钮 ,系统弹出"圆角"属性管理器。

在系统弹出的"圆角"属性管理器中,如图 4.38(a)所示,系统缺省状态位于"手工"选项卡,"圆角类型"栏选择"变半径"。

在"圆角项目"下的"边线、面、特征和环"栏 中,选择图 4.38(b)中的边线。

在"变半径参数"栏下,要设定实例数、控制点的半径等参数。

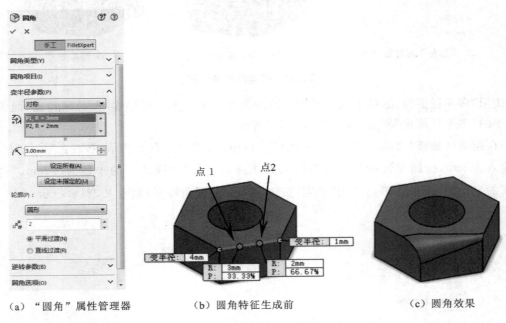

(a) "圆角"属性管理器 (b) 圆角特征生成前 (c) 圆角效果

图 4.38 变半径圆角特征

(1)"实例数"栏 中输入 2(系统默认的是 3)。

注意 实例数是所选边线上控制点的数目(未包含起点和终点)。

(2)定义起点半径与终点半径。在"附加半径"列表中选择"V1",然后在"半径"栏的文本框中输入 4 mm(即左端点半径),按回车键确认;在列表中选择"V2",然后在"半径"栏的文本框中输入 1 mm(即右端点半径),按回车键确认。

(3)定义中间两控制点半径。在绘图区选择"点 1"(点 1 加入列表中),在列表中选择"P1",然后在"半径"栏中输入 3 mm,按回车键确认。按同样的方法定义"点 2"的半径为 2 mm。

最后单击"圆角"属性管理器的"确定"按钮 ,生成圆角特征,如图 4.38(c)所示。

注意　可以通过选择某一控制点并按 Ctrl 键,拖动鼠标在一个新位置添加一个控制点;也可以通过单击右键弹出的快捷菜单,从中选择"删除"选项来移除某一特定控制点。

3. 面圆角

面圆角用于对非相邻或非连续的两组面进行倒圆角操作。

打开"网盘:\第 4 章\基本实体编辑\圆角.SLDPRT"文件,在此基础上进行面圆角练习。练习之前,在"特征"管理器中,右键单击上例中生成的圆角特征,选择"删除"操作。

单击"特征"工具栏中的"圆角"按钮 ,系统弹出"圆角"属性管理器。

在系统弹出的"圆角"属性管理器中,如图 4.39(a)所示,系统缺省地位于"手工"选项卡,在"圆角类型"栏选择"面圆角"。圆角半径 定为 10 mm;在面组 1、面组 2 中按图 4.39(b)所示进行选择。最后单击"圆角"属性管理器的"确定"按钮 ,生成面圆角特征,如图 4.39(c)所示。

注意　如果为面组 1 或面组 2 选择一个以上的面,则每组面必须平滑连接以使面圆角延伸到所有面。

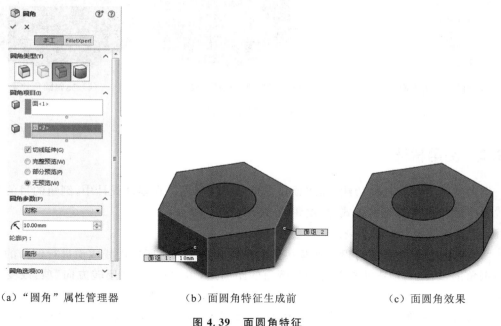

（a）"圆角"属性管理器　　　（b）面圆角特征生成前　　　　（c）面圆角效果

图 4.39　面圆角特征

4. 完整圆角

完整圆角用于生成相切于 3 个相邻面组成的圆角,中央面将被圆角替代,中央面圆角的半径取决于设置的圆弧的半径。

打开"网盘:\第 4 章\基本实体编辑\圆角.SLDPRT"文件,在此基础上进行完整圆角练习。练习之前,在"特征"管理器中,右键单击上例中生成的圆角特征,选择"删除"操作。

单击"特征"工具栏中的"圆角"按钮 ,系统弹出"圆角"属性管理器。

在系统弹出的"圆角"属性管理器中,如图 4.40(a)所示,系统缺省地位于"手工"选项卡,在"圆角类型"栏中选择"完整圆角"。在"边侧面组 1"中选择"面〈1〉",在"中央面组"中选择"面〈2〉",在"边侧面组 2"中选择"面〈3〉",如图4.40(b)所示。最后单击"圆角"属性管理器的"确定"按钮 ,生成圆角特征,如图 4.40(c)所示。

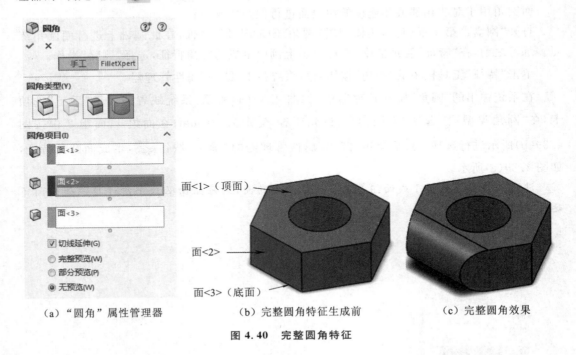

(a)"圆角"属性管理器　　(b)完整圆角特征生成前　　(c)完整圆角效果

图 4.40　完整圆角特征

4.2.2　倒角特征

倒角特征是在所选的边线、面或顶点上生成一倾斜面。在零件设计中,倒角的目的是去除锐边。倒角主要有三种方式:角度距离、距离-距离、顶点。

1."角度距离"倒角

"角度距离"倒角是通过设置倒角一边的距离和角度来对所选边线或面进行倒角的。在绘制倒角的过程中,箭头所指的方向为倒角的距离边,可通过勾选"反转方向"项,改变倒角的距离边。

打开"网盘:\第 4 章\基本实体编辑\倒角.SLDPRT"文件,在此基础上进行倒角练习。

选择下拉菜单"插入"→"特征"→"倒角"的菜单命令,或者单击"特征"工具栏中的"倒角"按钮 ,系统弹出"倒角"属性管理器。

在"倒角"属性管理器的"倒角参数"下,选择"角度距离"选项,在"边线和面或顶点" 栏,选择图 4.41(b)所示的边线。在倒角的距离边 输入 1 mm,夹角 输入 45 度,如图 4.41(a)所示。最后单击"倒角"属性管理器的"确定"按钮 ,生成倒角特征,如图 4.41(c)所示。

2."距离-距离"倒角

"距离-距离"倒角是指通过设置倒角两侧距离的长度,或者通过"相等距离"复选框指定

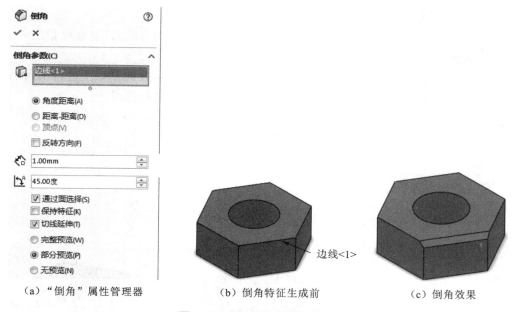

（a）"倒角"属性管理器　　　（b）倒角特征生成前　　　（c）倒角效果

图 4.41　"角度距离"倒角特征

一个距离值进行倒角的方式。

打开"网盘：\第 4 章\基本实体编辑\倒角.SLDPRT"文件，在此基础上进行倒角练习。

"倒角"属性管理器的设置如图 4.42（a）所示，具体操作请读者自行练习。

当倒角两侧距离相等时，可勾选"相等距离"，此时只用设定一次距离即可。

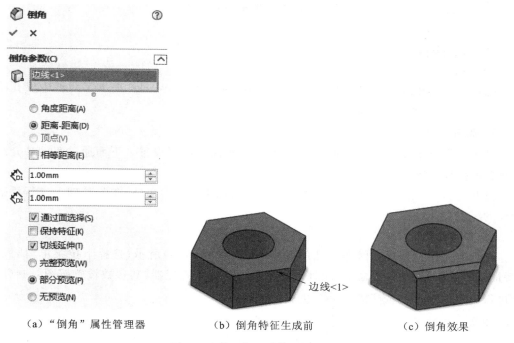

（a）"倒角"属性管理器　　　（b）倒角特征生成前　　　（c）倒角效果

图 4.42　"距离-距离"倒角特征

3. "顶点"倒角

"顶点"倒角是指通过设置每侧的三个距离值,或者通过"相等距离"复选框指定一个距离值进行倒角的方式。

打开"网盘:\第 4 章\基本实体编辑\倒角.SLDPRT"文件,在此基础上进行倒角练习。"倒角"属性管理器的设置如图 4.43(a)所示,具体操作请读者自行练习。

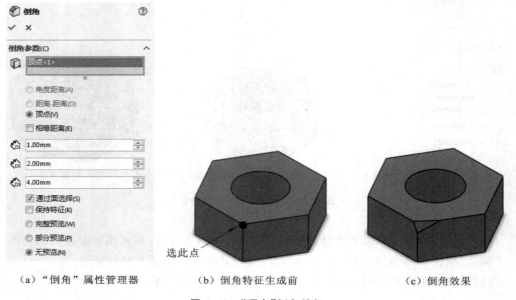

（a）"倒角"属性管理器　　　　（b）倒角特征生成前　　　　（c）倒角效果

图 4.43　"顶点"倒角特征

4.2.3　孔特征

孔特征是指在现有的实体上生成各种类型的孔。SolidWorks 提供了两种生成孔特征的方法:简单直孔和异型孔向导。

1. 简单直孔

简单直孔是指在指定的平面上,对孔的直径和深度进行设置。下面通过实例来介绍简单直孔的操作步骤。

打开"网盘:\第 4 章\基本实体编辑\孔特征.SLDPRT"文件,在此基础上进行添加孔特征的练习。

1）添加孔特征

在现有实体上选择一面作为孔的基准面,如图 4.44(a)所示;选择下拉菜单"插入"→"特征"→"简单直孔"菜单命令,此时系统弹出"孔"属性管理器,其参数设置按图4.44(b)所示进行设定。单击"确定"按钮 ✓ ,生成孔特征。

注意　此时完成的孔特征并未定位,只是位于选择孔基准面时鼠标所点的位置,并非理想定位;孔的起始条件和终止条件与切除拉伸相同,此处不作介绍。

2）对孔特征进行定位

右键单击特征管理栏中新添加的孔特征选项（即孔1），在系统弹出的快捷菜单中，选择"编辑草图"选项。

在"视图定向"栏中选择"正视于"按钮 ↧，正视于草图基准面，对孔的位置进行设置：对于圆心添加到边线的距离尺寸如图 4.44(c) 所示。

说明 在对简单孔特征进行定位时，可以通过标注定位尺寸的方式来确定，对于特殊的图形也可以通过添加几何关系来确定；在编辑孔特征草图时，还能修改孔的直径尺寸。

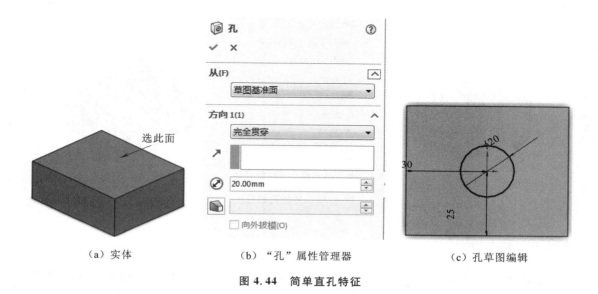

|（a）实体 | （b）"孔"属性管理器 | （c）孔草图编辑 |

图 4.44 简单直孔特征

2. 异型孔向导

异型孔向导生成具有复杂轮廓的孔，它是按照相关工业标准定义的，主要包括柱形沉头孔、锥形沉头孔、直螺纹孔、锥形螺纹孔和旧制孔等五种类型的孔。异型孔的类型和定位都是在"孔规格"属性管理器中完成的，且异型孔与其相配的扣件相关联。

下面通过实例来介绍异型孔向导的操作步骤。

打开"网盘：\第 4 章\基本实体编辑\孔特征.SLDPRT"文件，在此基础上进行添加孔特征的练习。

在现有实体上选择一面作为孔的基准面，如图 4.45(a) 所示；选择下拉菜单"插入"→"特征"→"异型孔向导"菜单命令，或者单击"特征"工具栏中的"异型孔向导"按钮 ，系统弹出"孔规格"属性管理器。

孔规格按照图 4.45(b) 所示进行设置，然后单击"孔规格"属性管理器中的"位置"标签，此时光标处于"绘制点"状态，在图 4.45(a) 所示的表面上添加 1 个点，并对该点标注尺寸，如图 4.45(c) 所示。最后单击"确定"按钮 ，生成异型孔特征。

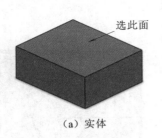

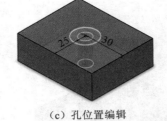

（a）实体　　　　　　（b）"孔规格"属性管理器　　　　　（c）孔位置编辑

图 4.45　异型孔特征

4.2.4　抽壳特征

抽壳特征是将所选的一个或几个表面去掉，然后掏空零件，在剩余的面上生成薄壁（等壁厚或多壁厚）特征。如果执行抽壳命令时没有选择模型上的任何面，则可以生成一表面完整、心部掏空的实体模型。

抽壳主要有以下两种类型：等壁厚抽壳和多壁厚抽壳。

注意　如果要对模型面进行倒角、圆角操作，则应在生成抽壳之前进行圆角处理。

1. 等壁厚抽壳

等壁厚抽壳是指执行抽壳命令时，生成壁厚相同的薄壁特征。下面通过实例来介绍该抽壳类型的操作步骤。

打开"网盘:\第 4 章\基本实体编辑\抽壳.SLDPRT"文件，在此基础上进行抽壳特征的练习。

选择下拉菜单"插入"→"特征"→"抽壳"菜单命令，或者单击"特征"工具栏中的"抽壳"按钮 🗐，此时系统弹出"抽壳 1"属性管理器。

如图 4.46（a）所示，在"抽壳 1"属性管理器上"厚度" 栏中输入 2 mm；在"移除的面" 栏中，选择如图 4.46（b）所示的"面〈1〉"。单击"抽壳 1"属性管理器中的"确定"按钮 ，生成抽壳特征，如图 4.46（c）所示。

注意　观察抽壳结果，如图 4.46（c）所示，凸台 1、凸台 2 都进行了抽壳（抽壳缺省的功能是对现有实体整体进行抽壳），若只想对凸台 1 进行抽壳（凸台 2 仍为实心体），可以右键单击左侧特征管理器中的"凸台拉伸 2",在弹出的快捷菜单中选择"编辑特征",在弹出的"凸台拉伸 2"属性管理器中去掉"合并结果"选项,即可实现仅对凸台 1 进行抽壳操作。

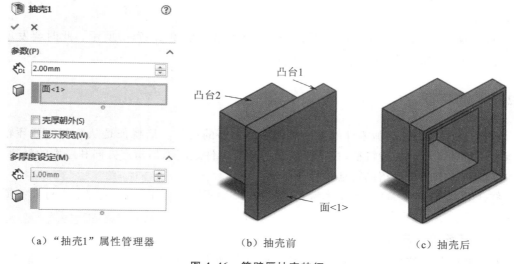

（a）"抽壳1"属性管理器　　　　（b）抽壳前　　　　（c）抽壳后

图 4.46　等壁厚抽壳特征

2. 多壁厚抽壳

多壁厚抽壳是指在执行抽壳命令时,生成不同面具有不同厚度的薄壁实体。

打开"网盘:\第 4 章\基本实体编辑\抽壳.SLDPRT"文件,在此基础上进行抽壳特征的练习。在练习前先将前面生成的抽壳特征删除。

选择下拉菜单"插入"→"特征"→"抽壳"菜单命令,或者单击"特征"工具栏中的"抽壳"按钮 ,弹出"抽壳 1"属性管理器。

如图 4.47(a)所示,在"抽壳 1"属性管理器中,在"参数"框的"厚度"栏中输入 2 mm;在

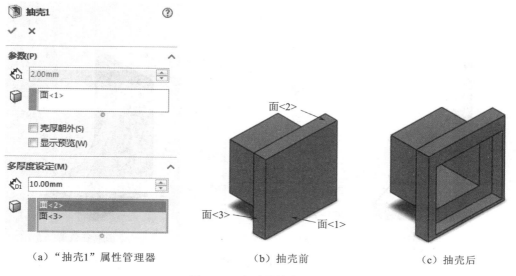

（a）"抽壳1"属性管理器　　　　（b）抽壳前　　　　（c）抽壳后

图 4.47　多壁厚抽壳特征

"移除的面"一栏中,选择图 4.47(b)所示的"面〈1〉"。

在"多厚度设定"框的"多厚度"栏中,选择图 4.47(b)所示的"面〈2〉",然后在"多厚度"一栏中输入 10 mm;重复多厚度设定,选择图 4.47(b)所示的"面〈3〉",并在"多厚度"一栏中输入 6 mm。

单击"抽壳 1"属性管理器中的"确定"按钮 ✔,结果如图 4.47(c)所示。此时会发现面〈2〉、面〈3〉处的厚度与其他侧壁的厚度不同。

4.2.5 筋特征

零件设计时,为了增加零件的强度而使用加强筋的设计。筋特征是从绘制的开环轮廓所生成的特殊类型的拉伸特征,在草图轮廓与现有零件之间添加指定方向和厚度的材料。

下面通过实例来介绍筋特征的操作步骤。

打开"网盘:\第 4 章\基本实体编辑\筋特征.SLDPRT"文件,在此基础上进行筋特征的练习。

1. 创建筋特征草图

在左侧的特征管理器中选择"前视基准面",在弹出的快捷菜单中选择"草图绘制" ⬚,然后单击"标准视图"工具栏中的"正视于"按钮 ⬚,按照图 4.48(a)所示绘制一段直线。单击"退出草图"按钮,生成筋特征草图。

2. 创建筋特征

选择下拉菜单"插入"→"特征"→"筋"菜单命令,或者单击"特征"工具栏中的"筋"按钮 ⬚,此时系统弹出如图 4.48(b)所示的"筋 1"属性管理器,按照图 4.48(b)所示进行设置后,单击"确定"按钮 ✔,生成筋特征。

单击"标准视图"工具栏中的"等轴测"按钮 ⬚,筋特征如图 4.48(c)所示。

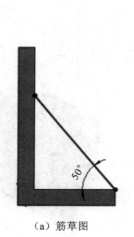

（a）筋草图 　　（b）"筋"属性管理器 　　（c）筋特征效果

图 4.48　筋特征

4.2.6　特征的阵列

特征的阵列功能就是按照一定的方式复制源特征。阵列方式可以分为线性阵列、圆周阵列、曲线驱动的阵列、草图驱动的阵列、表格驱动的阵列和填充阵列等。下面通过实例来介绍不同阵列的操作步骤。

1. 线性阵列

线性阵列是指按照线性排列的方式将源特征进行一维或二维的复制。

下面通过实例来介绍线性阵列的操作步骤。

打开"网盘:\第 4 章\基本实体编辑\线性阵列.SLDPRT"文件,在此基础上进行线性阵列的练习。

选择下拉菜单"插入"→"阵列/镜向"→"线性阵列"菜单命令,或者单击"特征"工具栏中的"线性阵列"按钮 , 此时系统弹出如图 4.49(b)所示的"线性阵列"属性管理器。

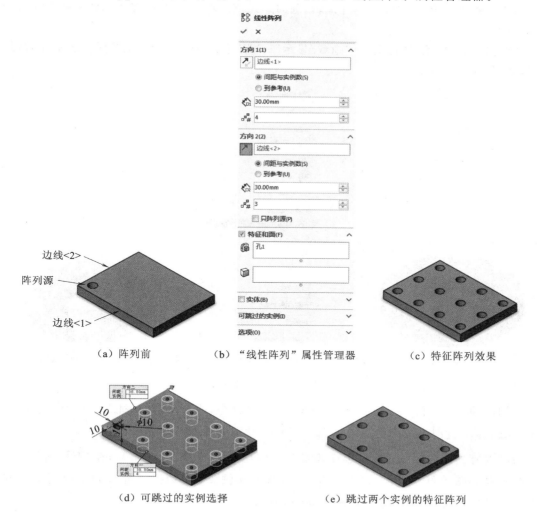

（a）阵列前　　　　（b）"线性阵列"属性管理器　　　　（c）特征阵列效果

（d）可跳过的实例选择　　　　（e）跳过两个实例的特征阵列

图 4.49　线性阵列特征

在"要阵列的特征"列表框中,选择图 4.49(a)所示的阵列源(即孔 1);在"方向 1"的"阵列边线"一栏中,选择图 4.49(a)所示的边线〈1〉;在"方向 2"的"阵列边线"一栏中,选择图 4.49(a)所示的边线〈2〉,单击"反向"按钮调节预览的效果;间距和实例数等参数按照图 4.49(b)所示进行设定。

单击"线性阵列"属性管理器中的"确定"按钮 ✔,结果如图 4.49(c)所示。

注意 阵列时,如果有些实例不需要,可以通过"线性阵列"属性管理器中的"可跳过的实例"进行选择。如图 4.49(d)所示,选择中间两孔,单击"线性阵列"属性管理器中的"确定"按钮 ✔,结果如图4.49(e)所示。

2. 圆周阵列

圆周阵列就是将源特征绕旋转轴线按照指定的实例总数及角度间距进行复制。旋转中心可以是实体边线、基准轴与临时轴等三种。被阵列的实体可以是一个或多个实体。

下面通过实例介绍圆周阵列的操作步骤。

打开"网盘:\第 4 章\基本实体编辑\圆周阵列.SLDPRT"文件,在此基础上进行圆周阵列的练习。

首先选择下拉菜单"视图"→"隐藏/显示"→"临时轴"菜单命令,在视图中显示临时轴,结果如图4.50(a)所示。

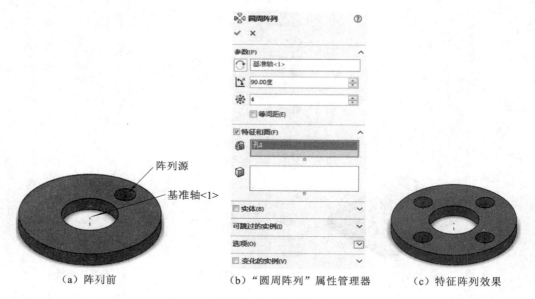

（a）阵列前　　　　（b）"圆周阵列"属性管理器　　　　（c）特征阵列效果

图 4.50　圆周阵列特征

选择"插入"→"阵列/镜向"→"圆周阵列"菜单命令,或者单击"特征"工具栏中的"圆周阵列"按钮,此时系统弹出如图 4.50(b)所示的"圆周阵列"属性管理器。

在"要阵列的特征"一栏中,选择如图 4.50(a)所示的阵列源(即孔 1);在"阵列轴"一栏中,选择如图 4.50(a)所示的基准轴〈1〉;角度和实例数等参数按照图 4.50(b)所示进行设定。单击"确定"按钮 ✔,结果如图 4.50(c)所示。

在参数栏中,如果勾选"等间距",实例数设定为 4,也可得出如图 4.50(c)所示的结果。

3．曲线驱动的阵列

曲线驱动的阵列是指沿平面曲线或空间曲线生成的阵列实体。

下面通过实例介绍曲线驱动阵列的操作步骤。

打开"网盘:\第 4 章\基本实体编辑\曲线驱动阵列.SLDPRT"文件,在此基础上进行曲线驱动阵列的练习。

1）创建阵列驱动曲线

选择图 4.51(a)所示的面 1,然后单击"标准视图"工具栏中的"正视于"按钮,将该表面作为绘制图形的基准面。

选择下拉菜单"工具"→"草图绘制实体"→"样条曲线"菜单命令,或者单击"草图"工具栏中的"样条曲线"按钮 ,绘制如图 4.51(b)所示的样条曲线,然后退出草图绘制状态,生成阵列驱动曲线。

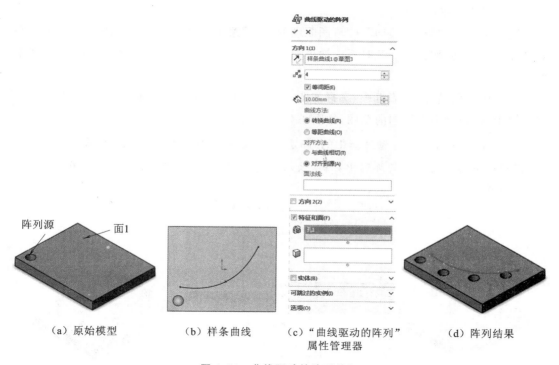

（a）原始模型 　（b）样条曲线 　（c）"曲线驱动的阵列"属性管理器 　（d）阵列结果

图 4.51　曲线驱动的阵列特征

2）执行曲线驱动阵列

选择下拉菜单"插入"→"阵列/镜向"→"曲线驱动的阵列"菜单命令,或者单击"特征"工具栏中的"曲线驱动的阵列"按钮 ,此时系统弹出如图 4.51(c)所示的"曲线驱动的阵列"属性管理器。

在"要阵列的特征"一栏中,选择图 4.51(a)所示的阵列源(即孔 1);在阵列方向一栏中,选择上步骤中绘制的样条曲线,如图 4.51(b)所示。其他设置参考图 4.51(c)。单击"确定"按钮 ,结果如图 4.51(d)所示。

选择下拉菜单"视图"→"草图"菜单命令,取消视图中草图的显示。

4. 草图驱动的阵列

草图驱动的阵列是指将源特征按照草图中的草图点进行阵列操作。

下面通过实例介绍草图驱动阵列的操作步骤。

打开"网盘:\第 4 章\基本实体编辑\草图驱动阵列.SLDPRT"文件,在此基础上进行草图驱动阵列的练习。

1)创建阵列驱动草图

选择如图 4.52(a)所示的面 1,然后单击"标准视图"工具栏中的"正视于"按钮↥,将该表面作为绘制图形的基准面。

选择下拉菜单"工具"→"草图绘制实体"→"点"菜单命令,或者单击"草图"工具栏中的"点"按钮 □,绘制如图 4.52(b)所示的驱动草图,然后退出草图绘制状态,生成阵列驱动草图。

2)执行草图驱动阵列

选择"插入"→"阵列/镜向"→"草图驱动的阵列"菜单命令,或者单击"特征"工具栏中的"草图驱动的阵列"按钮 ✕,此时系统弹出如图 4.52(c)所示的"由草图驱动的阵列"属性管理器。

在"要阵列的特征"列表框中,选择如图 4.52(a)所示的阵列源(即孔 1);在"参考草图"▦ 一栏中,选择上步骤绘制的草图,如图 4.52(b)所示。

单击"草图阵列 1"属性管理器中的"确定"按钮 ✓,结果如图 4.52(d)所示。

注意 在由草图驱动的阵列中,可以使用源特征的重心、草图原点、顶点或另一个草图点作为参考点。

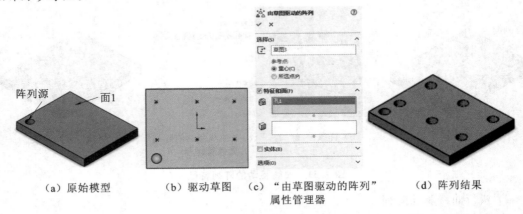

（a）原始模型　　　（b）驱动草图　　（c）"由草图驱动的阵列"　　　（d）阵列结果
　　　　　　　　　　　　　　　　　　　属性管理器

图 4.52　草图驱动的阵列特征

5. 表格驱动的阵列

表格驱动的阵列是指使用 $X\text{-}Y$ 坐标(指添加或检索以前生成的 $X\text{-}Y$ 坐标)对源特征进行阵列操作。

下面通过实例介绍表格驱动阵列的操作步骤。

打开"网盘:\第 4 章\基本实体编辑\表格驱动阵列.SLDPRT"文件,在此基础上进行表格驱动阵列的练习。

1）新建坐标系

选择"插入"→"参考几何体"→"坐标系"菜单命令，或者单击"参考几何体"工具栏中的"坐标系"按钮 ⊥，建立如图 4.53(a)所示的新坐标系。由于阵列表格中用的坐标为 X 轴和 Y 轴的坐标，所以，建立坐标系时，应将坐标系的 X-Y 平面与阵列表格中用的坐标面重合或平行。

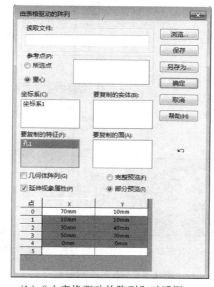

（a）原始模型　　　　（b）"由表格驱动的阵列"对话框　　　　（c）阵列结果

图 4.53　表格驱动的阵列特征

2）执行表格驱动阵列命令

选择下拉菜单"插入"→"阵列/镜向"→"表格驱动的阵列"菜单命令，或者单击"特征"工具栏中的"表格驱动的阵列"按钮 ，此时系统弹出如图 4.53(b)所示的"由表格驱动的阵列"对话框。

在"坐标系"一栏中，选择刚才新建的坐标系，如图 4.53(a)所示的坐标系 1；在"要复制的特征"列表框中，选择如图 4.53(a)所示阵列源（即孔 1），观察点 0 的坐标，其为阵列源的坐标；双击点 1 的 X 和 Y 的文本框，输入阵列的坐标值，重复此步骤，输入点 2、点 3 的坐标值，具体数值如图 4.53(b)所示。单击"确定"按钮，结果如图 4.53(c)所示。

注意　在输入阵列的坐标值时，可以使用正坐标或负坐标，如果输入负坐标，在数值前添加负号即可。如果输入了阵列表或文本文件，就不需要输入 X 和 Y 的坐标值。

6. 填充阵列

填充阵列就是将源特征复制到指定的区域（一般为草图区域），并在指定区域内形成多个副本的特征。

下面通过实例介绍填充阵列的操作步骤。

打开"网盘:\第 4 章\基本实体编辑\填充阵列.SLDPRT"文件，在此基础上进行填充阵列的练习。

1）创建填充草图

选择如图 4.54(a)所示的面 1，然后单击"标准视图"工具栏中的"正视于"按钮 ，将该表面作为绘制图形的基准面。

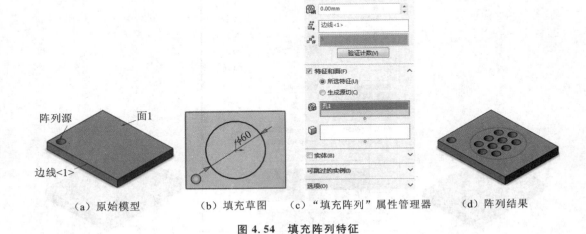

| （a）原始模型 | （b）填充草图 | （c）"填充阵列"属性管理器 | （d）阵列结果 |

图 4.54　填充阵列特征

选择下拉菜单"工具"→"草图绘制实体"→"圆"菜单命令,或者单击"草图"工具栏中的"圆"按钮,绘制如图 4.54(b)所示的圆,圆心与原点重合,然后退出草图绘制状态,生成填充草图。

2）执行填充阵列命令

选择下拉菜单"插入"→"阵列/镜向"→"填充阵列"菜单命令,或者单击"特征"工具栏中的"填充阵列"按钮⬚,此时系统弹出图 4.54(c)所示的"填充阵列"属性管理器。

在"填充边界"一栏中,选择刚才新建的草图(即草图 3);在"阵列布局"列表框中,单击"穿孔"按钮⬚,在"实例间距"⬚文本框中输入 15 mm,在"交错断续角度"⬚文本框中输入 30 度,在"边距"⬚文本框中输入 0 mm,在"阵列方向"⬚选择如图 4.54(a)所示的边线〈1〉;在"要阵列的特征"列表框中,选择如图 4.54(a)所示的阵列源(即孔 1)。

单击"确定"按钮,结果如图 4.54(d)所示。

4.2.7　镜向特征

镜向特征就是将源特征相对于一个平面(即镜向基准面)进行对称复制的特征。按照镜向对象的不同,镜向可以分为镜向特征和镜向实体。

下面通过实例来介绍镜向特征的操作步骤。

打开"网盘:\第 4 章\基本实体编辑\镜向.SLDPRT"文件,在此基础上进行镜向特征的练习。

1. 执行镜向特征命令

选择下拉菜单"插入"→"阵列/镜向"→"镜向"菜单命令,或者单击"特征"工具栏中的"镜向"按钮 ,此时弹出如图 4.55(b)所示的"镜向"属性管理器。

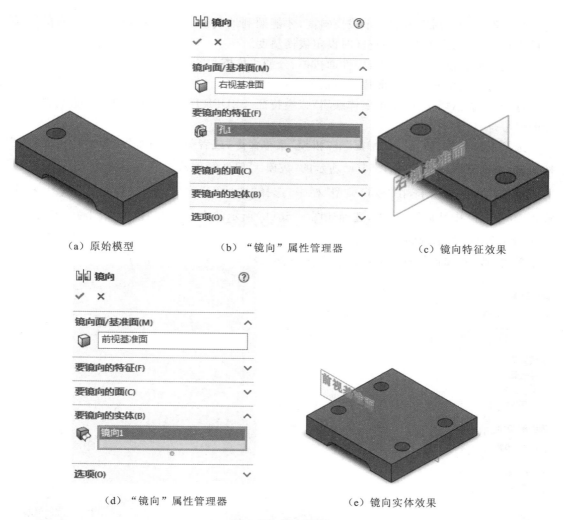

（a）原始模型　　　　（b）"镜向"属性管理器　　　　（c）镜向特征效果

（d）"镜向"属性管理器　　　　（e）镜向实体效果

图 4.55　镜向特征

在"镜向面/基准面"一栏中,选择如图 4.55(c)所示的"右视基准面";在"要镜向的特征"列表框中,选择孔 1。

单击"确定"按钮 ,结果如图 4.55(c)所示。

2. 执行镜向实体命令

单击"特征"工具栏中的"镜向"按钮 ,此时弹出如图 4.55(d)所示的"镜向"属性管理器。

在"镜向面/基准面"一栏中,选择如图 4.55(e)所示的"前视基准面";在"要镜向的实体"列表框中,单击如图 4.55(c)所示实体上的任意一点。

单击"确定"按钮 ✓，结果如图 4.55(e)所示。

4.2.8 拔模特征

注塑件和铸件通常需要一个拔模斜度，才能顺利地脱模。拔模特征就是在现有的零件上插入拔模斜度，也可在拉伸特征时设定拔模斜度。

拔模主要有以下三种类型：中性面拔模、分型线拔模和阶梯拔模。

下面通过实例介绍中性面拔模特征的操作步骤。

打开"网盘：\第 4 章\基本实体编辑\拔模特征.SLDPRT"文件，在此基础上进行拔模特征的练习。

选择下拉菜单"插入"→"特征"→"拔模"菜单命令，或者单击"特征"工具栏中的"拔模"按钮 🟫，此时系统弹出如图 4.56(a)所示的"拔模 1"属性管理器。

单击"手工"选项卡，在"拔模类型"栏中，选择"中性面"选项；在"拔模角度" 🔼 一栏中输入 10 度；在"中性面"一栏中，选择如图 4.56(b)所示的面〈1〉；在"拔模面" 🟫 一栏中，选择如图 4.56(b)所示的面〈2〉和面〈3〉。

单击"拔模"属性管理器中的"确定"按钮 ✓，结果如图 4.56(c)所示。

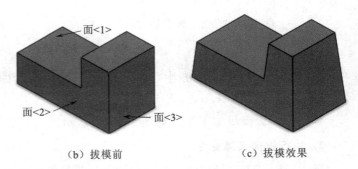

（a）"拔模 1"属性管理器   （b）拔模前   （c）拔模效果

图 4.56 拔模特征

4.2.9　模型的平移与旋转

　　模型的平移、旋转功能是将模型沿指定方向进行移动。此功能不同于视图平移、旋转，模型平移、旋转是将模型相对于坐标系移动；而视图平移和旋转则是模型和坐标系同时移动，其主要功能是便于设计者观察模型。

　　下面通过实例介绍模型平移和旋转的操作步骤。

　　打开"网盘：\第 4 章\基本实体编辑\平移与旋转.SLDPRT"文件，在此基础上进行练习。

　　选择下拉菜单"插入"→"特征"→"移动/复制"菜单命令，此时系统弹出如图 4.57(a)所示的"移动/复制实体"属性管理器。

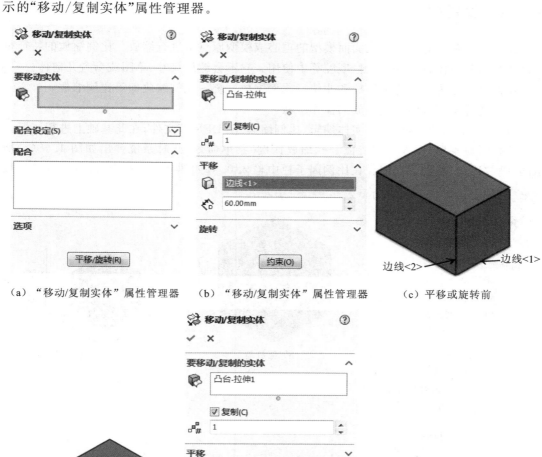

（a）"移动/复制实体"属性管理器　（b）"移动/复制实体"属性管理器　（c）平移或旋转前

（d）平移效果　（e）"移动/复制实体"属性管理器　（f）旋转效果

图 4.57　模型的平移与旋转特征

单击"平移/旋转"按钮,系统弹出如图 4.57(b)所示的"移动/复制实体"属性管理器,在"要移动/复制的实体"栏 ,选择绘图区实体(即凸台-拉伸 1),勾选"复制","份数"栏中输入 1;在"平移"的"平移"栏 中选择边线〈1〉(如图 4.57(c)所示);在"距离"栏 中输入60.00 mm。

单击"移动/复制实体"属性管理器中的"确定"按钮 ,结果如图 4.57(d)所示。

若按图 4.57(e)设置"移动/复制实体"属性管理器,可生成如图 4.57(f)所示的模型旋转效果。请读者自行练习。

4.2.10　比例缩放

比例缩放是相对于零件或曲面模型的重心或模型原点来进行缩放。比例缩放的特征是仅缩放模型几何体,在数据输出、型腔等中使用。它不会缩放尺寸、草图或参考几何体。

比例缩放分为统一比例缩放和非统一比例缩放。统一比例缩放即等比例缩放。

下面通过实例介绍比例缩放的操作步骤。

打开"网盘:\第 4 章\基本实体编辑\比例缩放.SLDPRT"文件,在此基础上进行练习。

选择下拉菜单"插入"→"特征"→"缩放比例"菜单命令,此时系统弹出如图 4.58(a)所示的"缩放比例"属性管理器。在比例因子栏中输入 0.5,如图 4.58(a)所示,单击"确定"按钮 ,结果如图 4.58(c)所示。

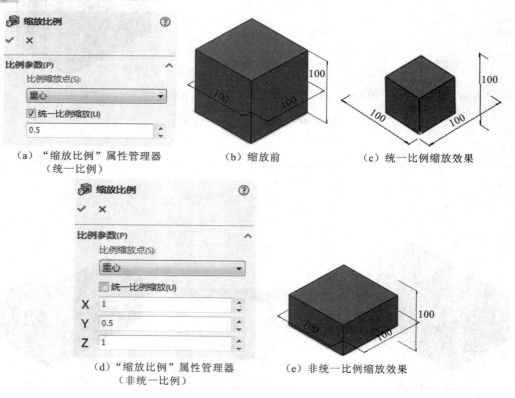

（a）"缩放比例"属性管理器
（统一比例）　　（b）缩放前　　（c）统一比例缩放效果

（d）"缩放比例"属性管理器
（非统一比例）　　（e）非统一比例缩放效果

图 4.58　比例缩放特征

若要对零件进行非等比例缩放,则可按如下步骤进行操作。

单击"统一比例缩放"复选框,取消"统一比例缩放"选项,并为 X 比例因子、Y 比例因子及 Z 比例因子单独设定比例因子数值,如图 4.58(d)所示。单击"确定"按钮 ✅,结果如图4.58(e)所示。

4.2.11　圆顶特征

圆顶特征是对模型的一个面进行变形操作,生成圆顶型凸起特征。

下面通过实例介绍比例缩放的操作步骤。

打开"网盘:\第 4 章\基本实体编辑\圆顶.SLDPRT"文件,在此基础上进行练习。

选择下拉菜单"插入"→"特征"→"圆顶"菜单命令,或者单击"特征"工具栏中的"圆顶"按钮 🔴,此时系统弹出如图 4.59(a)所示的"圆顶"属性管理器。

在"到圆顶的面" 🔲 一栏中,选择如图 4.59(b)所示的六棱柱的顶面,在"距离" 🔼 一栏中输入值 50 mm,单击"确定"按钮 ✅,结果如图 4.59(c)所示。

若在如图 4.59(a)所示的"圆顶"属性管理器中,不选"连续圆顶"复选框,则生成的圆顶图形如图 4.59(d)所示。

注意　在圆柱或圆锥模型上,当将"距离"设定为 0 时,系统缺省使用圆弧半径作为圆顶的基础来计算距离。

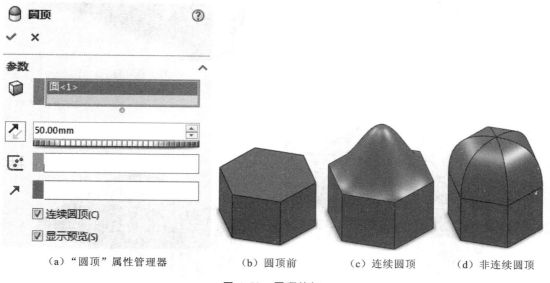

（a）"圆顶"属性管理器　　　（b）圆顶前　　　（c）连续圆顶　　　（d）非连续圆顶

图 4.59　圆顶特征

4.2.12　弯曲特征

弯曲特征以直观的方式对复杂的模型进行变形。通过此命令可以生成四种类型的弯曲:折弯、扭曲、锥削和伸展。

下面通过实例介绍折弯的操作步骤。

打开"网盘:\第 4 章\基本实体编辑\弯曲.SLDPRT"文件,在此基础上进行练习。

选择下拉菜单"插入"→"特征"→"弯曲"菜单命令,或者单击"特征"工具栏中的"弯曲"按钮 ,此时系统弹出如图 4.60(a)所示的"弯曲"属性管理器。

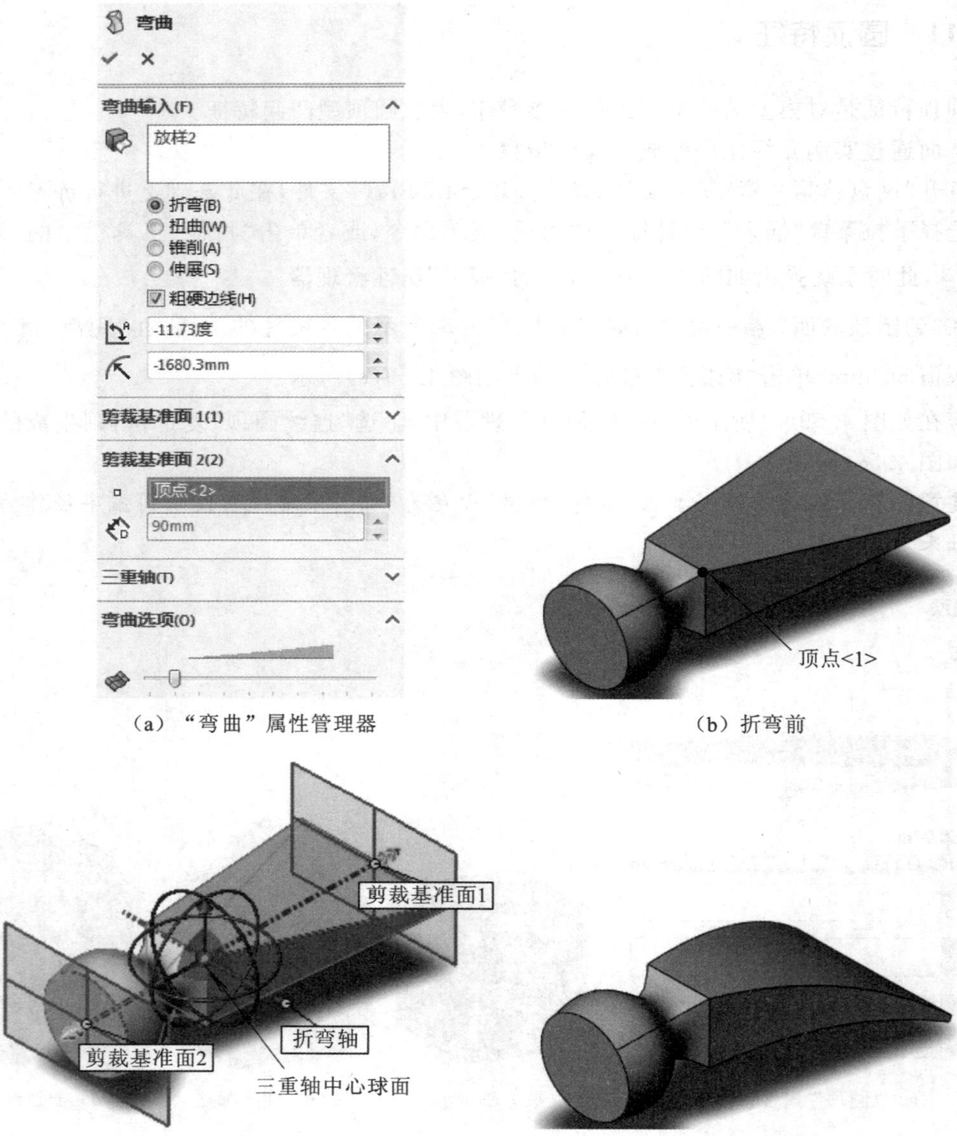

（a）"弯曲"属性管理器

（b）折弯前

顶点<1>

（c）三重轴中心球面

剪裁基准面1

剪裁基准面2

折弯轴

三重轴中心球面

（d）折弯效果

图 4.60　弯曲特征

在"弯曲输入"的"弯曲实体" 栏中,单击如图 4.60(b)所示实体,并选择"折弯"类型;在"剪裁基准面 2"的"为剪裁基准面 2 选择一参考实体" 中,选择如图 4.60(b)所示的顶点 1(使剪裁基准面 2 平移到所选点处);在绘图区,右键单击"三重轴"的中心球面,在弹出的快捷菜单中选择"移动三重轴到基准面 2",使模型的中心与三重轴的中心对齐。

在绘图区将鼠标移动到"剪裁基准面 1"的一条边线上,当指针变成 时,按下左键并上下拖动指针。当折弯效果合适时,单击"弯曲"属性管理的"确定"按钮 ,结果如图 4.60(d)所示。

4.3　零件建模的其他功能

生成三维模型实体是 SolidWorks 的基本功能之一。前面两节介绍了基础特征建模及基本特征编辑的方式,本节将继续介绍 SolidWorks 零件建模的其他功能,这也是对前面内容的补充。

4.3.1　零件模型材料属性的设置

当零件设计完成后,对其添加材料属性,以便于计算零件的质量及对零件进行强度校核等操作。

下面通过实例来介绍对零件模型设置材料属性的操作步骤。

打开"网盘:\第 4 章\零件建模的其他功能\轴承支座.SLDPRT"文件,在此基础上进行练习。

1. 给零件添加材料属性

选择下拉菜单"编辑"→"外观"→"材质"菜单命令,或者在左侧特征管理器中右键单击"材质"图标 ,在系统弹出的快捷菜单中选择"编辑材料",系统弹出如图 4.61 所示的"材料"对话框。

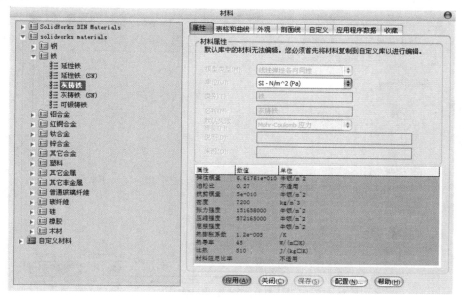

图 4.61　"材料"对话框

在"材料"对话框左侧,选择"solidworks materials"→"铁"→"灰铸铁"材料,然后单击"应用"按钮,则完成了对零件设置材料属性,然后单击"关闭"按钮,退出"材料"对话框。

此时观察左侧特征管理器,发现原来"材质"图标 后的名称变为零件的材质名"灰铸铁"。

注意 若需修改零件的材料,可直接在左侧特征管理器中右键单击材料名称,在系统弹出的快捷菜单中选择"编辑材料",系统弹出"材料"对话框,在此对话框中选择新的材料名称;若要去掉零件的材料属性,可直接在左侧特征管理器中右键单击材料名称,在快捷菜单中选择"删除材质"。

2. 在材料库中创建新材料

在建模过程中,有可能会出现一些材料库中没有的新材料,此时可在材料库中添加新材料以供建模时使用。

下面通过实例介绍在材料库中创建新材料的操作步骤。

打开"网盘:\第 4 章\零件建模的其他功能\轴承支座.SLDPRT"文件,在此基础上进行练习。

1) 新建材料库

选择下拉菜单"编辑"→"外观"→"材质"菜单命令,或者在左侧特征管理器中右键单击"材质"图标 ,在系统弹出的快捷菜单中选择"编辑材料",系统弹出如图 4.61 所示的"材料"属性对话框。

右键单击"自定义材料"的库名,在快捷菜单中选择"新库"选项,系统出现如图 4.62 所示的对话框,在"文件名"的文本框处输入"我的材料库",单击"保存"按钮,则在"材料"属性对话框中新添加了一个名为"我的材料库"的材质选项。

注意 还可以在"保存在"的文本框中选择自己的保存路径。

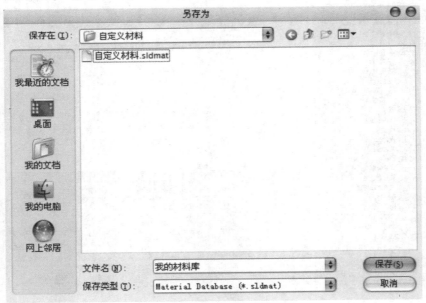

图 4.62 新建材料库

2）新建材料类别

右键单击"我的材料库"，在快捷菜单中选择"新类别"选项，在"我的材料库"下出现一个名为"新类别"的图标（将名称改为"A 类"），如图 4.63 所示。

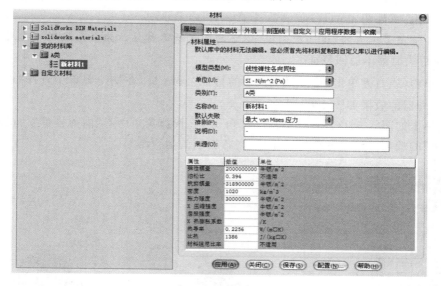

图 4.63　新材料属性

3）添加新材料

右键单击"A 类"，在快捷菜单中选择"新材料"选项，在"A 类"下出现一个名为"默认"的材料名（将名称改为"新材料 1"）。观察新材料的属性，如图 4.63 所示，在新材料的属性栏中，对弹性模量、泊松比等的数值可以按照新材料的实际情况进行设置。单击"保存"按钮，可将新材料添加到软件的材料库中。

注意　还可将 SolidWorks 软件自带的材料复制到新建的材料库下，并对该材料的属性进行修改，也可以生成一种新材料。

4.3.2　零件的特征管理

零件建模的过程实际上是创建和管理特征的过程。本节将介绍四种零件特征管理的方法：退回与插入特征、压缩与解除压缩特征、特征的编辑和删除特征。

4.3.2.1　退回与插入特征

退回特征命令可以查看某一特征生成前后模型的状态，退回特征可以临时退回到零件模型的早期状态。插入特征命令用于在选定特征之后插入一个新的特征。

1. 退回特征

退回特征有两种操作方式：第一种为使用"退回控制棒"；另一种为使用快捷菜单。

打开"网盘:\第 4 章\零件建模的其他功能\轴承支座.SLDPRT"文件，在此基础上进行练习。

1）退回控制棒

在特征管理器的最底端有一条粗实线，该线就是"退回控制棒"，如图 4.64 所示箭头所指处。将鼠标移动至"退回控制棒"上时,光标变为手形。利用鼠标左键拖动"退回控制棒"往上移动(移动到特征"圆角 1"上面),观察零件实体,发现零件实体上的圆角的效果没有了,如图 4.64(b)所示;相反,拖动"退回控制棒"往下移动到最底端,零件实体上的全部特征都会显示出来,如图 4.64(c)所示。

注意 特征管理器的"退回控制棒"以下的图标及名称显示为灰色且不可使用。

2)使用快捷菜单退回特征

左键单击(或右键单击)特征管理器中的特征"圆角 1",在快捷菜单中选择"退回"选项,特征管理器的效果如图 4.64(d)所示。

右键单击如图 4.64(e)所示的特征"圆角 1",在快捷菜单中有"向前推进"、"退回到前"、"退回到尾"的选项。请读者自行操作,观察各选项的运行结果。

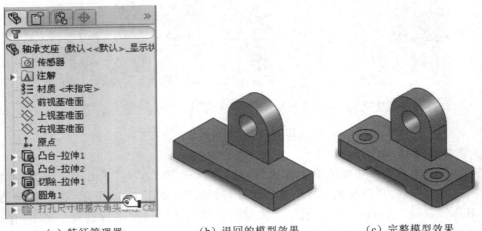

（a）特征管理器　　　（b）退回的模型效果　　　（c）完整模型效果

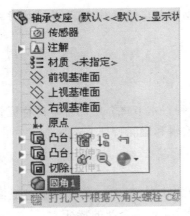

（d）退回快捷菜单1

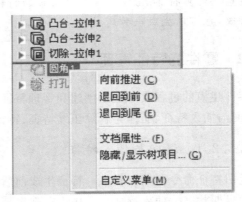

（e）退回快捷菜单2

图 4.64　退回特征

注意 当零件模型处于退回特征状态时,将无法访问该零件的工程图和基于该零件的装配图;不能保存处于退回特征状态的零件图,在保存零件时,系统将自动释放退回状态;在重新创建零件的模型时,处于退回状态的特征不会被考虑,即视其处于压缩状态。

2. 插入特征

插入特征就是在前面某个已经建好的特征之前插入一个新特征,是零件设计中一项非常实用的操作。

插入特征的操作步骤如下。

(1) 将特征管理器中的"退回控制棒"拖到需要插入特征的位置。

(2) 根据设计需要生成新的特征。

(3) 将"退回控制棒"拖动到设计树的最后位置,完成特征插入。

4.3.2.2 压缩与解除压缩特征

1. 压缩特征

当压缩某一特征时,该特征从模型中移除(但未删除),即该特征从模型视图上消失,并且在特征管理器中显示为灰色。如果该特征有子特征,那么子特征也将被压缩。

打开"网盘:\第 4 章\零件建模的其他功能\轴承支座.SLDPRT"文件,在此基础上进行练习。

将被压缩的特征既可以从特征管理器中选择,也可以从视图中选择该特征的一个面,压缩特征的方法有以下几种。

(1) 选择需要压缩的特征,然后选择下拉菜单"编辑"→"压缩"→"此配置"菜单命令。

(2) 选择需要压缩的特征,然后单击右键,在快捷菜单中选择"压缩" ↓█ 选项。

(3) 选择需要压缩的特征,然后单击右键,在快捷菜单中选择"特征属性"选项。在弹出的"特征属性"对话框中选择"压缩"复选框,然后单击"确定"按钮。

注意 本例中"凸台拉伸 1"特征为其他特征的父特征,当其被压缩时,其他特征也同时被压缩;在特征管理器中,右键单击某特征,在快捷菜单中选择"父子关系"选项可以查看该特征的父特征和子特征。

2. 解除压缩特征

由于被压缩特征已在视图中消失,所以解除压缩的特征必须从特征管理器中选择需要压缩的特征,而无法从视图中选择该特征的某一个面。与压缩特征相对应,解除压缩特征的方法有以下几种。

(1) 选择要解除压缩的特征,然后选择"编辑"→"解除压缩"→"此配置"菜单命令。

(2) 选择要解除压缩的特征,然后单击鼠标右键,在快捷菜单中选择"解除压缩" ↑█ 选项。

(3) 选择要解除压缩的特征,然后单击鼠标右键,在快捷菜单中选择"特征属性"选项。在弹出的"特征属性"对话框中取消"压缩"复选框,然后单击"确定"按钮。

压缩的特征被解除以后,视图中将显示该特征,特征管理器中该特征将以正常模式显示。

有关压缩与解除压缩特征的操作,请读者自行练习。

4.3.2.3 特征的编辑

当特征创建完毕,若发现特征并非理想状态,则需对特征进行重新定义。出现特征并非理想所得的原因有可能是特征生成时的参数有误,也有可能是生成特征的截面草图有误,所以特征的重新定义分为两个方面:重新定义特征的属性和重新定义特征的截面草图。

1. 重新定义特征的属性

打开"网盘:\第4章\零件建模的其他功能\法兰盘.SLDPRT"文件,在此基础上进行练习。

在特征管理器中右键单击"拉伸-薄壁1",在弹出的快捷菜单中选择"编辑特征" 项,系统弹出该特征的特征属性管理器,如图4.65(a)所示,将"深度"栏的数值改为"50.00 mm",单击"确定"按钮,即完成了特征属性的重新定义。

注意 本例中,如图4.65(a)所示特征属性管理器中的相关参数都可以重新定义,如开始条件、终止条件、深度、拔模斜度、薄壁特征等。

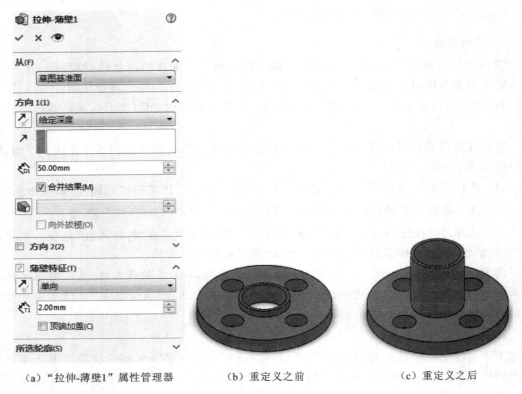

（a）"拉伸-薄壁1"属性管理器　　　　（b）重定义之前　　　　（c）重定义之后

图4.65　重新定义特征的属性

2. 编辑草图

打开"网盘:\第4章\零件建模的其他功能\法兰盘.SLDPRT"文件,在此基础上进行练习。

在特征管理器中右键单击"凸台-拉伸1",在弹出的快捷菜单中选择"编辑草图" 项,此时,系统进入特征"凸台-拉伸1"的草图编辑状态,在此状态下对草图的尺寸进行重新标注,甚至对草图的形状进行重新绘制都是可行的。

单击"标准视图"工具栏中的"正视于"按钮 ,如图4.66所示,双击尺寸"φ90",在弹出的"修改"对话框中输入100;相同的操作,将"φ60"修改为"φ70"。单击"退出草图"按钮,即完成草图的编辑,相应的特征也会随之改变。

注意 还可根据设计需要,修改尺寸的"公差/精度"、"标注尺寸文字";可以在"引线"标签下,修改"尺寸界线/引线显示"、"引线样式"等;还可以在"其它"标签下,修改尺寸字体的

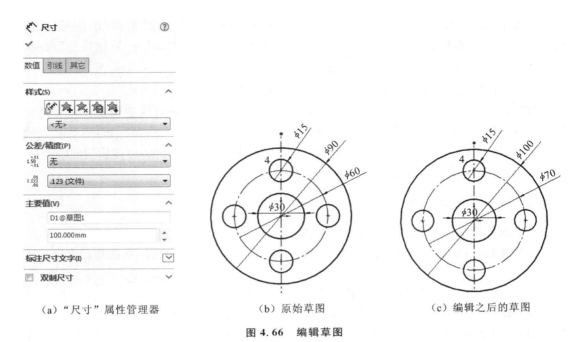

（a）"尺寸"属性管理器　　　　（b）原始草图　　　　（c）编辑之后的草图

图 4.66　编辑草图

大小和类型。

3. 快速修改草图尺寸、特征定义尺寸

打开"网盘:\第 4 章\零件建模的其他功能\修改尺寸.SLDPRT"文件,在此基础上进行练习。

在特征管理器中单击特征"凸台-拉伸 1"（或在绘图区单击对应的特征）,此时该特征的所有尺寸都显示出来,如图 4.67(a)所示,包括草图尺寸(黑色)和特征定义尺寸(蓝色)。

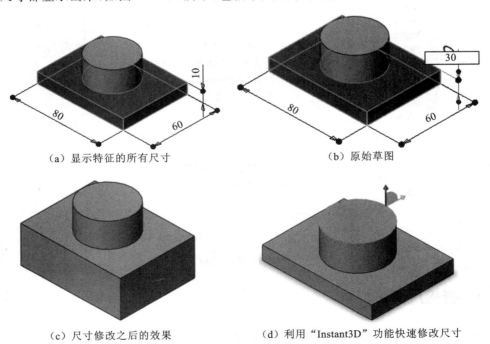

（a）显示特征的所有尺寸　　　　（b）原始草图

（c）尺寸修改之后的效果　　　　（d）利用"Instant3D"功能快速修改尺寸

图 4.67　快速修改尺寸

在绘图区单击特征尺寸数值"10"，在出现的窗口中输入"30"，如图 4.67(b)所示；然后在绘图区的空白区单击，则该特征尺寸修改完毕；选择下拉菜单"编辑"→"重建模型"选项，或者单击工具栏"重建模型"按钮 ，其效果如图 4.67(c)所示。

按照相同的方法，可以快速对草图尺寸、特征尺寸进行修改。

另外，还可利用"Instant3D"功能对草图尺寸、特征定义尺寸进行快速调整。在零件实体上单击一边线(圆弧)，如图 4.67(d)所示，在圆弧上生成了一个二维坐标系，拖动竖直的坐标轴(绿色)可以改变圆柱的高度。由于圆柱底面圆的直径已经定义，所以用"Instant3D"功能无法修改，此时水平轴为灰色。

4.3.2.4　删除特征

当生成的特征并非理想所得时，可将该特征删除。

打开"网盘:\第4章\零件建模的其他功能\法兰盘.SLDPRT"文件，在此基础上进行练习。

在特征管理栏中，右键单击"拉伸-薄壁1"，在快捷菜单中选择"删除"选项，如图 4.68(a)所示，此时系统弹出"确认删除"对话框，若勾选"同时删除内含的特征"项，如图 4.68(b)所示，则连同该特征的草图一起删除；若去掉"同时删除内含的特征"项，则仅仅删除特征而保留草图。单击"是"按钮，完成删除特征操作。

注意　若要删除的特征是零部件的基础特征(如本例中的"凸台-拉伸1")，系统缺省是将相应的子特征也删除；除非去掉"也删除所有子特征"的选择，但是此操作会使其子特征因失去参考而重建失败。

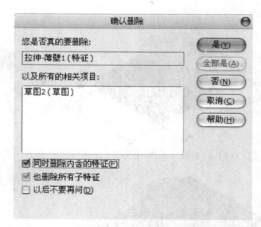

　　(a)"拉伸-薄壁1"快捷菜单　　　　　　　　(b)"确认删除"对话框

图 4.68　删除特征

4.3.3　链接尺寸

使用共享数值来链接两个或多个尺寸，而不使用方程式或几何关系。当尺寸用这种方式链接起来后，该组中任何成员都可以当成驱动尺寸来使用。改变链接数值中的任意一个数值都会改变与其链接的所有其他数值。

打开"网盘:\第 4 章\零件建模的其他功能\修改尺寸.SLDPRT"文件,在此基础上进行练习。

1. 显示零件所有特征的所有尺寸

在特征管理器中,右键单击"注解"文件夹▲,然后在弹出的快捷菜单中选择"显示特征尺寸"选项。这时,在图形区域中零件的所有特征的所有尺寸都显示出来,如图 4.69(a)所示。

下面介绍隐藏相关尺寸的操作方法,具体如下。

(1) 如果要隐藏所有特征的所有尺寸,右键单击"注解"文件夹▲,然后在弹出的快捷菜单中选择"隐藏特征尺寸"选项即可。

(2) 如果要隐藏其中某个特征的所有尺寸,在特征管理器右击该特征名,然后在弹出的快捷菜单中选择"隐藏所有尺寸"选项即可。

(3) 如果要隐藏某个尺寸,只要在图形区域中右击该尺寸,然后在弹出的快捷菜单中选择"隐藏"选项即可。

2. 链接尺寸操作

假设要将特征"凸台-拉伸 1"编辑成边长为 80 mm 的立方体,具体操作步骤如下。

(1) 在绘图区,右击尺寸"80",然后在弹出的快捷菜单中选择"链接数值"命令。

在"共享数值"对话框中的"名称"文本框中输入"length" 作为链接项目尺寸的名称,如图 4.69(c)所示。"数值"微调框中显示了所选的尺寸值,但是不能在此处编辑该数值。单击"确定"按钮,退出"共享数值"对话框。

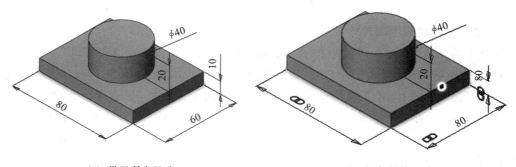

（a）显示所有尺寸　　　　　　（b）添加链接尺寸

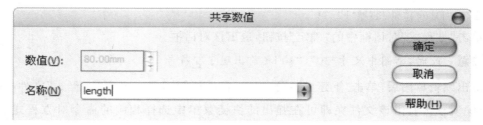

（c）"共享数值"对话框

图 4.69　链接尺寸

(2)在图形区域中右击尺寸"60",然后在弹出的快捷菜单中选择"链接数值"选项;在"共享数值"对话框的"名称"下拉列表框中选择变量名"length",然后单击"确定"按钮关闭对话框。按照相同的操作方法,将特征定义尺寸"10"也设置为链接尺寸。如图4.69(b)所示,添加链接数值后,对应的特征效果并未产生相应的改变。

(3)选择下拉菜单"编辑"→"重建模型"选项,或者单击工具栏"重建模型"按钮█,特征的效果将会按照尺寸进行显示。

当两个或多个尺寸链接起来时,只要改变其中的任何一个尺寸值,其他的尺寸都将作相应的改变。如果要解除某个尺寸的链接状态,右击该尺寸,然后在弹出的快捷菜单中选择"解除链接数值"命令即可。

4.3.4 方程式驱动尺寸

将尺寸或属性名称用做变量,创建模型尺寸之间的数学关系。当模型的多个尺寸之间生成方程式后,这些尺寸之间必须满足方程式的要求,互相牵制。当删除方程式中使用的尺寸或尺寸所在的特征时,方程式也被一并删除。

打开"网盘:\第4章\零件建模的其他功能\合页.SLDPRT"文件,在此基础上进行练习。

1. 显示尺寸

在特征管理器中,扩展"M8平头机械螺钉的锥形沉头孔",右击"3D草图1",在弹出的快捷菜单中选择"编辑草图"命令,并正视于"右视基准面",孔的定位尺寸如图4.70(a)所示。

2. 建立方程式来驱动尺寸

选择下拉菜单"工具"→"方程式"命令,弹出如图4.70(c)所示对话框。

在孔的定位草图中单击尺寸"30",如图4.70(a)所示,则该尺寸名"D4@3D草图1"出现在"方程式"的对话框中;然后在绘图区双击零件实体的大面积处,显示其尺寸,单击实体宽度尺寸"60";在对话框中键入"/2"完成尺寸设计(即孔在竖直方向的位置为宽度的一半)。添加的方程式如图4.70(d)所示。然后单击"确定"按钮,该方程式添加完成,出现在"方程式"对话框中。

继续单击"添加"按钮,可以设置尺寸"40"为总长的"/3",方程式的表达式为("D2@3D草图1"="D1@拉伸-薄壁1"/3)。

单击"方程式"对话框中的"确定"按钮,退出该对话框。

注意 此时,草图中尺寸"30"、"40"之前出现了∑符号。

退出编辑草图后,单击"重建模型"█按钮,在特征管理器中出现"方程式"文件夹,如图4.70(b)所示。右击该文件夹即可在弹出的快捷菜单中选择相应的命令对方程式进行编辑、删除、添加等操作。

注意

(1)被方程式驱动的尺寸无法在模型中以编辑尺寸值的方式来改变。如本例中的尺寸值"30"、"40"在草图中是无法修改其值的,只能通过改变实体的长度、宽度尺寸值(即"60"、"120")来改变。

(2) 在方程式中还可以添加一些函数,如图 4.70(d)所示,此处不做展开,请读者自行练习。

3. 添加注释文字

为了更好地体现设计者的设计意图,还可以在方程式中添加注释文字,也可以像编程那样将某个方程式注释掉,避免该方程式的运行。

为方程式添加注释文字的操作步骤具体如下。

(1) 在特征管理器中右击"方程式"文件夹,在系统弹出的快捷菜单中选择"管理方程式"命令;在弹出的"方程式"对话框中选择要添加注释的方程式,然后单击"编辑"按钮打开"编辑方程式"对话框。

(2) 将光标置于方程式最后,单击如图 4.70(d)所示的"评论",输入说明文字,则说明的内容在计算方程式时被忽略。

如果暂时不想让某个方程式参与计算,但又不想删除它,可以在这个方程式之前加一个单引号"'"。

最后,以"前视基准面"为基准面,对孔特征"M8 平头机械螺钉的锥形沉头孔"进行镜向操作,完成合页的设计。

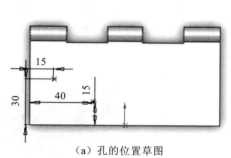

(a) 孔的位置草图

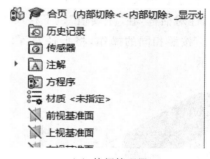

(b) 特征管理器

(c) 方程式-合页对话框　　　　(d)添加方程式对话框

图 4.70　添加尺寸方程式

4.3.5　系列零件设计表

如果用户的计算机上同时安装了 Microsoft Excel,就可以使用 Excel 表格在零件文件中直接嵌入新的配置。配置是指由一个零件或一个部件派生而成的形状相似、大小不同的一系列零件或部件集合。在 SolidWorks 软件中经常使用系列零件设计表来生成配置,利用系列零件设计表用户可以很容易生成一系列大小相近、形状相似的标准零件,如键、螺母、螺栓等,从而形成一个标准零件库。

使用系列零件设计表具有如下优点。

(1)标准化的零件管理:可以采用简单的方法生成大量的相似零件。

(2)节约建模时间:使用系列零件设计表,可以很便捷地生成零件系列,而不必一一创建相似的零件。

(3)使用系列零件设计表,在零件装配中很容易实现零件的互换。

打开"网盘:\第4章\零件建模的其他功能\键系列.SLDPRT"文件,在此基础上进行练习。

1. 显示尺寸名并修改尺寸变量名

在特征管理器中,右键单击"注解"文件夹 🅰,然后在弹出的快捷菜单中选择"显示特征尺寸"选项。此时,在图形区域中零件的所有特征的所有尺寸都显示出来,如图4.69(a)所示。

选择下拉菜单"视图"→"隐藏/显示"→"尺寸名称"命令(此命令为乒乓键),则各尺寸所对应的变量名也显示出来,即尺寸数值下括号内的符号,如图4.71(a)所示。

为了便于识别尺寸,可以将尺寸的变量名进行修改。在绘图区,单击尺寸"40",系统弹出尺寸属性对话框,在"主要值"栏下将尺寸变量名"D1"修改为"length@草图1",如图4.71(b)所示。按照相同的操作,将半径及深度变量名依次修改为"radius"和"height",如图4.71(c)所示。

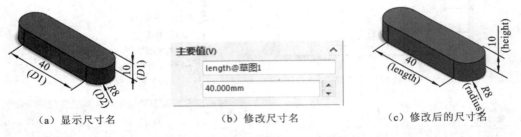

（a）显示尺寸名　　　　　（b）修改尺寸名　　　　　（c）修改后的尺寸名

图4.71 显示尺寸名并修改尺寸变量名

2. 生成系列零件设计表

选择"插入"→"表格"→"设计表"命令。在"系列零件设计表"属性管理器中的"源"选项中选择"空白",然后单击"确定"按钮 ✔,如图4.72(a)所示。

此时,一个Excel工作表出现在零件文件窗口中,Excel工具栏取代了SolidWorks工具栏,如图4.72(b)所示。

在表的第2行输入被控制尺寸的名称,具体输入方法如下:在图形区域中依次单击要控制的尺寸,则相关的尺寸名称出现在第2行中,同时该尺寸名称对应的尺寸值出现在"第一实例"行中,如图4.72(c)所示;同样,在第4行和第5行中建立另外两种型号的键,如图4.72(c)所示。

在表格外的空白处单击鼠标,使Excel工作表退出工作界面,同时生成了三种不同型号的键。

注意　系列零件设计表中的尺寸要按照特征或尺寸的重要程度依次选取；原始样本零件中没有被选取的特征定义尺寸或草图尺寸，将是系列零件设计表中所有成员共同具有的特征定义尺寸或草图尺寸，即系列零件设计表中各成员的共性部分。

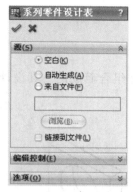

（a）"系列零件设计表"属性管理器

（b）空白的系列零件设计表

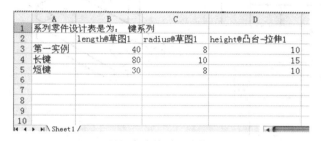

（c）设计完成的系列零件设计表

（d）"配置"属性管理器

图 4.72　系列零件设计

3. 系列零件设计表的应用

在特征管理器上部，单击"配置"按钮 ，进入"配置"属性管理器，如图 4.72（d）所示。在配置管理器中显示了该模型中系列零件设计表生成的所有型号（短键、第一实例、长键等）。

右击要应用型号，在弹出的快捷菜单中选择"显示配置"命令，系统就会按照系列零件设计表中该型号的模型尺寸重建模型。

当需要对现有的系列零件设计表进行编辑时，可在"配置"属性管理器中，右击"系列零件设计表"，在快捷菜单中选择"编辑表格"命令，如图 4.72（c）所示的设计表会出现在工作界面中，在此基础上可以对设计表进行修改。

注意　在任何时候，都可在原始样本零件中加入或删除特征。如果是加入特征，加入后的特征将是系列零件设计表中所有型号成员的共有特征，若某个型号成员正在被使用，系统将会依照所加入的特征自动更新该型号成员。如果是删除原有样本零件中的某个特征，则系列零件设计表中的所有型号成员的该特征都将被删除。若某个型号成员正在被使用，系统就会将工作窗口自动切换到现在的工作窗口，完成更新被使用的型号成员。

4.4　课堂范例

4.4.1　范例一

4.4.1.1　设计思路和方法

图 4.73 所示为组合体,仔细分析其结构,它是由两个特征组合而成的。其设计思路如表 4.2 所示。

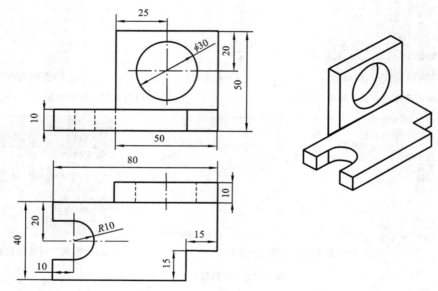

图 4.73　简单组合体

表 4.2　组合体的设计思路

序　　号	设 计 思 路		实 现 方 法
	设计过程	说明	
1		底板	拉伸凸台
2		侧板	拉伸凸台

4.4.1.2　设计步骤

1. 新建模型文件

在 SolidWorks 软件环境下,新建一个零件、选择下拉菜单 文件(F) → 📄 新建(N)... 命令,在系统弹出"新建 SolidWorks 文件"对话框中,选择"零件"模块,单击 确定 按钮,进入建模环境。

2. 建立第一个特征

1)绘制"草图 1"

(1)选择草图基准面。

在设计树中单击" 上视基准面 "(即选择草图基准面),在弹出的快捷菜单中选择"草图绘制"图标 。此时,系统进入草图绘制环境。

(2)绘制草图。

在草图绘制环境中绘制如图 4.74(a)所示的草图。注意此草图与原点的位置关系,第二个草图与此有关系。

草图绘制完成后,在草图工具栏中单击"退出草图"按钮 ,或者在绘图区单击图标 ,保存并退出草图绘制状态。

2)生成第一个特征

在设计树中单击刚生成的"草图 1",在特征工具栏中单击"拉伸凸台/基体"按钮 ,或者选择下拉菜单"插入"→"凸台/基体"→"拉伸"选项命令,系统弹出"凸台-拉伸"属性管理器,将"深度" 值设为 10 mm。单击"确定"按钮 ,生成特征,如图 4.74(b)所示。

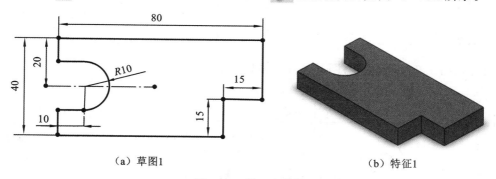

（a）草图1　　　　　　　　　　　　　　（b）特征1

图 4.74　第一个特征

3. 建立第二个特征

1)绘制"草图 2"

(1)选择草图基准面。

在设计树中单击"前视基准面"(即选择草图基准面),在弹出的快捷菜单中选择"草图绘制"图标 。此时,系统进入"草图 2"绘制环境。

(2)绘制草图。

在草图绘制环境中绘制如图 4.75(a)所示草图,注意此草图与原点的位置关系。

草图绘制完成后,在草图工具栏中单击"退出草图"按钮 ,或者在绘图区单击图标 ,保存并退出草图绘制状态。

2)生成第二个特征

在设计树中单击刚生成的"草图 2",在特征工具栏中单击"拉伸凸台/基体"按钮 ,或

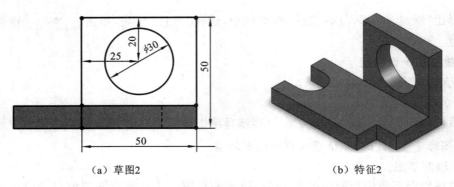

（a）草图2 （b）特征2

图 4.75　第二个特征

者选择下拉菜单"插入"→"凸台/基体"→"拉伸"选项命令，系统弹出"凸台-拉伸"属性管理器，将"深度"值设为 10 mm。单击"确定"按钮，生成特征，如图 4.75(b)所示。

4. 保存文件

至此，零件模型建立完成，选择下拉菜单 文件(F) → 保存(S) 命令，将文件命名为"范例一"。

4.4.2　范例二

4.4.2.1　设计思路和方法

设计如图 4.76 所示的零件，其设计思路如表 4.3 所示。

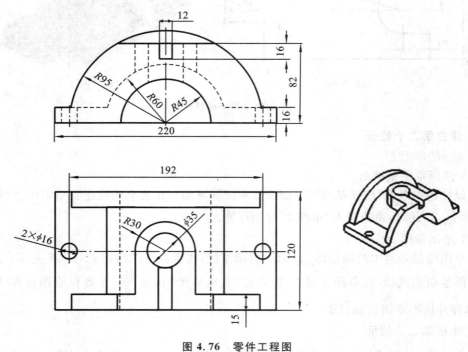

图 4.76　零件工程图

表 4.3 范例二的设计思路

序 号	设 计 思 路	实 现 方 法
1		拉伸凸台
2		拉伸凸台和镜向
3		拉伸切除
4		拉伸凸台和拉伸切除

4.4.2.2 设计步骤

1. 新建模型文件

在 SolidWorks 软件环境下,新建一个零件。选择下拉菜单"文件"→"新建"命令,在系统弹出"新建 SolidWorks 文件"对话框中,选择"零件"模块,单击"确定"按钮,进入建模环境。

2. 建立第一个特征——"凸台-拉伸 1"

1)绘制"草图 1"

(1)选择草图基准面。

在设计树中单击" ▨ 前视基准面"(即选择草图基准面),在弹出的快捷菜单中选择"草图绘制"图标 ▢ 。此时,系统进入草图绘制环境。

(2)绘制草图。

在草图绘制环境中绘制如图 4.77(a)所示草图。

草图绘制完成后,在草图工具栏中单击"退出草图"按钮 ▥ ,或者在绘图区单击图标 ▱ ,保存并退出草图绘制状态。

2)生成第一个特征——"凸台-拉伸 1"

在设计树中单击刚生成的"草图 1",在特征工具栏中单击"拉伸凸台/基体"按钮 ▤ ,或者选择下拉菜单"插入"→"凸台/基体"→"拉伸"选项命令,系统弹出"凸台-拉伸"属性管理器,在 **方向 1** 栏中将终止条件设置为"两侧对称";将"深度" ▨ 值设为 120 mm。单击"确定"按钮 ✔ ,生成特征,如图 4.77(b)所示。

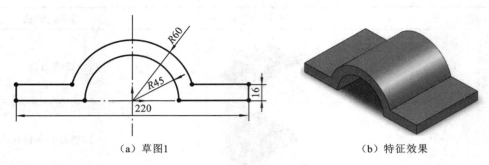

（a）草图1　　　　　　　　　（b）特征效果

图 4.77　"凸台-拉伸 1"特征

3. 建立第二个特征——"凸台-拉伸 2"

1）绘制"草图 2"

（1）选择草图基准面。

在"特征 1"实体上选择如图 4.78（a）所示的面作为草图基准面。在弹出的快捷菜单中选择"草图绘制"图标 。此时，系统进入草图绘制环境。

（2）绘制草图。

在草图绘制环境中绘制如图 4.78（b）所示草图。注意，此草图中，除了"R95"圆弧，其他的直线和圆弧与已有的实体边线重合，如图 4.78（b）所示。

草图绘制完成后，在草图工具栏中单击"退出草图"按钮，或者在绘图区单击图标 ，保存并退出草图绘制状态。

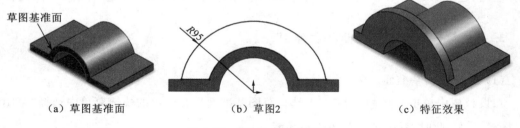

（a）草图基准面　　　　　（b）草图2　　　　　　　（c）特征效果

图 4.78　"凸台-拉伸 2"特征

2）生成第二个特征——"凸台-拉伸 2"

在设计树中单击刚生成的"草图 1"，在特征工具栏中单击"拉伸凸台/基体"按钮 ，或者选择下拉菜单"插入"→"凸台/基体"→"拉伸"选项命令，系统弹出"凸台-拉伸"属性管理器，在 **方向 1** 栏中将终止条件设置为"给定深度"（可通过单击图标 ，改变拉伸的方向）；将"深度" 值设为 15 mm。单击"确定"按钮 ，生成特征，如图 4.78（c）所示。

3）镜向特征"凸台-拉伸 2"

选择下拉菜单"插入"→"阵列/镜向"→"镜向"菜单命令，或者单击"特征"工具栏中的"镜向"按钮 ，此时弹出如图 4.79（a）所示的"镜向 1"属性管理器。

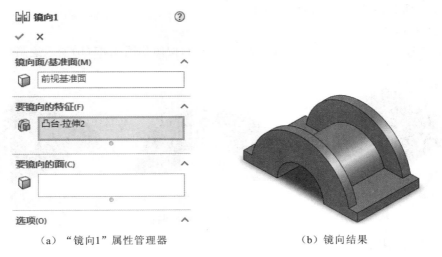

（a）"镜向1"属性管理器　　　　　　（b）镜向结果

图 4.79　镜向特征

4．建立孔的切除特征——"切除-拉伸1"

1）绘制"草图3"

（1）选择草图基准面。

选择" 上视基准面 "作为草图基准面。在弹出的快捷菜单中选择"草图绘制"图标 。此时，系统进入草图绘制环境。

（2）绘制草图。

在草图绘制环境中绘制如图 4.80（a）所示草图。

草图绘制完成后，在草图工具栏中单击"退出草图"按钮 ，或者在绘图区单击图标 ，保存并退出草图绘制状态。

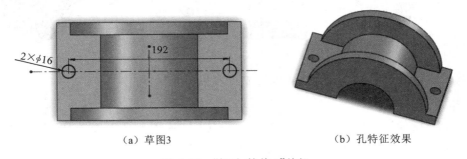

（a）草图3　　　　　　　　　（b）孔特征效果

图 4.80　"切除-拉伸1"特征

2）生成孔的切除特征——"切除-拉伸1"

在设计树中单击刚生成的"草图3"，在特征工具栏中单击 按钮，系统弹出"切除-拉伸"属性管理器，在 **方向1** 栏中将终止条件设置为"完全贯穿"（可通过单击图标 ，改变拉伸的方向）。单击"确定"按钮 ，生成特征，如图 4.80（b）所示。

5. 建立切除特征——"切除-拉伸 2"

1) 绘制"草图 4"

选择如图 4.81(a)所示模型平面为草图基准面,按照如图 4.81(b)所示绘制草图。

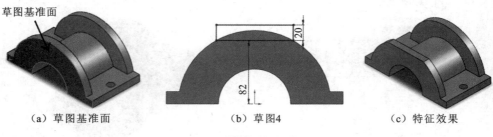

（a）草图基准面　　　　　（b）草图4　　　　　（c）特征效果

图 4.81　"切除-拉伸 2"特征

2) 生成切除特征

在特征工具栏中单击 按钮,系统弹出"切除-拉伸"属性管理器,在 **方向1** 栏中将终止条件设置为"给定深度";将"深度" 值设为 15 mm。单击"确定"按钮 ,生成特征,如图 4.81(c)所示。

6. 建立凸台特征——"凸台-拉伸 3"

1) 绘制"草图 5"

选择如图 4.82(a)所示模型平面为草图基准面,按照如图 4.82(b)所示绘制草图。

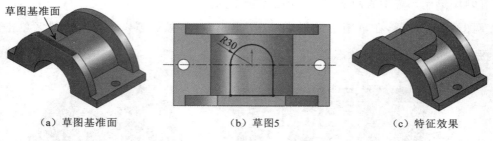

（a）草图基准面　　　　　（b）草图5　　　　　（c）特征效果

图 4.82　"凸台-拉伸 3"特征

2) 生成凸台特征

将"凸台-拉伸"属性管理器的终止条件设定为"成形到下一面",其特征效果如图 4.82(c)所示。

7. 建立切除特征——"切除-拉伸 3"

1) 绘制"草图 6"

选择如图 4.83(a)所示模型平面为草图基准面,按照如图 4.83(b)所示绘制草图。

2) 生成切除特征

将"切除-拉伸"属性管理器的终止条件设定为"完全贯穿",其特征效果如图 4.83(c)所示。

（a）草图基准面

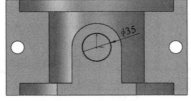
（b）草图6

（c）特征效果

图 4.83　"切除-拉伸 3"特征

8．建立切除特征——"切除-拉伸 4"

1）绘制"草图 7"

选择如图 4.84（a）所示模型平面为草图基准面，按照如图 4.84（b）所示绘制草图。

2）生成切除特征

将"切除-拉伸"属性管理器的终止条件设定为"完全贯穿"，其特征效果如图 4.84（c）所示。

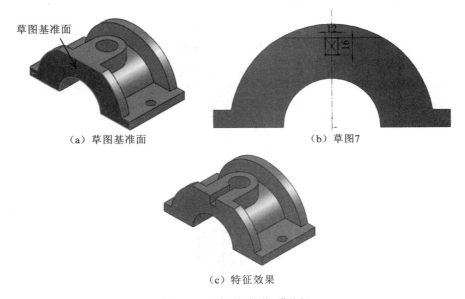
（a）草图基准面　　　　　　　（b）草图7

（c）特征效果

图 4.84　"切除-拉伸 4"特征

9．保存文件

至此，零件模型建立完成，选择下拉菜单 文件(F) → 💾 保存(S) 命令，将文件命名为"范例二"。

4.4.3　范例三

4.4.3.1　设计思路和方法

设计如图 4.85 所示的零件，其设计思路如表 4.4 所示。

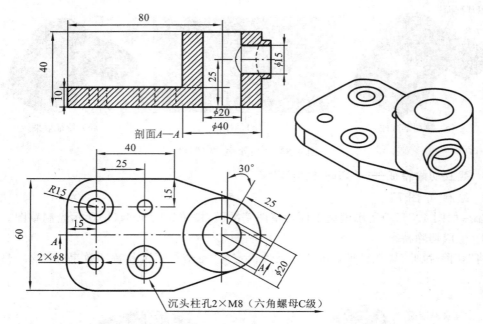

图 4.85 零件工程图

表 4.4 范例三的设计思路

序　号	设 计 思 路	实 现 方 法
1		拉伸凸台
2		拉伸凸台
3		生成参考面和拉伸凸台
4		拉伸切除

4.4.3.2　设计步骤

1. 新建模型文件

在 SolidWorks 软件环境下,新建一个零件文件,进入建模环境。

2. 建立圆柱特征——"凸台-拉伸 1"

1) 绘制"草图 1"

选择"上视基准面"作为草图基准面,按照如图 4.86(a)所示绘制草图,圆心为原点。

2) 生成圆柱特征

将"凸台-拉伸"属性管理器的终止条件设定为"给定深度",将"深度" 值设为 40 mm,其特征如图 4.86(b)所示。

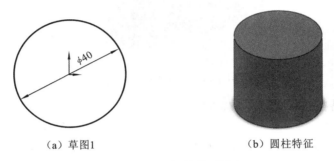

（a）草图1　　　　　　　　　　（b）圆柱特征

图 4.86　"凸台-拉伸 1"特征

3. 建立底板特征——"凸台-拉伸 2"

1) 绘制"草图 2"

选择"上视基准面"作为草图基准面,按照如图 4.87(a)所示绘制草图,其中两条直线与圆相切。

2) 生成凸台特征

将"凸台-拉伸"属性管理器的终止条件设定为"给定深度",将"深度" 值设为 10 mm,其特征如图 4.87(b)所示。

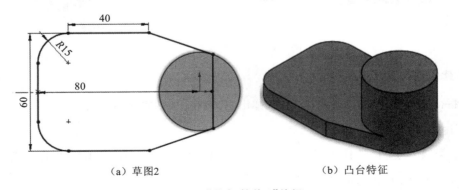

（a）草图2　　　　　　　　　　（b）凸台特征

图 4.87　"凸台-拉伸 2"特征

4. 建立基准面——"基准面 1"

首先,选择下拉菜单"视图"→"隐藏/显示"→"临时轴",显示现有实体中回转面的轴线。在基准面生成后继续单击下拉菜单"视图"→"隐藏/显示"→"临时轴"命令隐藏所有临时轴。

将"基准面"属性管理器的"第一参考"中设置为"右视基准面",将位置关系设置为"两面夹角"![icon],角度为 30 度;在"第二参考"中选择圆柱体的轴线。

单击"确定"按钮![icon],生成"基准面 1",如图 4.88 所示。

图 4.88　生成"基准面 1"

5. 建立凸台特征——"凸台-拉伸 3"

1) 绘制"草图 3"

选择"基准面 1"作为草图基准面,按照如图 4.89(a)所示绘制草图。

2) 生成凸台特征

将"凸台-拉伸"属性管理器的终止条件设定为"给定深度",将"深度"![icon]值设为 25 mm,其特征如图 4.89(b)所示。

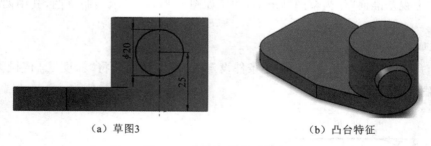

（a）草图3　　　　　　　　　　　　　（b）凸台特征

图 4.89　"凸台-拉伸 3"特征

6. 建立沉头孔特征

在特征工具栏中单击![icon]按钮,系统弹出"孔规格"属性管理器对话框。

1) 设定孔"类型"

"孔类型"选择"柱形沉头孔"![icon],"标准"设定为"GB","类型"选择为
"[六角头螺栓 C级 GB/T5780—2000 ▲▼]"。

在"孔规格"中,将"大小"定为"M8","配合"关系为"正常"。

"终止条件"设定为"完全贯穿"。

2）定义孔"位置"

以底板上表面为孔的定位面,并按照如图 4.90 所示对异型孔进行定位。

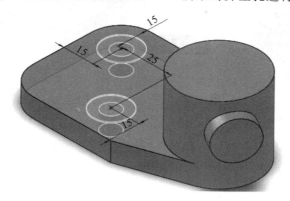

图 4.90 异形孔位置

7. 建立切除特征——"切除-拉伸 1"

1）绘制"草图 4"

选择"上视基准面"作为草图基准面,按照如图 4.91(a)所示绘制草图。

2）生成切除特征

将"切除-拉伸"属性管理器的终止条件设定为"完全贯穿",将"深度" 值设为 25 mm,其特征如图 4.91(b)所示。

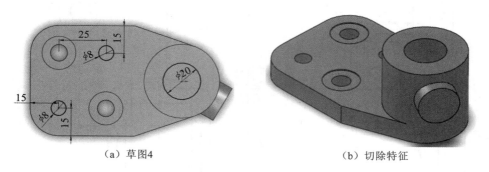

（a）草图4　　　　　　　　　　　　　　（b）切除特征

图 4.91 "切除-拉伸 1"特征

8. 建立切除特征——"切除-拉伸 2"

1）绘制"草图 5"

选择如图 4.92(a)所示平面作为草图基准面;按照如图 4.92(b)所示绘制草图,草图中的圆与所在圆柱同心。

2）生成切除特征

将"切除-拉伸"属性管理器的终止条件设定为"成形到下一面",其特征效果如图 4.92(c)所示。

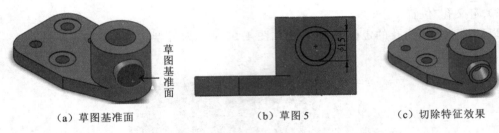

（a）草图基准面　　　　　（b）草图 5　　　　　（c）切除特征效果

图 4.92　"切除-拉伸 2"特征

9．保存该零件文件

至此，零件模型建立完成，选择下拉菜单 文件(F) → 📁 保存(S) 命令，将文件命名为"范例三"。

4.4.4　范例四

4.4.4.1　设计思路和方法

设计如图 4.93 所示的零件，其设计思路如表 4.5 所示。

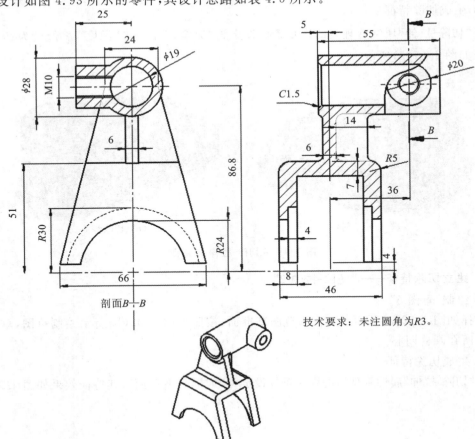

技术要求：未注圆角为R3。

图 4.93　拨叉零件

表 4.5 范例四的设计思路

序 号	设 计 思 路	实 现 方 法
1		拉伸凸台
2		切除拉伸
3		旋转切除
4		拉伸凸台
5		筋和拉伸凸台
6		切除拉伸和异型孔
7		倒角和圆角

4.4.4.2 设计步骤

1. 新建模型文件

在 SolidWorks 软件环境下,新建一个零件文件,进入建模环境。

2. 建立凸台特征——"凸台-拉伸 1"

1)绘制"草图 1"

选择"前视基准面"作为草图基准面,按照如图 4.94(a)所示绘制草图,此草图为左右对称的等腰梯形。

2)生成凸台特征

将"凸台-拉伸"属性管理器的终止条件设定为"两侧对称",将"深度" 值设为46 mm,其特征效果如图 4.94(b)所示。

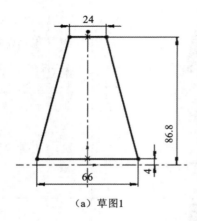

（a）草图1

（b）特征效果

图 4.94 "凸台-拉伸 1"特征

3. 建立底板特征——"切除-拉伸 1"

1)绘制"草图 2"

选择"右视基准面"作为草图基准面,按照如图 4.95(a)所示绘制草图,其中上面两个矩形关于竖直中心线对称,下部矩形自身关于竖直中心线对称。

2)生成切除特征

将"切除-拉伸"属性管理器的终止条件设定为"两侧对称",将"深度" 值设为70 mm,其特征效果如图 4.95(b)所示。

4. 建立切除特征——"切除-旋转 1"

1)绘制"草图 3"

选择"右视基准面"作为草图基准面,按照如图 4.96(a)所示绘制草图。

2)生成切除特征

将"切除-旋转"属性管理器的"旋转轴"设定为"水平中心线",其特征效果如图 4.96(b)所示。

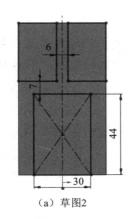

（a）草图2

（b）切除特征效果

图 4.95 "切除-拉伸 1"特征

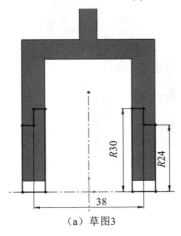

（a）草图3

（b）切除特征效果

图 4.96 "切除-旋转 1"特征

5. 建立圆柱特征——"凸台-拉伸 2"

1）绘制"草图 4"

选择"前视基准面"作为草图基准面,按照如图 4.97(a)所示绘制草图,圆心位于梯形顶边中点。

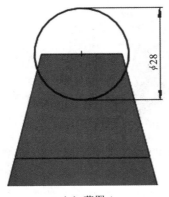

（a）草图4

（b）特征效果

图 4.97 "凸台-拉伸 2"特征

2）生成凸台特征

将"凸台-拉伸"属性管理器的"开始条件"设定为"等距"，其距离值为 5 mm；将"终止条件"设定为"给定深度"，将"深度" ᵈ₁ 值设为 55 mm，其特征效果如图 4.97(b)所示。

6. 建立筋特征

1）绘制"草图 5"

选择"右视基准面"作为草图基准面，按照如图 4.98(a)所示绘制草图。

2）生成筋板

将"筋"属性管理器的"厚度类型"设定为"两侧"，其"厚度" ᵀ₁ 值为 6 mm，特征效果如图 4.98(b)所示。

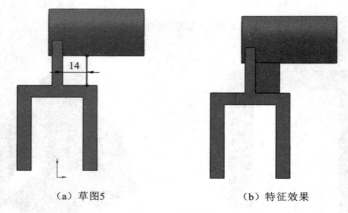

（a）草图5　　　　　　（b）特征效果

图 4.98 "筋"特征

7. 生成小圆柱凸台——"凸台-拉伸 3"

1）绘制"草图 6"

选择"右视基准面"作为草图基准面，按照如图 4.99(a)所示绘制草图。

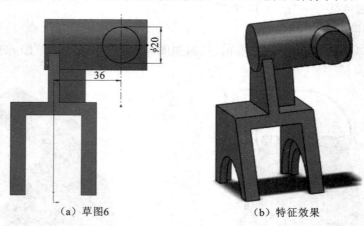

（a）草图6　　　　　　（b）特征效果

图 4.99 "凸台-拉伸 3"特征

2）生成凸台

将"凸台-拉伸"属性管理器的"终止条件"设定为"给定深度"，将"深度" ᵈ₁ 值设为25 mm，其特征效果如图 4.99(b)所示。

8. 生成直孔特征——"切除-拉伸 2"

1）绘制"草图 7"

选择如图 4.100（a）所示的模型平面作为"草图基准面"；按照如图 4.100（b）所示绘制草图。

2）生成切除特征

将"切除-拉伸"属性管理器的"终止条件"设定为"完全贯穿"，其特征效果如图 4.100（c）所示。

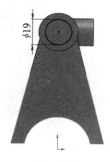

（a）草图基准面　　　　　　（b）草图7　　　　　　（c）特征效果

图 4.100　"切除-拉伸 2"特征

9. 生成异形孔特征——"M10 螺纹孔 1"

在特征工具栏中单击 按钮，系统弹出"孔规格"属性管理器对话框。

1）设定孔"类型"

"孔类型"选择"直螺纹孔" ，"标准"设定为"GB"，"类型"选择为"螺纹孔"。

在"孔规格"中，将"大小"定为"M10"。

"终止条件"设定为"成形到下一面"。

2）定义孔"位置"，生成异形孔特征

选择如图 4.101（a）所示的模型平面作为孔的定位面，孔圆心与基面圆同心，其特征效果如图 4.101（b）所示。

（a）草图基准面　　　　　　（b）特征效果

图 4.101　"M10 螺纹孔 1"特征

10. 生成倒角、圆角特征

（1）在如图 4.102(a)所示的位置按"角度距离"方式生成 为 1.5 mm, 为 45 度的倒角。

（2）在如图 4.102(b)所示的位置生成半径 为 5 mm 的圆角。

（3）在如图 4.102(c)所示的位置生成半径 为 3 mm 的圆角。

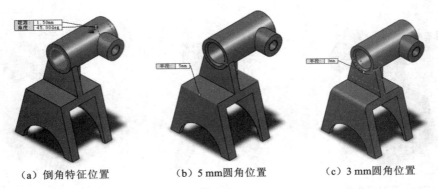

（a）倒角特征位置　　　　（b）5 mm圆角位置　　　　（c）3 mm圆角位置

图 4.102 "倒角、圆角"特征

11. 保存该零件文件

至此,零件模型建立完成,选择下拉菜单 文件(F) → 保存(S) 命令,将文件命名为"范例四"。

4.4.5 范例五

4.4.5.1 设计思路和方法

本齿轮的相关参数如下:分度圆直径 $d = \phi 108$ mm,齿顶圆直径 $d_a = \phi 111$ mm,齿根圆直径 $d_f = \phi 104.25$ mm,基圆直径 $d_b = \phi 101.49$ mm,齿顶槽宽 $e_a = 3.6$ mm,齿槽宽 $e = 2.36$ mm,齿根圆槽宽 $e_f = 1.9$ mm,其设计思路如表 4.6 所示。

表 4.6　从动齿轮的设计思路

序　　号	设 计 思 路		实 现 方 法
	设计过程	说明	
1	轮齿造型		(1)拉伸凸台; (2)切除拉伸; (3)圆周阵列; (4)特征退回; (5)倒角

续表

序　号	设 计 思 路		实 现 方 法
	设计过程	说明	
2	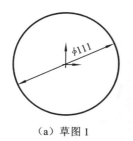	轮毂孔设计	（1）切除拉伸； （2）倒角
3		辐板设计	（1）切除拉伸； （2）圆角； （3）倒角

4.4.5.2 设计步骤

1. 新建模型文件

在 SolidWorks 软件环境下，新建一个零件文件，进入建模环境。

2. 建立凸台特征——"凸台-拉伸 1"

1）绘制"草图 1"

选择"前视基准面"作为草图基准面，按照如图 4.103（a）所示绘制草图，此草图直径为齿顶圆直径。

2）生成凸台特征

将"凸台-拉伸"属性管理器的终止条件设定为"两侧对称"，将"深度" 值设为30 mm。其特征效果如图 4.103（b）所示。

φ111

（a）草图 1　　　　　　　　　（b）特征效果

图 4.103　"凸台-拉伸 1"特征

3. 建立齿轮轮齿特征——"切除-拉伸 1"

1）绘制"草图 2"

选择如图 4.104（a）所示模型表面作为草图基准面。

按照如图 4.104(b)所示绘制草图。草图中的三段圆弧分别为齿顶圆(实线)、分度圆(构造线)、齿根圆(实线),且这三段圆弧关于竖直中心线左右对称;用"样条曲线"工具依次连接三段圆弧的左端点(及右端点)形成左右两段弧线。

2)生成齿槽特征

将"切除-拉伸"属性管理器的终止条件设定为"完全贯穿",其特征效果如图 4.104(c)所示。

3)阵列齿槽特征

选择下拉菜单"视图"→"临时轴"命令,显示已生成圆柱的轴线。

在"阵列(圆周)"属性管理器的"参数"栏中,将"阵列轴"选择为"圆柱的临时轴";将"角度"值定为 360 度;将"实例数"定为"72"。

在"要阵列的特征" 选择"切除-拉伸 1"。

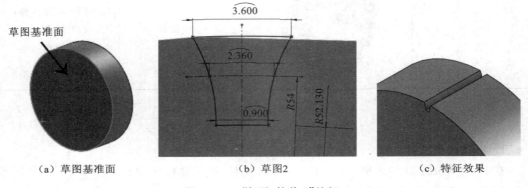

(a)草图基准面　　　　(b)草图2　　　　(c)特征效果

图 4.104　"切除-拉伸 1"特征

4. 轮齿倒角设计——"倒角 1"

1)退回特征

将鼠标移动至"退回控制棒"上时,光标变为手形。利用鼠标左键拖动"退回控制棒"往上移动,移动到特征"凸台-拉伸 1"。

2)生成倒角 1

在"倒角"属性管理器的"倒角参数"中,选择如图 4.105 所示的两边线,并选择"距离-距离"的倒角生成方式,将两个距离都设定为"1.00 mm"。

图 4.105　倒角 1 生成位置

3）解除特征退回

右键单击"倒角 1"，选择 退回到尾（F） 命令。

5.　生成轮毂孔特征——"切除-拉伸 2"

1）绘制"草图 3"

选择如图 4.106（a）所示平面作为草图基准面，并按照如图 4.106（b）所示绘制草图。

2）生成轮毂孔特征

将"切除-拉伸"属性管理器的终止条件设定为"完全贯穿"。

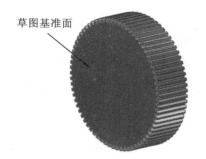

（a）草图基准面

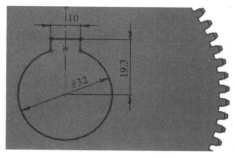

（b）草图 3

图 4.106　"切除-拉伸 2"特征

3）生成倒角 2

在"倒角"属性管理器的"倒角参数"中，选择如图 4.107 所示的两边线，并选择"角度距离"的倒角生成方式，将距离设定为"1.00 mm"，将角度设定为"45.00deg"。

图 4.107　倒角 2 生成位置

6.　辐板结构设计

1）绘制"草图 4"

选择如图 4.108（a）所示平面作为草图基准面，并按照如图 4.108（b）所示绘制草图。

2）生成切除特征

将"切除-拉伸"属性管理器的终止条件设定为"给定深度"，将深度设定为 9 mm。

3）生成圆角

在"圆角"属性管理器的"圆角项目"中，将半径设定为 2 mm，在"边线、面、特征和环"中，选择如图 4.109 所示的面。

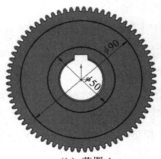

（a）草图基准面　　　　　　　　　　　（b）草图 4

图 4.108　"切除-拉伸 3"草图基准面及草图

4）镜向"切除-拉伸 3"和"圆角 1"

在"镜向"属性管理器中，将"镜向面/基准面"设定为"前视基准面"；在"要镜向的特征"列表框中，选择特征"切除-拉伸 3"和"圆角 1"。

5）生成倒角 3

在"倒角"属性管理器的"倒角参数"中，选择如图 4.110 所示的两圆，并选择"角度距离"的倒角生成方式，将距离 设定为"1.00 mm"，将角度 设定为"45.00deg"。

图 4.109　圆角位置　　　　　　　　　　图 4.110　倒角 3 生成位置

7. 保存文件

至此，零件模型建立完成，选择下拉菜单 文件(F) → 💾 保存(S) 命令，将文件命名为"范例五"。

4.4.6　范例六——轴

4.4.6.1　设计思路和方法

设计如图 4.111 所示的轴零件，其设计思路如表 4.7 所示。

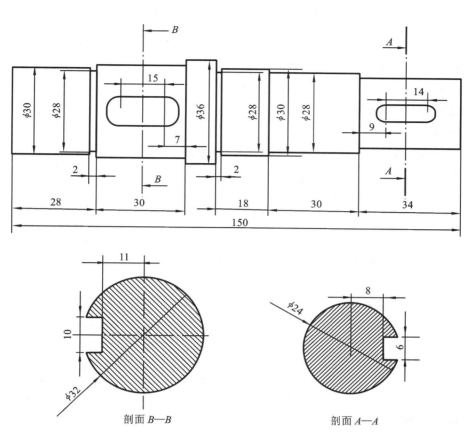

图 4.111　轴零件

表 4.7　从动齿轮的设计思路

序　号	设 计 思 路		实 现 方 法
	设计过程	说明	
1		轴造型	旋转凸台
2		键槽设计	切除拉伸和倒角

4.4.6.2 设计步骤

1. 新建模型文件

在 SolidWorks 软件环境下，新建一个零件文件，进入建模环境。

2. 轴造型——"旋转 1"

1）绘制"草图 1"

选择"前视基准面"作为草图基准面，按照如图 4.112 所示绘制草图。

2）生成旋转凸台特征

将"旋转"属性管理器的"旋转轴" ⌁ 选定为"水平长实线"。

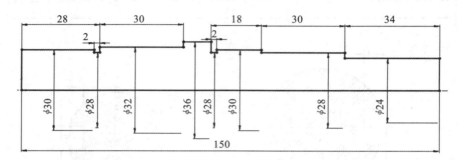

图 4.112 草图 1

3. 键槽造型——"切除-拉伸 1"

1）绘制"草图 2"

选择"上视基准面"作为草图基准面，按照如图 4.113 所示绘制草图。

2）生成键槽特征

将"切除-拉伸"属性管理器的"开始条件"设定为"等距"，其距离为"11.00 mm"；将"终止条件"设定为"完全贯穿"，并选择"反向"按钮 ⬈。

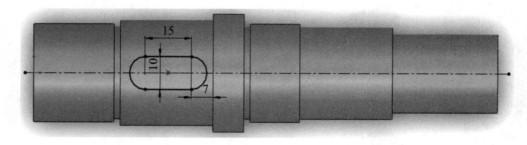

图 4.113 草图 2

4. 键槽造型——"切除-拉伸 2"

1）绘制"草图 3"

选择"上视基准面"作为草图基准面，按照如图 4.114 所示绘制草图。

2）生成旋转凸台特征

将"切除-拉伸"属性管理器的"开始条件"设定为"等距",其距离为 8 mm;将"终止条件"设定为"完全贯穿",并选择"反向"按钮 ![]。

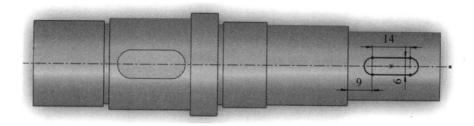

图 4.114　草图 3

5. 倒角

在"倒角"属性管理器的"倒角参数"中,选择如图 4.115 所示的两圆,并选择"角度距离"的倒角生成方式,将距离 ![]D 设定为"1.00 mm",将角度 ![]A 设定为"45.00deg"。

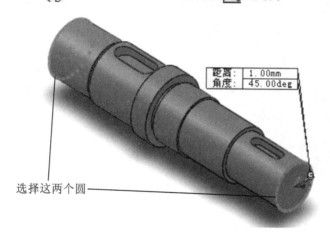

图 4.115　倒角位置

6. 保存文件

至此,零件模型建立完成,选择下拉菜单 文件(F) → 📙 保存(S) 命令,将文件命名为"范例六"。

4.4.7　范例七——减速器箱体

4.4.7.1　设计思路和方法

减速器箱体由箱盖、箱座组成,本范例利用配置同时设计箱盖与箱座。其设计思路如表4.8 所示。

表 4.8　减速箱的设计思路

序　号	设 计 思 路		实 现 方 法
	设计过程	说明	
1		箱盖主体	拉伸凸台
2		箱座主体	(1) 拉伸凸台 (2) 圆角
3		凸缘设计	(1) 拉伸凸台 (2) 圆角
4		轴承座设计	拉伸凸台
5		轴承座旁凸台设计	(1) 拉伸凸台 (2) 镜向 (3) 圆角

续表

序　号	设　计　思　路		实　现　方　法
	设计过程	说明	
6		箱座底板设计	（1）拉伸凸台 （2）圆角
7		轴承座孔设计	拉伸切除
8		腔体设计	拉伸切除
9		观察孔设计	（1）拉伸凸台； （2）拉伸切除； （3）圆角
10		生成筋板	（1）基准面； （2）筋

序 号	设 计 思 路		实 现 方 法
	设计过程	说明	
11		螺纹孔、螺栓孔设计	异型孔
12		生成箱座配置	（1）添加配置； （2）拉伸切除
13		生成箱盖配置	（1）添加配置； （2）拉伸切除
14		箱盖细节处理	（1）拔模； （2）圆角
15		油面观察孔	（1）拉伸凸台； （2）异型孔

序 号	设 计 思 路		实 现 方 法
	设计过程	说明	
16	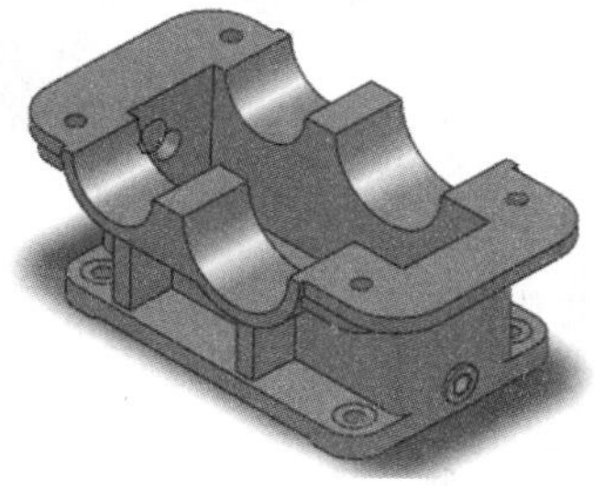	排油螺孔	(1) 拉伸凸台； (2) 异型孔
17	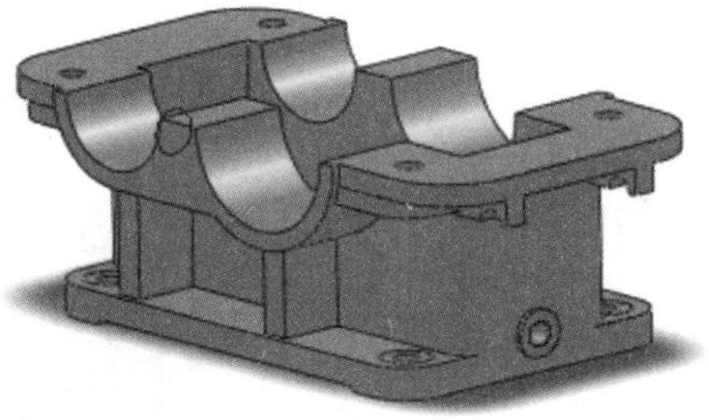	吊耳设计	(1) 拉伸凸台； (2) 镜向
18	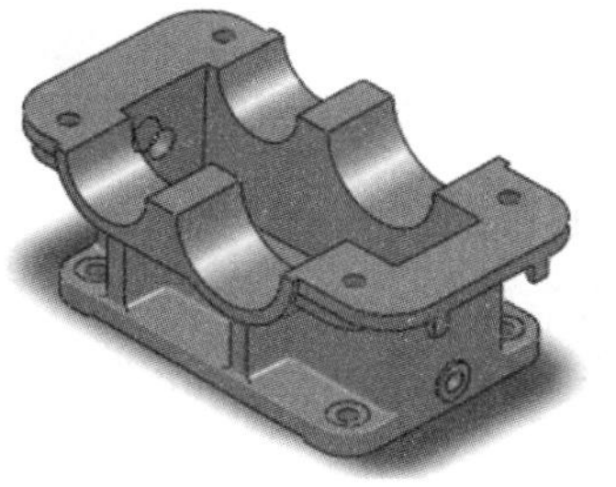	箱座细节处理	(1) 拔模； (2) 圆角

4.4.7.2 设计步骤

1. 新建模型文件

在 SolidWorks 软件环境下，新建一个零件文件，进入建模环境。

2. 建立箱盖主体——"凸台-拉伸 1"

1）绘制"草图 1"

选择"前视基准面"作为草图基准面，按照如图 4.116(a)所示绘制草图。

2）生成凸台特征

将"凸台-拉伸"属性管理器的终止条件设定为"两侧对称"，将"深度" 值设为62 mm。其特征效果如图 4.116(b)所示。

3. 建立箱座主体——"凸台-拉伸 2"

1）绘制"草图 2"

选择"前视基准面"作为草图基准面，按照如图 4.117(a)所示绘制草图。

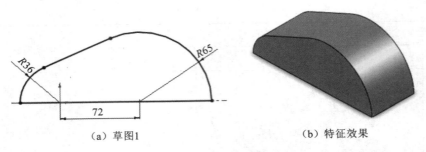

（a）草图1　　　　　　　　　　（b）特征效果

图 4.116　"凸台-拉伸 1"特征

2）生成凸台特征

将"凸台-拉伸"属性管理器的终止条件设定为"两侧对称"，将"深度" 值设为66 mm，其特征效果如图 4.117(b)所示。

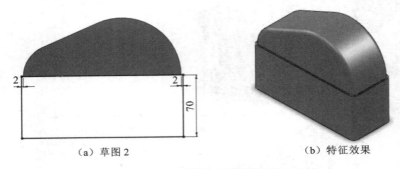

（a）草图2　　　　　　　　　　（b）特征效果

图 4.117　"凸台-拉伸 2"特征

3）生成圆角

在"圆角"属性管理器的"圆角项目"中，将半径 设定为"6 mm"，在"边线、面、特征和环" 中，选择如图 4.118 所示的线。

图 4.118　圆角位置

4. 凸缘设计——"凸台-拉伸 3"

1）绘制"草图 3"

选择"上视基准面"作为草图基准面,按照如图 4.119(a)所示绘制草图。

2）生成凸台特征

将"凸台-拉伸"属性管理器"方向 1"的终止条件设定为"给定深度",将"深度" 值设为 6 mm;"方向 2"的终止条件设定为"给定深度",将"深度" 值设为 8 mm。其特征如图 4. 119(b)所示。

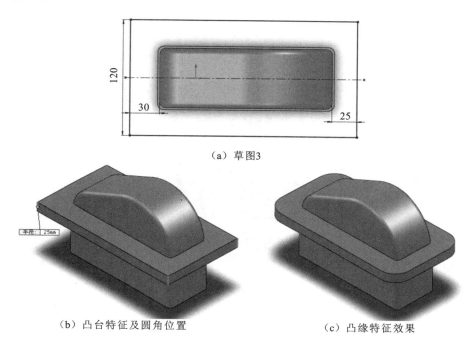

（a）草图3

（b）凸台特征及圆角位置　　　　　　　　（c）凸缘特征效果

图 4.119　凸缘特征

3）生成圆角

在"圆角"属性管理器的"圆角项目"中,将半径 设定为 25 mm,在"边线、面、特征和环" 中,选择如图 4.119(b)所示的线。

5. 轴承座设计——"凸台-拉伸 4"

1）绘制"草图 4"

选择"前视基准面"作为草图基准面,按照如图 4.120(a)所示绘制草图。

2）生成凸台特征

将"凸台-拉伸"属性管理器的终止条件设定为"两侧对称",将"深度" 值设为126 mm。其特征效果如图 4.120(b)所示。

6. 轴承座旁凸台设计——"凸台-拉伸 5"

1）绘制"草图 5"

先显示"临时轴",再选择"上视基准面"作为草图基准面,按照如图 4.121 所示绘制草图,草图上边线与凸缘上边线重合。

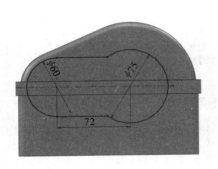

（a）草图4

（b）轴承座特征效果

图 4.120　轴承座

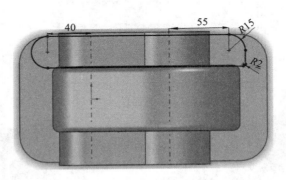

图 4.121　草图 5

2）生成"凸台-拉伸 5"

将"凸台-拉伸"属性管理器的开始条件设定为"等距"，其值为 6 mm；终止条件设定为"给定深度"，将"深度"值设为 9 mm；单击"拔模开关"，输入拔模角度为 3 度。

3）生成"凸台-拉伸 6"

继续利用"草图 5"生成该特征。

将"凸台-拉伸"属性管理器的开始条件设定为"等距"，单击反向，设定其值为8 mm；终止条件设定为"给定深度"，单击反向，将"深度"值设为 7 mm；单击"拔模开关"，输入拔模角度为 3 度。

4）镜向"凸台-拉伸 5"和"凸台-拉伸 6"

在"镜向"属性管理器中，将"镜向面/基准面"设定为"前视基准面"；在"要镜向的特征"列表框中，选择特征"凸台-拉伸 5"和"凸台-拉伸 6"，如图 4.122 所示。

5）生成圆角

在"圆角"属性管理器的"圆角项目"中，将半径设定为 3 mm，在"边线、面、特征和环"中，选择如图 4.123 所示的线。

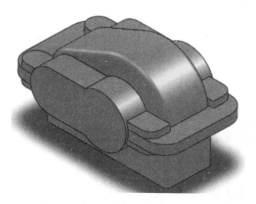

图 4.122　镜向"凸台-拉伸 5"和"凸台-拉伸 6"

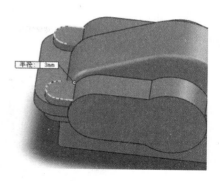

图 4.123　圆角位置

7. 箱座底板设计

1）绘制"草图 6"

选择"上视基准面"作为草图基准面,按照如图 4.124(a)所示绘制草图,草图上边线与凸缘上边线重合。

2）生成"凸台-拉伸 7"

将"凸台-拉伸"属性管理器的终止条件设定为"两侧对称",将"深度" 值设为120 mm。底板效果如图 4.124(b)所示。

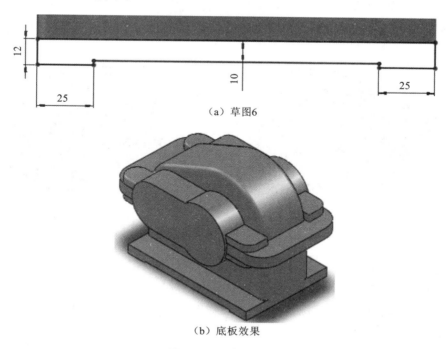

（a）草图6

（b）底板效果

图 4.124　箱座底板

3）生成圆角

在"圆角"属性管理器的"圆角项目"中,将半径 设定为 2 mm,在"边线、面、特征和环"

中,选择如图 4.125(a)所示的线。

按照相同的操作,在"圆角"属性管理器的"圆角项目"中选择如图 4.125(b)所示的线,将半径 设定为 15 mm。

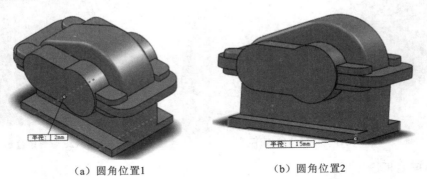

（a）圆角位置1   （b）圆角位置2

图 4.125   圆角

8. 轴承座孔设计

1）绘制"草图 7"

选择"前视基准面"作为草图基准面,按照如图 4.126(a)所示绘制草图。

2）生成"切除-拉伸 1"

将"切除-拉伸"属性管理器的终止条件设定为"两侧对称",将"深度" 值设为126 mm。其特征效果如图 4.126(b)所示。

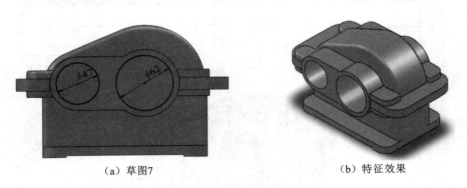

（a）草图7   （b）特征效果

图 4.126   轴承座孔

9. 腔体设计

1）绘制"草图 8"

选择"前视基准面"作为草图基准面,按照如图 4.127(a)所示绘制草图,草图上部两弧线与箱盖外形等距,底部水平直线与底板上面重合。

2）生成"切除-拉伸 2"

将"切除-拉伸"属性管理器的终止条件设定为"两侧对称",将"深度" 值设为50 mm。其特征效果如图 4.127(b)所示。

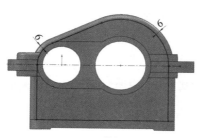

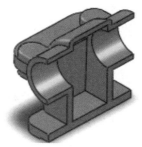

（a）草图8　　　　　　　　（b）特征效果

图 4.127　腔体

10. 观察孔设计

1）绘制"草图9"

选择如图 4.128（a）所示的平面作为草图基准面，按照如图 4.128（b）所示绘制草图，选择草图基准面，利用工具绘制该草图。

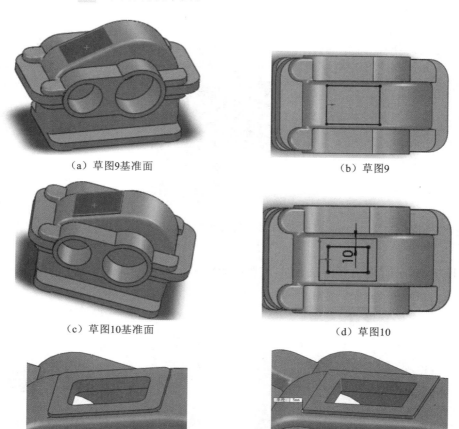

（a）草图9基准面　　　　　　　　　（b）草图9

（c）草图10基准面　　　　　　　　　（d）草图10

（e）观察孔特征　　　　　　　　　（f）圆角位置

图 4.128　观察孔

2）生成"凸台-拉伸 8"

将"凸台-拉伸"属性管理器的终止条件设定为"给定深度"，将"深度" 值设为 2 mm；单击"拔模开关" ，输入拔模角度为 3 度。

3）绘制"草图 10"

选择如图 4.128(c)所示的平面作为草图基准面，按照如图 4.128(d)所示绘制草图，选择草图基准面，利用 工具绘制该草图。

4）生成"切除-拉伸 3"

将"切除-拉伸"属性管理器的终止条件设定为"成形到下一面"。其特征效果如图 4.128(e)所示。

5）生成圆角

在"圆角"属性管理器的"圆角项目"中，将半径 设定为 5 mm，在"边线、面、特征和环" 中，选择如图 4.128(f)所示的线。

11. 生成筋板

1）生成"基准面 1"

利用与"右视基准面"偏移 72 mm 的距离来生成"基准面 1"，如图 4.129 所示。

图 4.129 生成"基准面 1"

2）绘制"草图 11"

选择"基准面 1"作为草图基准面，按照如图 4.130(a)所示绘制草图。

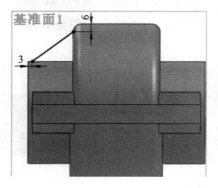

（a）草图11   （b）"筋1"特征效果

图 4.130 "筋 1"特征

3）生成"筋1"

将"筋"属性管理器的"厚度"类型定为"两侧"，将"筋厚度"设为 10 mm，"拉伸方向"选择"平行于草图"，如图 4.130（b）所示。

4）生成"筋2"

选择"基准面1"作为草图基准面，按照如图 4.131 所示绘制草图。按照"筋1"的参数生成"筋2"。

5）生成"筋3"

先利用"右视基准面"生成"剖面视图"。

选择"右视基准面"作为草图基准面，按照如图 4.132 所示绘制草图。按照"筋1"的参数生成"筋3"。

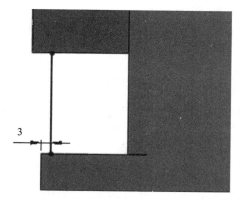
图 4.131　"筋2"草图

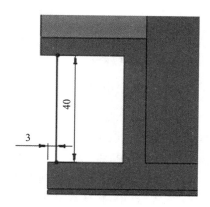
图 4.132　"筋3"草图

6）镜向"筋1"、"筋2"、"筋3"

在"镜向"属性管理器中，将"镜向面/基准面"设定为"前视基准面"；在"要镜向的特征"列表框中，选择特征"筋1"、"筋2"、"筋3"。其特征效果如图 4.133 所示。

图 4.133　镜向特征效果

12.　连接孔设计

1）观察孔处连接孔"M4 螺纹孔1"

在特征工具栏中单击按钮，系统弹出"孔规格"属性管理器对话框。

将"孔类型"选择为"直螺纹孔" ,"标准"设定为"ISO","类型"选择为"螺纹孔"。

在"孔规格"中,将"大小"定为"M4"。

"终止条件"设定为"成形到下一面"。

在"位置"栏中,将螺纹孔的圆心定义为与观察孔凸台的圆角同圆心,如图 4.134 所示。

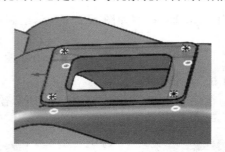

图 4.134 观察孔处连接孔

2）轴承座旁螺栓孔

在特征工具栏中单击 按钮,系统弹出"孔规格"属性管理器对话框。

将"孔类型"选择"柱形沉头孔" ,"标准"设定为"GB","类型"选择为"六角头螺栓 C 级 GB/T 5780—2000"。

在"孔规格"中,将"大小"定为"M8"。

"终止条件"设定为"成形到下一面"。

在"位置"栏中,将螺纹孔的圆心定义为与轴承座旁凸台的圆角同圆心,如图 4.135 所示。

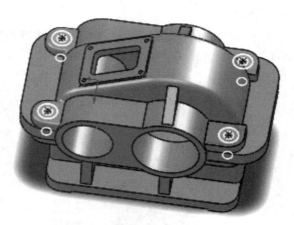

图 4.135 轴承座旁螺栓孔

3）地脚螺栓孔

在特征工具栏中单击 按钮,系统弹出"孔规格"属性管理器对话框。

将"孔类型"选择"柱形沉头孔" ,"标准"设定为"GB","类型"选择为"六角头螺栓 C 级 GB/T 5780—2000"。

在"孔规格"中,将"大小"定为"M8"。

"终止条件"设定为"成形到下一面"。

在"位置"栏中,将螺纹孔的圆心定义为与箱座底板的圆角同圆心,如图 4.136 所示。

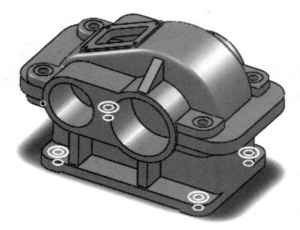

图 4.136　地脚螺栓孔

13. 生成"箱座"和"箱盖"配置

前面的操作过程都是将箱座与箱盖作为一个整体进行设计的,下面将利用配置的方法,将该文件添加"箱座"和"箱盖"两个新配置,并对"箱座"和"箱盖"分别进行细节设计。

1) 生成"箱座"配置

单击设计树上部的配置管理器图标 ,然后右击 减速箱 配置 (默认),选择 添加配置... (E) 命令,系统弹出"添加配置"的对话框,在"配置属性"中,输入配置名称"箱座"。单击"确定"按钮 ,在配置管理器中出现 箱座 [减速箱] 的项目。

(1) 绘制"草图 20"。

首先,单击"特征管理器"图标 ,显示特征设计树项目。

选择"前视基准面"作为草图基准面,按照如图 4.137(a)所示绘制草图,此草图为一过原点的水平直线。

(2) 生成特征"切除-拉伸 4"。

在"切除-拉伸"属性管理器中,将"方向 1"的终止条件设定为"完全贯穿";将"方向 2"的终止条件也设定为"完全贯穿"。其特征效果如图 4.137(b)所示。

2) 生成"箱盖"配置

首先,在特征设计树中右击刚才生成的特征"切除-拉伸 4",选择"压缩" 命令。

接着单击设计树上部的配置管理器图标 ,然后右击 减速箱 配置 (默认),选择 添加配置... (E) 命令,系统弹出"添加配置"的对话框,在"配置属性"中,输入配置名称"箱盖"。单击"确定"按钮 ,在配置管理器中出现 箱盖 [减速箱] 的项目。

(1) 绘制"草图 21"。

首先,单击"特征管理器"图标 ,显示特征设计树项目。

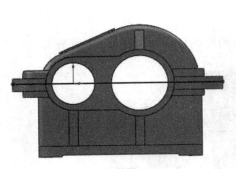

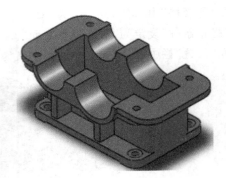

(a) 草图 20   (b) 特征效果

图 4.137　箱座配置

选择"前视基准面"作为草图基准面,按照如图 4.138(a)所示绘制草图,此草图为一过原点的水平直线。

(2) 生成特征"切除-拉伸 5"。

在"切除-拉伸"属性管理器中,将"方向 1"的终止条件设定为"完全贯穿";将"方向 2"的终止条件也设定为"完全贯穿"。其特征效果如图 4.138(b)所示。

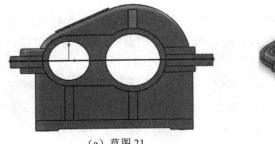

(a) 草图 21   (b) 特征效果

图 4.138　箱盖配置

说明

(1) 该零件的名称仍为"减速箱",若在装配体中插入该零件,可以通过改变该零件的属性来确定是显示为"箱座"还是显示为"箱盖"。

(2) 在不同配置下建立的特征,仅在该配置下可见。也可通过右击该特征名称,选择

配置特征 (I) 命令来改变其显示状态。

(3) 在配置管理器中,右击配置名称,选择"显示配置"命令,显示该配置效果。

14. "箱盖"细节设计

箱盖配置下进行拔模和圆角的相关操作。

1) 拔模

箱盖拔模的顺序及参数如表 4.9 所示。

表 4.9 箱盖拔模顺序及参数

顺序号	拔模过程及位置	参 数 说 明
1	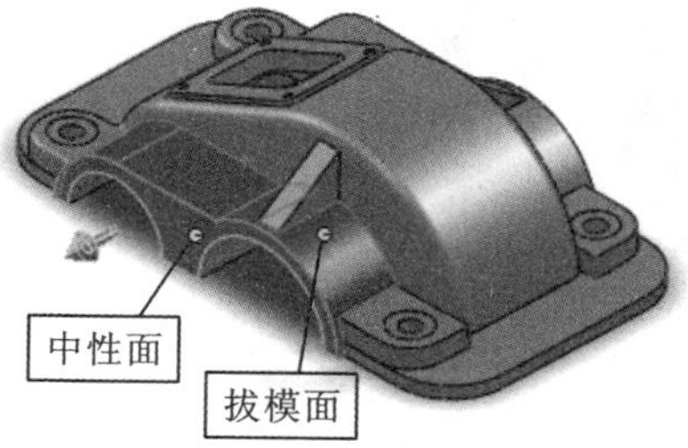	拔模类型为中性面； 拔模角度为 3deg
2	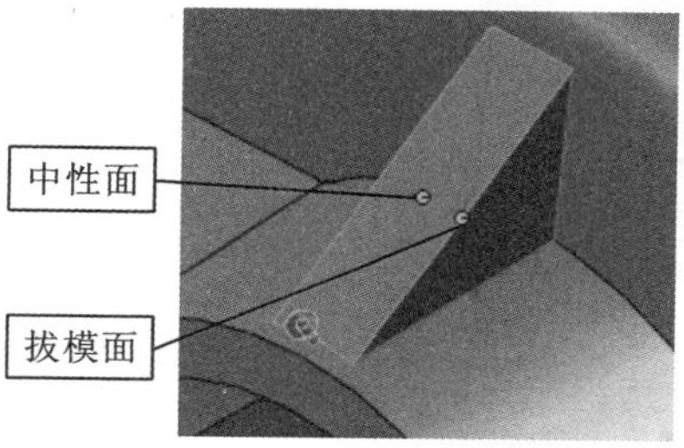	拔模类型为中性面； 拔模角度为 3deg
3	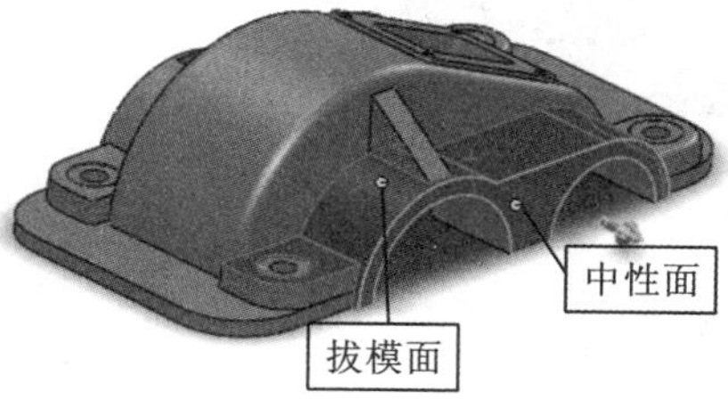	拔模类型为中性面； 拔模角度为 3deg
4	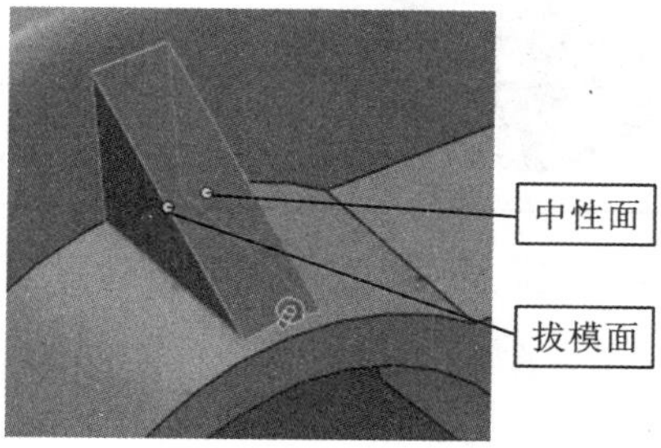	拔模类型为中性面； 拔模角度为 3deg

2）圆角

箱盖圆角的顺序及参数如表 4.10 所示。

表 4.10　箱盖圆角顺序及参数

顺序号	圆角过程及圆角位置	圆 角 参 数
1	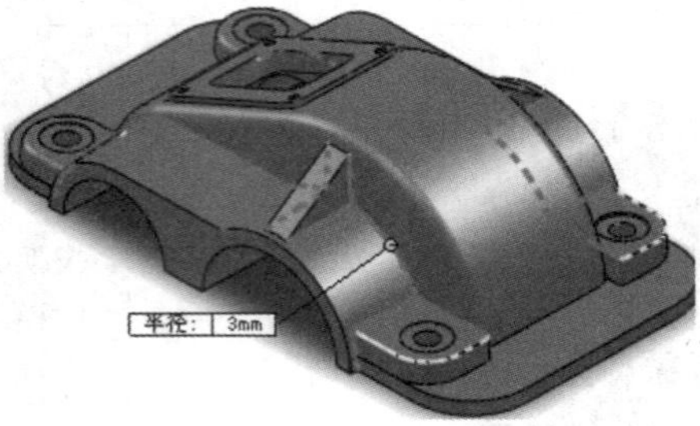	圆角半径 R3
2		圆角半径 R1
3		圆角半径 R1
4		圆角半径 R1

下面进行箱座细节设计,首先显示"箱座"配置,在此配置下进行相关操作。

15. 油面观察孔设计

1)生成凸台特征——"凸台-拉伸 9"

(1)绘制"草图 22"。

选择如图 4.139(a)所示平面作为草图基准面,按照如图 4.139(b)所示绘制草图。

(2)生成凸台特征。

将"凸台-拉伸"属性管理器的"终止条件"设定为"给定深度",并将"深度"　设定为

2 mm。

2) 生成螺纹孔特征——"M16×1.5 螺纹孔 1"

在特征工具栏中单击按钮，系统弹出"孔规格"属性管理器对话框。

（1）设定孔"类型"。

将"孔类型"选择为"直螺纹孔"，"标准"设定为"GB"，"类型"选择为"螺纹孔"。

在"孔规格"中，将"大小"定为"M16×1.5"。

"终止条件"设定为"成形到下一面"。

（2）定义孔"位置"。

选择如图 4.139(c)所示的圆凸台，孔圆心与基面圆同心。

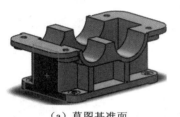
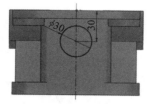

（a）草图基准面　　　　　　　（b）草图22　　　　　　　（c）特征效果

图 4.139　油面观察孔的设计

16. 排油孔设计

1) 生成凸台特征——"凸台-拉伸 10"

（1）绘制"草图 24"。

选择如图 4.140(a)所示平面作为草图基准面，按照如图 4.140(b)所示绘制草图。

（2）生成凸台特征。

将"凸台-拉伸"属性管理器的"终止条件"设定为"给定深度"，并将"深度"设定为

2 mm。其特征效果如图 4.140(c)所示。

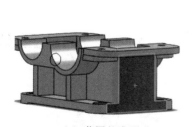
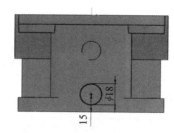
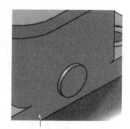

（a）草图基准面　　　　　　　（b）草图24　　　　　　　（c）特征效果

图 4.140　排油孔凸台的设计

2) 生成螺纹孔特征——"M10 螺纹孔 2"

在特征工具栏中单击按钮，系统弹出"孔规格"属性管理器对话框。

（1）设定孔"类型"。

将"孔类型"选择为"直螺纹孔" ,"标准"设定为"GB","类型"选择为"螺纹孔"。

在"孔规格"中,将"大小"定为"M10"。

"终止条件"设定为"成形到下一面"。

(2) 定义孔"位置"。

选择如图 4.140(c)所示的圆凸台,孔圆心与基面圆同心。

3) 生成切除特征——"切除-拉伸 6"

(1) 绘制"草图 24"。

选择如图 4.141(a)所示平面作为草图基准面,按照如图 4.141(b)所示绘制草图,该图中间部分为草图放大后的效果。

(2) 生成切除特征。

将"切除-拉伸"属性管理器的"开始条件"设定为"等距",距离为 70 mm,并单击反向按钮 ;"终止条件"设定为"给定深度",并将"深度" 设定为 2 mm。其特征效果如图 4.141(c)所示。

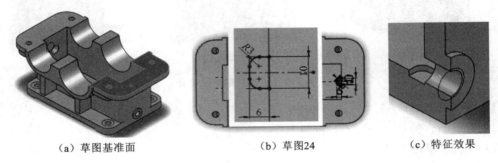

| (a) 草图基准面 | (b) 草图24 | (c) 特征效果 |

图 4.141 排油孔的拉伸-切除设计

17. 吊耳设计

1) 生成"基准面 2"

利用"前视基准面"作为参考,并且将偏移距离 设定为 25 mm,由此生成"参考基准面 2"。

2) 生成吊耳特征

由"基准面 2"作为草图基准面,并按照如图 4.142(a)所示,在箱座左右凸缘处绘制草图。

由草图生成厚度为 8 mm 的特征"凸台-拉伸 12"。

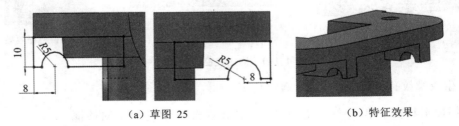

| (a) 草图 25 | (b) 特征效果 |

图 4.142 吊耳的设计

3）镜向"凸台-拉伸 12"

利用"前视基准面"作为镜向的基准面,将特征"凸台-拉伸 12"进行镜向操作。其效果如图 4.142(b)所示。

18. 箱座细节设计

对箱座进行拔模和圆角的相关操作。

1）拔模

箱座拔模的顺序及参数如表 4.11 所示,并按相同的方法将箱座另外一侧的轴承座和筋进行拔模操作。

表 4.11　箱座拔模顺序及参数

顺　序　号	拔模过程及位置	参 数 说 明
1	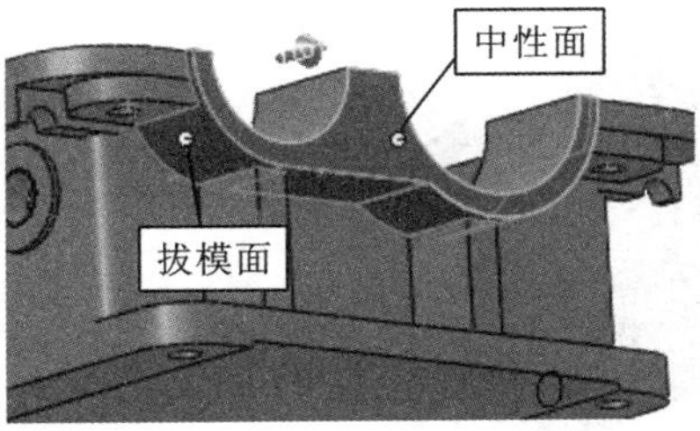 中性面 拔模面	拔模类型为中性面; 拔模角度为 3deg
2	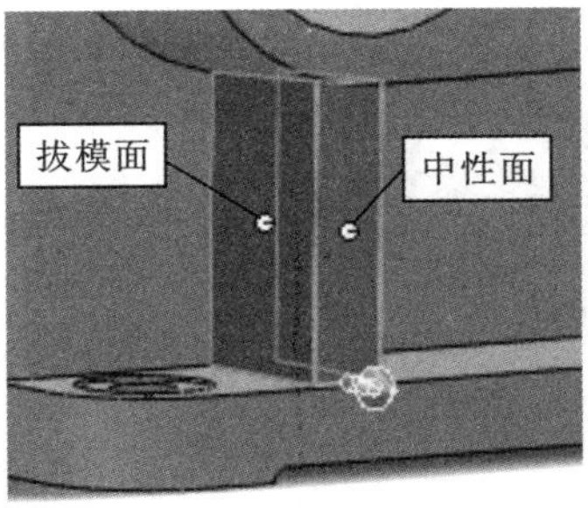 拔模面　中性面	拔模类型为中性面; 拔模角度为 3deg
3	 拔模面　中性面	拔模类型为中性面; 拔模角度为 3deg

2）圆角

箱座圆角的顺序及参数如表 4.12 所示,并按相同的方法将箱座另外一侧的轴承座和筋进行拔模操作。

表 4.12　箱座圆角顺序及参数

顺序号	圆角过程及位置	参 数 说 明
1		圆角半径 $R3$
2		圆角半径 $R1$
3		圆角半径 $R1$

19. 保存文件

至此,零件模型建立完成,选择下拉菜单 文件(F) → 保存(S) 命令,将文件命名为"范例七"。

习　　题

4-1　创建如题 4-1 图所示零件模型。

4-2　创建如题 4-2 图所示零件模型。

4-3　创建如题 4-3 图所示零件模型。

4-4　创建如题 4-4 图所示零件模型。

4-5　创建如题 4-5 图所示零件模型。

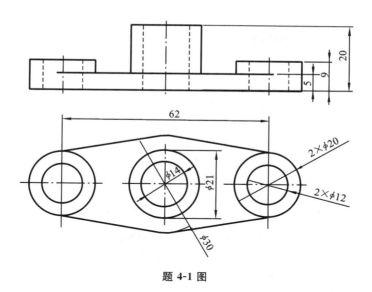

题 **4-1** 图

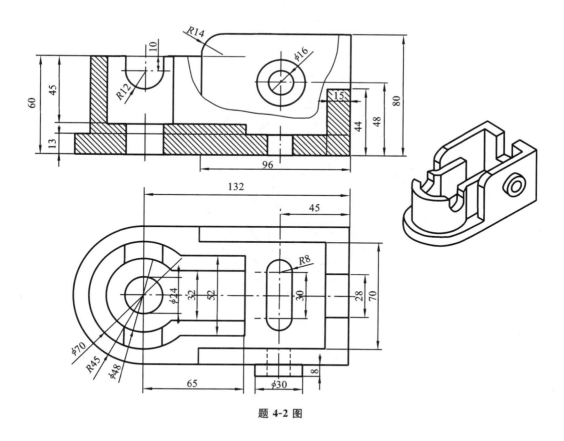

题 **4-2** 图

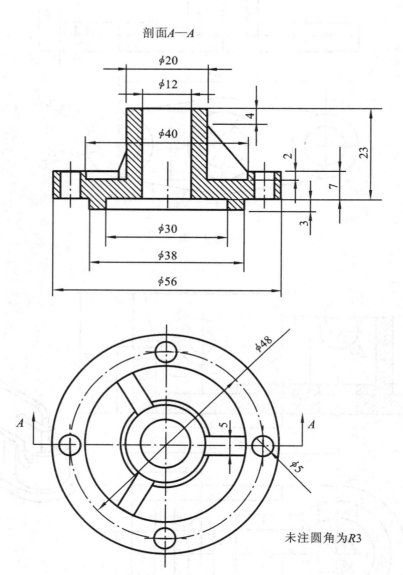

题 4-3 图

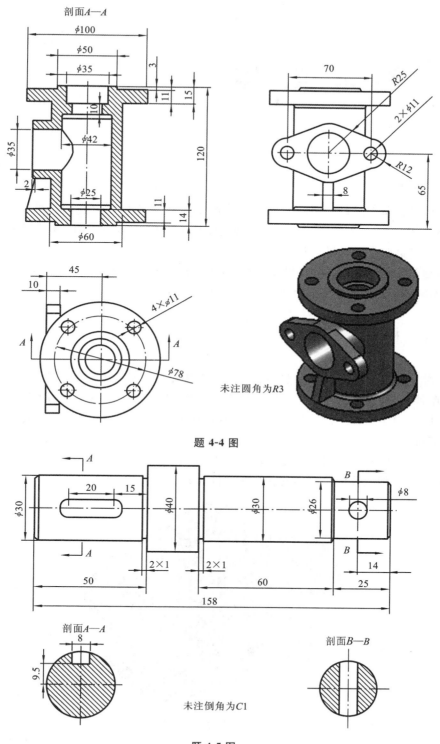

题 **4-4** 图

未注圆角为R3

题 **4-5** 图

未注倒角为C1

剖面A—A

剖面B—B

第5章 装配体

装配体设计是三维设计中的一个重要环节,设计人员不仅可以利用三维零件模型实现产品的整体装配,还可以使用相关工具实现装配体干涉检查、动态模拟、装配流程和运动仿真等一系列产品整体的辅助设计。

本章通过实例来介绍零件的装配步骤,详细讲述了配合关系,零件的复制、镜向、阵列等概念和操作步骤,还有装配体的干涉检查及模型的测量等内容。

5.1 概述

装配体就是将多个零部件按照一定约束关系装配在一起成为一个最终产品或新的零部件(子装配体)。装配体的零部件可以是独立的零件,也可以是经过装配过程完成的装配体(子装配体)。由于这种所谓的"装配",不是真正在装配车间的真实环境下完成的,因此也称为"虚拟装配"。

图 5.1 所示的是一级圆柱齿轮减速器装配体,图 5.2 所示为装配体的爆炸图,从爆炸图中可以清楚地看到组装成装配体的各个零部件及其位置关系。

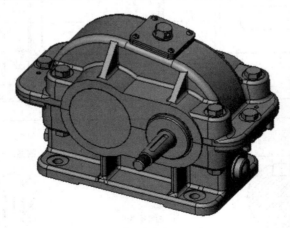

图 5.1　一级圆柱齿轮减速器装配体

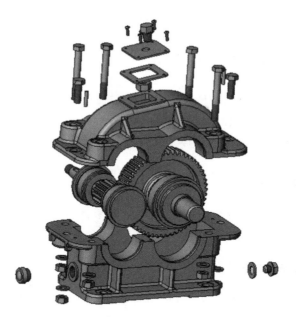

图 5. 2　一级圆柱齿轮减速器装配体爆炸图

5. 2　装配基础

　　装配体是利用已有零件进行建模的,一般不需要再进行零件建模,而是直接将已有零件添加到装配体中,通过建立"配合"关系来约束零件在装配体中的空间方位并且确定零件与零件之间的位置关系,完成装配体设计。

5. 2. 1　基本装配方法

　　Solidworks 提供了两种装配体设计方法:自底向上设计方法和自顶向下设计方法。这两种设计方法各有优点和缺点,在实际设计过程中,大部分的装配体设计都是这两种方法的结合。下面对两种装配体的设计方法进行详细论述。

　　1. 自底向上设计方法

　　自底向上设计方法是传统的设计方法,即先完成各个零件的建模,然后在装配体中通过插入零部件和添加配合关系来完成装配体设计。

　　自底向上设计方法具有以下一些优点。

　　(1) 设计人员可以专注于零件设计。

　　(2) 方便利用现有零件进行装配体设计。

　　(3) 零部件相互独立,在模型重建过程中计算更加简单。

　　(4) 单个零件中的特征和尺寸是单独定义的,因此可以将完整的尺寸插入到工程图中。

　　2. 自顶向下设计方法

　　自顶向下设计方法是从装配体环境下开始设计工作,利用自顶向下设计方法设计装配体时,用户可以从一个空白的装配体开始,也可以从一个已经完成并插入到装配体环境中的零件开始设计其他零件。

自顶向下设计方法具有以下一些优点。

(1) 设计快速、高效。

(2) 更加专注于产品整体的设计,而不是只考虑独立的零件细节。

(3) 减少由于人为疏忽造成的设计错误。

(4) 零件之间具有参考,参考的实体变化时将自动完成其他零件的修改。

5.2.2 装配体基本操作

装配体的基本操作包括建立装配体文件、插入新零件、移动和旋转零件等。下面就对这些基本操作进行简单的介绍。

5.2.2.1 创建装配体文件

创建一个 SolidWorks 装配体文件,单击标准工具栏中的"新建"按钮 ,弹出"新建 SOLIDWORKS 文件"对话框,选择"装配体"按钮,如图 5.3 所示,单击"确定"按钮,建立一个装配体文件,进入装配体环境,如图 5.4 所示。

图 5.3 新建 SolidWorks 文件

进入装配体环境,"开始装配体"属性管理器位于用户界面左侧窗格,并处以打开状态,通过该属性管理器可以插入新的零部件。工具栏中显示了装配体工具栏,通过该工具栏中的命令可以进行装配体的相关操作。

5.2.2.2 插入零部件

将一个零部件(单个零件或子装配体)插入装配体中,这个零部件文件与装配体文件链接。零部件出现在装配体中,其数据还保存在原零部件文件中。对零部件文件进行的任何改变均会更新装配体文件。

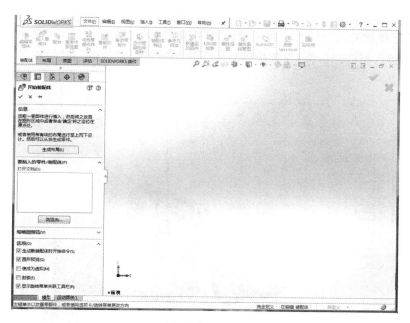

图 5.4　装配体环境

（1）新建一个 SolidWorks 装配体文件，进入装配体环境，"开始装配体"属性管理器处于打开状态，如图 5.4 所示。

（2）单击"要插入的零件/装配体"选项中的"浏览"按钮，弹出"打开"对话框，在该对话框里浏览至需要插入的零部件，找到"网盘:\第 5 章\联结板\支架.SLDPRT"文件，单击"打开"按钮，切换至 SolidWorks 用户界面，鼠标移至绘图区域，"支架"零件随着鼠标移动而移动，点击工具栏"视图"按钮，选择"原点"，装配体和零部件的原点呈现显示状态，如图 5.5 所示。

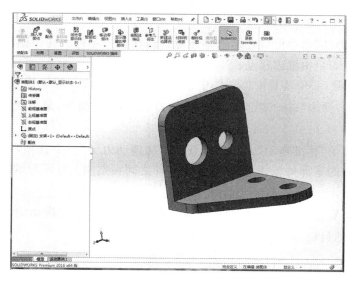

图 5.5　插入零部件

（3）移动鼠标至装配体原点（或选择其他合适位置），单击鼠标左键放置该零件，"开始装配体"属性管理器关闭，装配体"特征设计树"中将添加"（固定）支架〈1〉"零件。

（4）重复插入零部件步骤，在装配体环境下添加"套筒"、"端盖"和"销轴"零件，如图 5.6 所示。

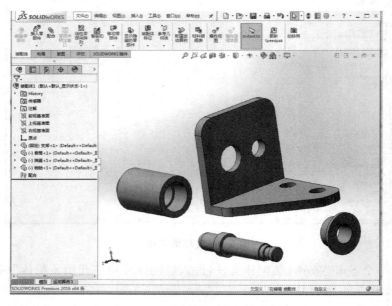

图 5.6　添加"套筒"、"端盖"和"销轴"

5.2.2.3　移动零部件

在 SolidWorks 装配体中可以使用"移动零部件"和"旋转零部件"命令来拖动或旋转零部件，调整各零部件之间的相对位置关系，以方便添加配合关系或选择零件实体等。下面来介绍在装配体中移动零部件的方法。

使用"移动零部件"命令可以在装配体环境下移动目标零件。在绘图区域拖动零部件，零部件只在其允许的自由度内移动。

（1）在上面步骤（4）中的装配体文件中包含 4 个零件，单击"装配体"工具栏中的"移动零部件"按钮，弹出"移动零部件"属性管理器，如图 5.7 所示，采用默认的设置，不更改任何选项。

"选项"中列出了"标准拖动"、"碰撞检查"和"物理动力学"三个选项，选择"标准拖动"，可以拖动装配体中的零部件至任意位置，各零部件之间在空间上互不影响，即多个零部件可以互相重叠。

（2）移动鼠标至绘图区域，鼠标指针反馈为，将鼠标移至欲拖动的零件上，按住左键拖动鼠标，即可移动目标零件，如图 5.8 所示。

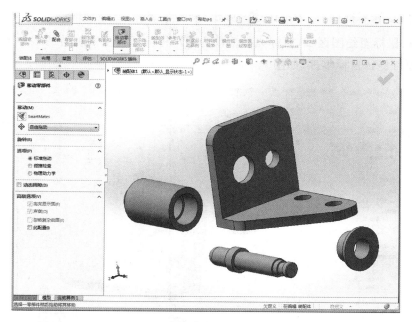

图 5.7　"移动零部件"属性管理器

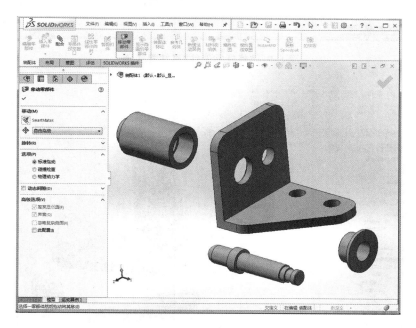

图 5.8　移动零部件

5.2.2.4　旋转零部件

旋转零部件同移动零部件的操作和选项相同,使用"旋转零部件"命令可以在装配体环境下旋转目标零件。在绘图区域旋转零部件,零部件只在其允许的自由度内旋转。

(1)若旋转零部件,单击"装配体"工具栏中的"移动零部件"按钮的下三角按钮,弹出命令列表，选择“旋转零部件”命令按钮 ，弹出“旋转零部件”属性管理器，如图 5.9 所示。

(2) 移动鼠标至绘图区域，鼠标光标反馈为 ，将鼠标移至欲旋转的零件上，按住左键拖动鼠标，即可旋转目标零件，如图 5.10 所示。

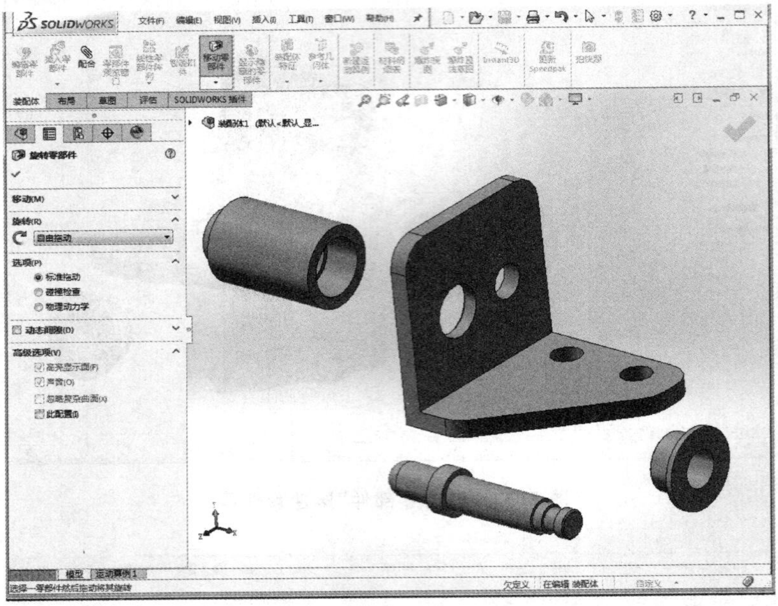
SOLIDWORKS
文件(F) 编辑(E) 视图(V) 插入(I) 工具(T) 窗口(W) 帮助(H)
装配体 布局 草图 评估 SOLIDWORKS 插件
旋转零部件
移动(M)
旋转(R)
自由拖动
选项(P)
标准拖动
碰撞检查
物理动力学
动态间隙(D)
高级选项(V)
高亮显示面(F)
声音(O)
忽略复杂曲面(X)
此配置(I)
模型 运动算例1
选择一零部件然后拖动将其旋转
欠定义 在编辑 装配体 自定义

图 5.9 “旋转零部件”属性管理器

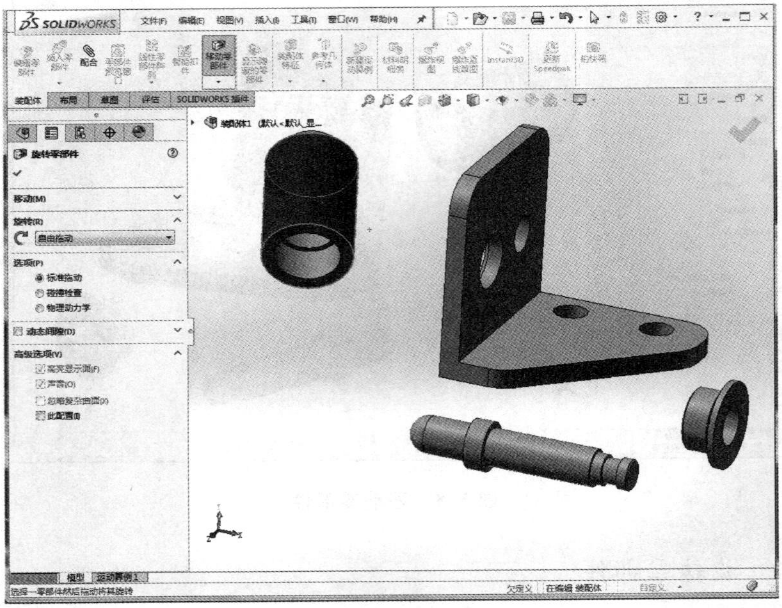
SOLIDWORKS
文件(F) 编辑(E) 视图(V) 插入(I) 工具(T) 窗口(W) 帮助(H)
装配体 布局 草图 评估 SOLIDWORKS 插件
旋转零部件
移动(M)
旋转(R)
自由拖动
选项(P)
标准拖动
碰撞检查
物理动力学
动态间隙(D)
高级选项(V)
高亮显示面(F)
声音(O)
忽略复杂曲面(X)
此配置(I)
模型 运动算例1
选择一零部件然后拖动将其旋转
欠定义 在编辑 装配体 自定义

图 5.10 旋转零部件

5.2.3 配合关系

SolidWorks 提供了大量的配合关系,以帮助用户确定零件之间的位置关系。这些配合关系根据用户的不同要求,可以分为三大类:标准配合关系、高级配合关系和机械配合关系。

用户可以使用装配体模型中的基准面、草图,以及零部件中的实体建立配合关系,主要包括以下几个方面:

(1)模型的面——圆柱面或平面;

(2)模型的边线和模型点;

(3)参考几何体——基准面、基准轴、临时轴、原点;

(4)草图实体——点、线段或圆弧。

用户选择的实体不同,可以建立的配合关系类型也不相同。

5.2.3.1 标准配合关系

用户可以建立多种形式的标准配合关系,这些关系也是机械设计中常用的配合关系类型,如图 5.11 所示。

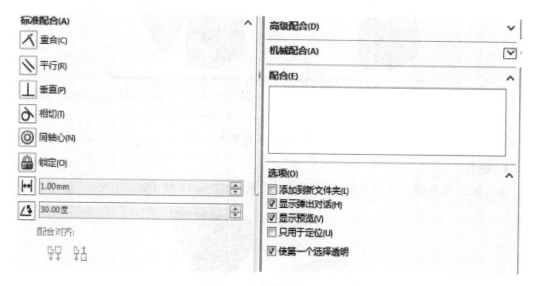

图 5.11 标准配合关系

1. 重合

在多数情况下,选择两个平面、基准面、平面或点建立重合配合关系,重合配合关系表示所选择的实体相重叠。

重合配合关系有同向对齐和反向对齐两种方式,如图 5.12 所示。

2. 平行

平行配合关系使所选的两个平面相互平行,但距离不确定,如图 5.13 所示。

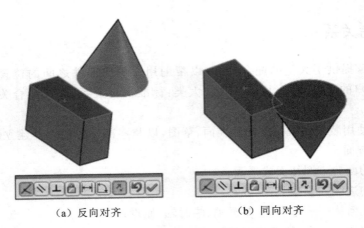

（a）反向对齐　　　　　　　　　（b）同向对齐

图 5.12　重合配合

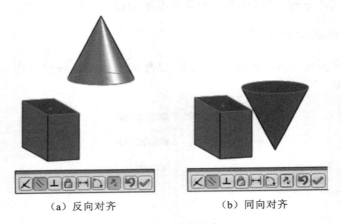

（a）反向对齐　　　　　　　　　（b）同向对齐

图 5.13　平行配合

3. 垂直

垂直配合关系使两个所选的面保持垂直关系，如图 5.14 所示。

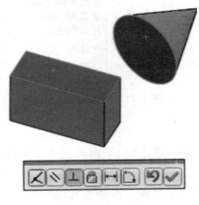

图 5.14　垂直配合

4. 距离

建立重合配合时,所选的两个面相重合,而距离配合则是在两个面之间设定一定的距离,如图 5.15 所示。

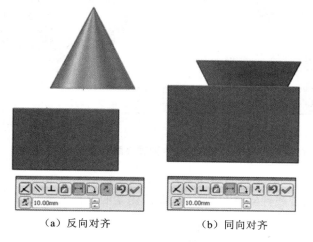

（a）反向对齐　　　　　　　　　（b）同向对齐

图 5.15　距离配合

5. 角度

建立角度配合时,所选择的两个面之间并不平行,而是具有一定的角度,如图 5.16 所示。

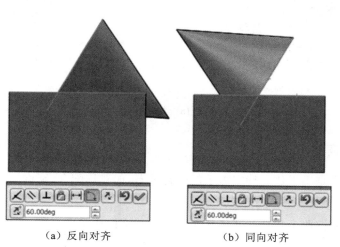

（a）反向对齐　　　　　　　　　（b）同向对齐

图 5.16　角度配合

6. 同轴心

同轴心配合一般建立在两个圆柱面之间或一个圆柱面和一个线性实体(基准轴、临时轴、边线或草图线段)之间。

选择两个圆柱面建立同轴心配合时,所选的两个圆柱面的中心线必须重合,如图 5.17 所示。

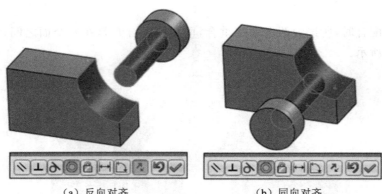

（a）反向对齐　　　　　　　（b）同向对齐

图 5.17　同轴心配合

7. 相切

相切配合一般用于线性实体和圆柱面、曲面建立的配合关系，如图 5.18 所示。

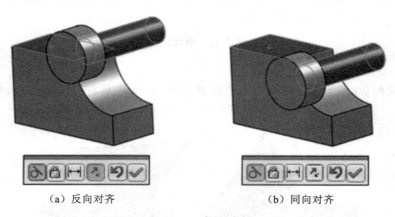

（a）反向对齐　　　　　　　（b）同向对齐

图 5.18　相切配合

5.2.3.2　高级配合关系

高级配合关系是用于建立特定需求的配合关系，如对称配合、宽度配合和限制配合等。

1. 对称配合

对称配合强制使两个相似的实体相对于某个基准面或平面对称，如图 5.19 所示。

2. 宽度配合

宽度配合使配合件位于被配合件的中心，如图 5.20 所示。其中宽度选择的是基体的前、后两端面，薄片选择的是 V 形块的前、后两端面。

3. 限制配合

限制配合允许零部件在距离配合和角度配合的一定数值范围内移动，指定一开始的距离或角度及最大值和最小值。添加限制配合（设定 V 形块和基体的前端面之间的初始距离为 5 mm，最大距离为 15 mm，最小距离为 −5 mm，V 形块在水平方向只能在这个范围内移动），V 形块只能在一定范围内移动，如图 5.21 所示。

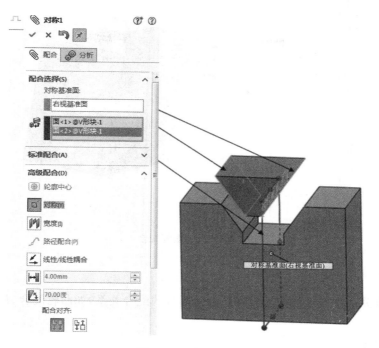

图 5.19　对称配合

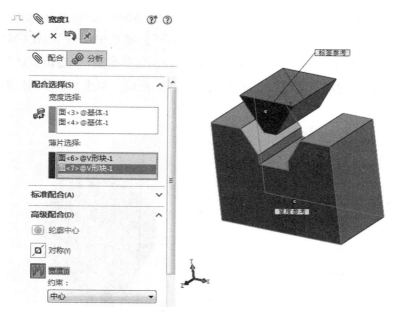

图 5.20　宽度配合

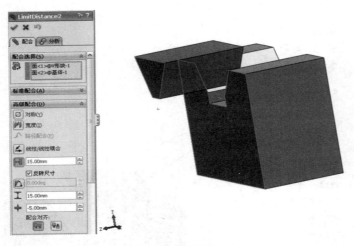

图 5.21　限制配合

5.2.3.3　机械配合关系

机械配合关系是用于建立机械零件传动部分的配合关系,如凸轮配合、齿轮配合和螺旋配合等。

1. 凸轮配合

凸轮配合为相切或重合配合类型,允许将圆柱、基准面或点与一系列相切的拉伸曲面相配合。

打开"网盘:\第 5 章\凸轮配合\凸轮装配体.SLDASM"文件,单击装配体工具栏中的配合按钮 ,弹出"配合"属性管理器,在"机械配合"选项组中单击"凸轮(M)"按钮 ,激活"要配合的实体"列表框,在图形区域中选择"凸轮面",然后激活"凸轮推杆"列表框。在图形区域中选择"推杆前端",完成凸轮配合,如图 5.22 所示。单击"确定"按钮 完成该操作。

图 5.22　凸轮配合

2．齿轮配合

齿轮配合会强迫两个零部件绕所选轴相对旋转。齿轮配合的有效旋转轴包括圆柱面、圆锥面、轴和线性边线。

打开"网盘：\第 5 章\齿轮配合\齿轮配合.SLDASM"文件，单击装配体工具栏中的配合按钮 ，弹出"配合"属性管理器，在"机械配合"选项组中单击"齿轮（G）"按钮 ，激活"要配合的实体"列表框，在图形区域中选择两个"齿轮"的旋转轴，并在"比率"文本框中输入"3 mm"和"11 mm"（根据分度圆的直径计算传动比），如图 5.23 所示，单击"确定"按钮 ，完成该操作。

使用鼠标直接拖动其中一个齿轮旋转，观察齿轮传动运动。

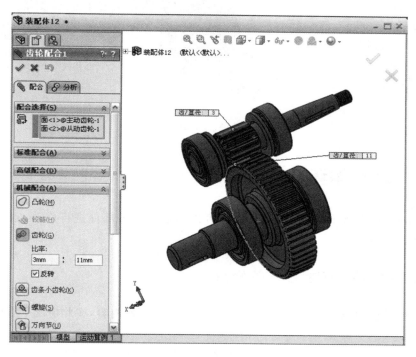

图 5.23　齿轮配合

3．螺旋配合

螺旋配合将两个零部件约束为同心，还在一个零部件的旋转和另一零部件的平移之间添加纵倾几何关系。一零部件沿轴方向的平移会根据纵倾几何关系引起另一个零部件的旋转。同样，一个零部件的旋转可引起另一个零部件的平移。

打开"网盘：\第 5 章\螺旋配合\螺旋配合.SLDASM"文件，单击装配体工具栏中的"配合"按钮 ，弹出"配合"属性管理器，在"机械配合"选项组中单击"螺旋（S）"按钮 ，激活"要配合的实体"列表框，在图形区域中选择"螺栓"和"螺母"，完成螺旋配合，如图 5.24 所示，单击"确定"按钮 ，完成该操作。

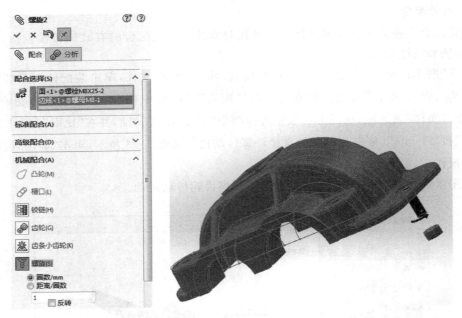

图 5.24　螺旋配合

■ 5.3　装配体环境中的设计

在 Solidworks 装配体环境下,设计人员可以对插入的零部件进行修改,也可以进行新零件的设计及建模。

5.3.1　在装配环境中零部件的修改

在装配体环境中,有时候需要修改零部件的尺寸或其他内容,在此情况下有两种方法可以应用。

(1) 在 FeatureManager 设计树或图形区域右击零件,从快捷菜单中单击"打开零件"按钮 ,可以在新打开的零件窗口中进行零件的编辑。

(2) 在 FeatureManager 设计树或图形区域单击零件,装配体工具栏上"编辑零部件"命令被激活,单击命令按钮 ,FeatureManager 设计树下的零件名称及其特征树颜色发生改变,并且图形区域的其他零件显示为默认设置的透明状态,如图 5.25 所示,这时可以在零件的特征树上进行编辑。

5.3.2　在装配环境中设计新的零件

用户可以在关联装配体中生成一个新零件,这样在设计零件时就可以参考其他装配体零部件的几何特征,定位新零件特征草图的位置。新零件在装配体文件内部保存为虚拟零部件,也可以在以后将零部件保存到其自身的零件文件。下面以毡圈的设计为例,来介绍在

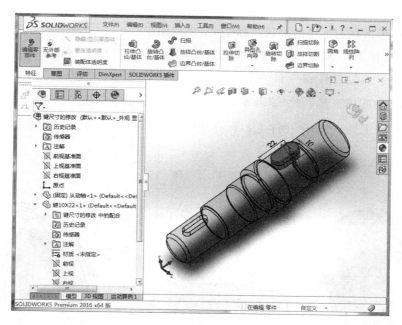

图 5.25　装配体中编辑键的尺寸

装配体环境中设计新零件的方法。

毡圈是用于轴伸出端密封的零件,在设计中只需要表达其在装配状态下的结构即可。

(1) 新建装配体文件。在下拉菜单选择"文件"→"新建"命令或标准工具栏"新建"图标 ,选择"装配体",单击"确定"按钮。

(2) 在"插入零部件"属性管理器中,单击"浏览"按钮,选择"网盘:\第 5 章\一级圆柱齿轮减速器设计\嵌入端盖(透盖)(从动).SLDPRT"文件,单击"打开"按钮,图形区域中出现(透盖)零件,如图 5.26 所示。此时不要在绘图区移动零件,直接单击左侧"插入零部件"对话框的确定符号 ,使透盖零件的原点与装配体原点重合。

(3) 文件保存。单击标准工具栏"保存"按钮 ,将文件命名为"端盖及密封.SLDASM"。

(4) 插入新零件。在下拉菜单选择"插入"→"零部件"→"新零件"命令,在左侧设计树中出现一名为" (固定) [零件1^端盖及密封]"的零件,在绘图区单击左键,然后在设计树中右键单击" (固定) [零件1^端盖及密封]",在快捷菜单中选择"重新命名零件",将新零件命名为"毡圈.SLDPRT"。

在特征树中选择"毡圈",点击工具栏中的"编辑零部件"图标 ,此时系统进入毡圈零件的编辑状态,选择" 前视基准面 "为基准面建立草图 1。

(5) 回转体结构造型。

① 绘制"草图 1",展开嵌入端盖(透盖)特征树,右键单击其中的"草图 2",选择"显示"。

② 使用"中心线" 工具绘制一条水平中心线,注意中心线与原点重合。

③ 使用"直线" 工具绘制如图 5.27 所示草图,其中左、上、右三条边线与嵌入端盖

"透盖"草图 1 中的相同位置图线"共线"。使用"智能尺寸" 工具标注图形的尺寸。

④ 单击图形区域右上角的确认图标,退出草图绘制。

⑤ 生成"旋转 1"。从特征管理器中选择"草图 1",然后单击特征工具栏"旋转"图标,接受"旋转"属性管理器项目的默认设置,单击"确定"图标,完成旋转操作,如图 5.28所示,单击装配体工具栏的"编辑零部件"图标,退出零件编辑状态。

⑥ 单击标准工具栏"保存"图标,保存文件。

图 5.26　插入透盖零件

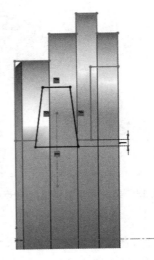
图 5.27　绘制草图 1

图 5.28　生成"旋转 1"

5.3.3　零部件的复制

当在同一个装配体中需要插入多个相同的零件时,如螺栓、螺母、销钉等,如果逐个插入零部件,并且添加相应的配合关系来约束零部件,难免会进行不必要的重复操作和花费很多的时间,在 SolidWorks 软件中,可以通过复制、阵列和镜向等操作来完成这些零部件的装配。

复制零部件的操作方法如下。

1. "Ctrl＋C"和"Ctrl＋V"组合键

使用"Ctrl＋C"和"Ctrl＋V"组合键来复制和粘贴目标零部件。

SolidWorks 是基于 Windows 平台的三维设计软件,因此支持"复制"和"粘贴"命令的快捷键操作。

(1) 打开"网盘:\第 5 章\5.3.3 零件的复制\复制滚珠.SLDASM"文件,如图 5.29 所示。当前装配体中包含一个"保持架"和一个"滚珠"零件。

(2) 从装配体"特征设计树"里选择"滚珠〈1〉"零件,先按 Ctrl＋C 组合键复制零件,再按 Ctrl＋V 组合键粘贴零件,装配体"特征设计树"里添加"滚珠〈2〉"零件;再次按 Ctrl＋V 组合键,装配体"特征设计树"里添加"滚珠〈3〉"零件。

从装配体"特征设计树"中可以看出装配体中添加了"滚珠"零件,但在绘图区域无法观

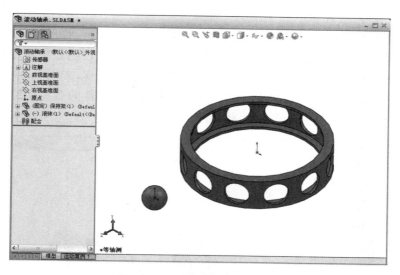

图 5.29　滚动轴承装配体文件

察到添加的"滚珠"零件,这是由于复制生成的"滚珠"零件与原来的"滚珠"零件文件在空间上完全重合的原因。

(3) 在绘图区域拖动"滚珠"零件,将这些零件分开,如图 5.30 所示,可以观察到当前装配体中共包含 3 个"滚珠"零件。

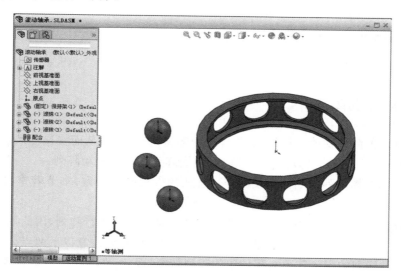

图 5.30　复制后的"滚珠"零件

2. 按住 Ctrl 键,拖动复制

选择目标零件,按住"Ctrl"键,从装配体的"特征设计树"或绘图区域中拖动目标零部件来实现复制。

在 SolidWorks 中也可以通过按住 Ctrl 键,直接拖动零部件来达到复制的目的。下面以单级齿轮减速器主动轴的装配为例,介绍该方法的操作步骤。

(1) 打开"网盘:\第 5 章\5.3.3 零件的复制\复制挡油环.SLDASM"文件,当前装配体中包含一个"齿轮轴"零件和一个"挡油环"零件。

（2）向当前装配体中再插入一个"挡油环"零件。按住 Ctrl 键，将鼠标移至绘图区域中的"挡油环"零件上，按住左键拖动鼠标，复制生成的目标零部件将随之移动，到达合适位置时，先松开鼠标左键，再松开 Ctrl 键，完成复制该目标零件的操作，如图 5.31 所示。同样，也可以按住 Ctrl 键，直接拖动装配体"特征设计树"中的目标零件的名称至绘图区域，从而完成零部件的复制。

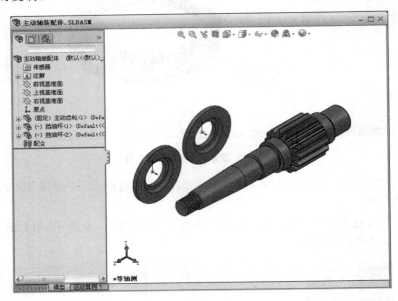

图 5.31　拖动生成零部件

5.3.4　零部件的阵列

利用零部件的阵列功能，可以在装配体中对零件进行阵列，从而快速插入多个相同的零件。SolidWorks 有 3 种阵列方法：线性阵列、圆周阵列和特征驱动阵列。

线性阵列和圆周阵列与零件建模中阵列特征的方法基本一致，本节着重讲述特征驱动阵列。

特征驱动阵列是指参考现有零件的阵列特征对某个零件进行阵列，因此，利用阵列零部件的方法可以非常方便地应用在标准件的装配过程中，但需要注意以下两点。

（1）零部件阵列的参考阵列为零件中的阵列特征，因此，在零件中应该合理地建立阵列特征。

（2）零部件阵列需参考阵列特征的位置，因此，在插入"源"零件时应注意和"源"特征建立配合关系。

下面用一级圆柱齿轮减速器装配体中，在顶端窥视盖插入螺栓阵列的例子来说明特征驱动阵列的使用方法。

1. 插入零件

（1）启动 Solidworks 2016，选择菜单命令"文件"→"新建"或点击"新建"工具 📄，在打开的"新建 Solidworks 文件"对话框中,选择"装配体"按钮 ,单击"确定"按钮。

（2）单击"插入零部件"按钮 ,在"插入零部件"属性管理器中单击 浏览(B)... 按钮。

（3）打开"网盘:\第 5 章\一级圆柱齿轮减速器设计\窥视孔盖.SLDPRT"文件,将"窥视孔盖"模型插入到装配体中。

（4）单击"插入零部件"按钮 ,在"插入零部件"属性管理器中单击 浏览(B)... 按钮。

（5）打开"网盘:\第 5 章\一级圆柱齿轮减速器设计\螺栓 M3×10.SLDPRT"文件,"将"螺栓 M3×10"插入到装配体中,作为"源"零件。

（6）使用"移动零部件"按钮 和"旋转零部件"按钮 ,把零件移动和旋转至合适位置,如图 5.32 所示。

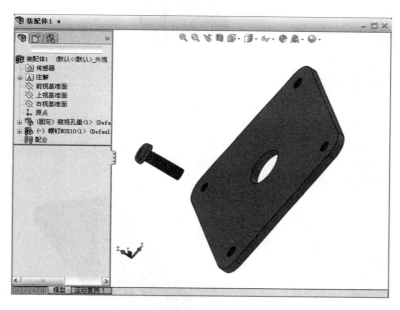

图 5.32　插入"螺钉"零部件

2. 生成配合

（1）单击"配合"按钮 ,打开"配合"属性管理器。

（2）在图形区域中选择"螺栓"的螺杆和"窥视孔盖"的螺栓孔作为要配合的实体,软件默认配合关系为 同轴心(N),如图 5.33 所示。

（3）继续选择"螺栓"的圆形底面和"窥视孔盖"的端面作为要配合的实体,软件默认配合关系为 重合(C),点击"确定"按钮 ,完成螺栓的配合,如图 5.34 所示。

3. 特征阵列

（1）选择菜单命令"插入"→"零部件阵列"→"图案驱动",打开"图案驱动"属性管理器。

（2）选择零件"螺栓"作为要阵列的"源"零部件。

图 5.33 添加"同轴心"配合关系

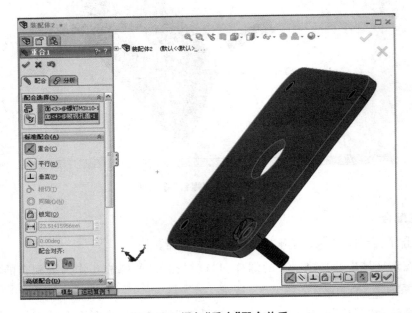

图 5.34 添加"重合"配合关系

（3）选择零件"窥视孔盖"中螺纹孔的圆周阵列特征作为"驱动特征"，在图形区域出现的预览中可以看到零件的阵列结果，如图 5.35 所示。

（4）单击"确定"按钮，零部件阵列完成。

（5）单击"保存"按钮，将零件进行保存。

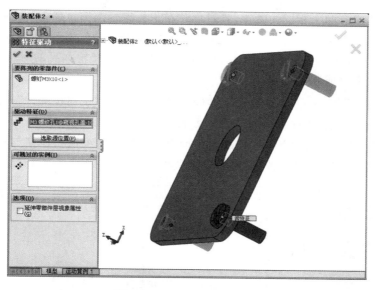

图 5.35　特征驱动阵列结果

5.3.5　零部件的镜向

零部件的镜向可以在装配体中按照镜向的关系装配指定零件的另一实例,也可以产生关于指定零件在某一平面位置的镜向零件。利用镜向零部件进行装配,可以保持"源"零件与镜向零件的镜向对称关系。如果"源"零部件更改,所镜向的零部件也随之更改。

下面以一级齿轮减速器从动轴装配体中轴承的装配来说明零部件镜向的操作方法。

打开"网盘:\第 5 章\5.3.5 零部件的镜向\从动齿轮轴装配体.SLDASM"文件,可以看到整个装配体由从动轴、齿轮、键、套筒和轴承组成,如图 5.36 所示。

图 5.36　轴装配体

整个装配体中有两个相同的轴承,且对称分布于大齿轮两侧。插入一个轴承后,可以通过重新插入轴承的方法来创建装配体,但需要重新定义多个配合关系,而且还要再插入一次轴承装配体,大大加重了工作量。最为简捷的方法是利用大齿轮本身的对称基准面创建镜向零部件的方法来完成装配操作。

(1)单击下拉菜单"插入"→"镜向零部件"按钮 ,打开"镜向零部件"属性管理器。

(2)在"镜向的零部件有左/右版本"中选中默认项。

(3)选择零件"从动齿轮"中的"前视基准面"作为"镜向基准面",在模型树中选择"轴承6206-1"作为要镜向的"源"零部件,并在其文件名前打"√",如图 5.37 所示。

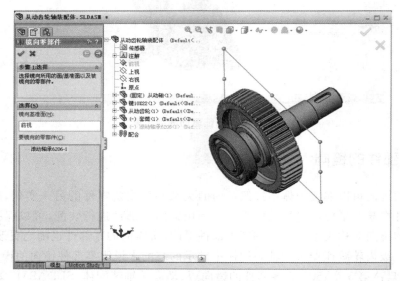

图 5.37 设置镜向参数

(4)单击"确定"按钮 ,完成轴承的镜向,其效果如图 5.38 所示。

图 5.38 轴承镜向结果

5.3.6　编辑零件配合关系

在装配体建模过程中，添加合理的配合关系是建模的关键。完成添加配合关系后，如果要更改零件的自由度或约束关系，可以对已添加的配合关系进行编辑，如删除、修改、压缩等。下面以"从动轴"装配体为例，分别介绍编辑配合关系的内容。

1. 压缩配合关系

配合关系用于约束零部件的自由度，因此压缩某配合关系，即释放了该配合关系约束的自由度，被压缩的配合关系不参与模型建模和系统计算，也就是说被压缩的配合关系从模型上移除，但并未删除。

（1）打开"网盘：\第 5 章\5.3.6 编辑零件配合关系\从动轴装配体.SLDASM"文件，如图 5.39 所示，当前装配体的配合关系如图 5.40 所示。在工作过程中，轴承和齿轮都不能沿轴向运动，重合 4 配合关系限制了齿轮的轴向运动，套筒和最右侧轴承的轴向运动依附于重合 4 配合关系。

图 5.39　从动轴装配体

图 5.40　配合关系

（2）右击"重合 4"配合关系，弹出快捷命令菜单，单击"压缩"按钮，压缩"重合 4"配合关系，该配合关系以灰色显示，在装配体中被移除。

（3）拖动"齿轮"或右侧"轴承"零件，观察装配体的运动规律，"齿轮"、"套筒"和右侧"轴承"一起做轴向运动，其他零件处于静止状态，如图 5.41 所示。

图 5.41　"齿轮"、"套筒"和右侧"轴承"一起做轴向运动

（4）解除被压缩的配合关系。右击"重合 4"配合关系，弹出快捷命令菜单，单击"解除压缩"按钮，解除压缩"重合 4"配合关系，该配合关系以黑色显示，恢复其约束作用。

2. 编辑配合关系

对于已添加的配合关系，可以修改其任意参数，包括配合实体、配合关系类型、配合参数等，可按如下方法进行操作。

（1）在特征管理器设计树中展开配合组。用右键单击配合，然后在弹出菜单中选择"编辑特征"。图形区域中相关的几何实体会高亮显示。

（2）在"配合"属性管理器中改变所需选项。

①"对齐条件"（同向对齐、反向对齐或最近处）：在配合上指示方向。

②"反转尺寸"：以反转距离或角度配合的测量方向。

③ 更改角度或距离配合的值。

④ "选择一不同的配合类型"：只有选择有效的配合类型才显示。

（3）单击"确定"按钮 来进行改变。

如果只需改变"距离"或"角度"配合的尺寸值，可在特征管理器设计树中双击该配合关系，然后双击尺寸进行编辑。在"修改"对话框中输入新的数值，然后单击"重建模型"按钮。

3. 删除配合关系

删除配合关系同压缩配合关系的效果相同，所不同的是前者将配合关系从模型中删除，且不可恢复，但可以重新添加相同的配合关系；后者可以理解为使被压缩的配合关系不参与系统计算，不对模型产生影响，但随时可以恢复其约束作用。

删除配合关系，从"配合"选项下选择欲删除的配合关系，按 Delete 键（或右键单击欲删除的配合关系，弹出快捷命令菜单，单击"删除"命令），弹出"确认删除"对话框，单击"确定"按钮，即可删除配合关系。

5.4 部件(组件)装配和总装

在实际的装配过程中，并不是将所有的零件逐个装配至总装配体上，而是根据产品功能和企业的生产特点，将其分解为一系列的部件，再将这些部件和其他零件进行装配，从而得到最终的产品。在 SolidWorks 装配体文件中，同样可以将总装配体划分层次，先进行各个功能部分的装配，再将这些功能组件进行最后的总装。

这一节，以一级圆柱齿轮减速器部件的装配与总装为例，对装配的过程进行一个详细的介绍。

5.4.1 部件(组件)装配

本章前几节对一级圆柱齿轮减速器的部件装配进行了简单的介绍，下面详细地列出其实际操作步骤。

1. 主动齿轮轴组件的装配

1）挡油环与主动齿轮轴的装配

（1）按照前面介绍的内容，新建一个装配体文件，插入零部件"网盘：\第 5 章\5.4.1 部件（组件）装配\主动轴装配\主动齿轮轴和挡油环"。

（2）添加面重合配合。单击装配体工具栏的"配合"按钮🔧，在图形区域选择如图 5.42 所示的"挡油环"和"主动齿轮轴"的深色表面，选择"配合"属性管理器中的"重合"，查看"重合"配合关系添加的结果预览，根据方向的正确与否，选择"配合对齐"中的"同向对齐"或"反向对齐"。其他项目接受默认设置，单击"确定"按钮✔，完成该操作。其结果如图 5.43 所示。

图 5.42　配合面选择

图 5.43　面重合配合结果

（3）添加同轴心配合。选择"挡油环"及"主动齿轮轴"的深色表面，如图 5.44 所示，选择"配合"属性管理器中的"同轴心"，根据预览结果，选择"配合对齐"中的"同向对齐"或"反向对齐"，单击"确定"按钮✔，完成该操作。其结果如图 5.45 所示。

图 5.44　配合面选择

图 5.45　同轴心配合结果

（4）装配对称挡油环。单击装配体工具栏，选择"镜向零部件"按钮🔧，在打开的属性管理器中，选中"镜向基准面"对话框，在"特征设计树"中选择"主动齿轮轴"的"前视基准面"，选择"挡油环"为"要镜向的零部件"，如图 5.46 所示，单击"确定"按钮✔，完成零部件的镜向操作。其结果如图5.47所示。

2）轴承与主动齿轮轴的装配

（1）用插入零部件的方法，在装配体文件中插入"轴承 6204"。

（2）添加面重合配合。单击装配体工具栏的"配合"按钮🔧，在图形区域选择如图 5.48 中所示的"轴承 6204"和"主动齿轮轴"的深色表面，选择"配合"属性管理器中的"重合"，查

图 5.46　镜向基准面和零件的选择

图 5.47　镜向的结果

看"重合"配合关系添加的结果预览,根据方向的正确与否,选择"配合对齐"中的"同向对齐"或"反向对齐"。其他项目接受默认设置,单击"确定"按钮 ,完成该操作。其结果如图5.49所示。

图 5.48　配合面的选择

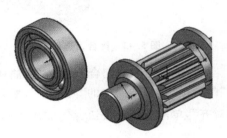

图 5.49　面重合配合结果

（3）添加同轴心配合。选择如图5.50所示的"轴承6204"和"主动齿轮轴"的深色表面,选择"配合"属性管理器中的"同轴心",根据预览结果,选择"配合对齐"中的"同向对齐"或"反向对齐",单击"确定"按钮 ,完成该操作。其结果如图5.51所示。

图 5.50　配合面的选择

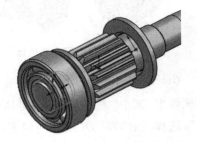

图 5.51　同轴心配合结果

（4）装配对称轴承。按照"挡油环"的镜向步骤来装配对称轴承,结果如图5.52所示。

3）主动轴端盖的装配

（1）在装配体中插入"端盖（闷盖）"零件,将其放置在合适位置。

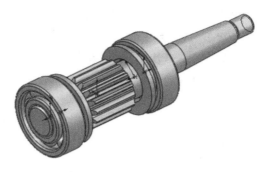

图 5.52　轴承的镜向结果

（2）添加面重合配合。单击装配体工具栏的"配合"按钮，在图形区域选择如图 5.53 中所示的"轴承 6204"和"端盖（闷盖）"的深色表面，选择"配合"属性管理器中的"重合"，查看"重合"配合关系添加的结果预览，根据方向的正确与否，选择"配合对齐"中的"同向对齐"或"反向对齐"。其他项目接受默认设置，单击"确定"按钮，完成该操作。其结果如图 5.54所示。

图 5.53　配合面的选择

图 5.54　面重合配合结果

（3）添加同轴心配合。在图形区域选择如图 5.55 中所示的"轴承 6204"和"端盖（闷盖）"的深色表面，选择"配合"属性管理器中的"同轴心"，查看"同轴心"配合关系添加的结果预览，根据方向的正确与否，选择"配合对齐"中的"同向对齐"或"反向对齐"。其他项目接受默认设置，单击"确定"按钮，完成该操作。其结果如图 5.56 所示。

图 5.55　配合面的选择

图 5.56　同轴心配合结果

（4）插入"嵌入端盖（透盖）（主动）"部件，将其放置在合适位置。

（5）添加面重合配合。单击装配体工具栏的"配合"按钮 ✎ ，在图形区域选择如图 5.57 中所示的"轴承 6204"和"嵌入端盖（透盖）（主动）"的深色表面，选择"配合"属性管理器中的 "重合"，查看"重合"配合关系添加的结果预览，根据方向的正确与否，选择"配合对齐"中的 "同向对齐"或"反向对齐"。其他项目接受默认设置，单击"确定"按钮 ✔ ，完成该操作。其 结果如图 5.58 所示。

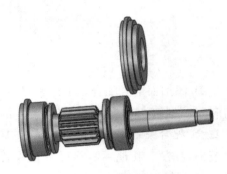

图 5.57　配合面的选择　　　　　　　　　图 5.58　面重合配合结果

（6）添加同轴心配合。在图形区域选择如图 5.59 中所示的"轴承 6204"和"端盖与密 封"的深色表面，选择"配合"属性管理器中的"同轴心"，查看"同轴心"配合关系添加的结果 预览，根据方向的正确与否，选择"配合对齐"中的"同向对齐"或"反向对齐"。其他项目接受 默认设置，单击"确定"按钮 ✔ ，完成该操作。其结果如图 5.60 所示。

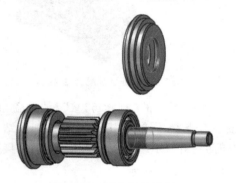

图 5.59　配合面的选择　　　　　　　　　图 5.60　同轴心配合结果

（7）"主动齿轮轴"装配体的最终结果如图 5.61 所示，单击"确定"按钮 ✔ ，以文件名 "主动齿轮轴装配体"进行保存，完成装配操作步骤。

图 5.61　主动齿轮轴装配体

2. 从动轴组件的装配

新建一个以"从动轴装配体"为文件名的装配体文件,在第 2 节中详细讲解了"从动轴"与"键"的装配过程,这里从齿轮的装配开始介绍。

1) 从动齿轮的装配

(1) 插入"网盘:\第 5 章\5.4.1 部件(组件)装配\从动轴装配\从动齿轮"零件,将其放置在合适位置。

(2) 添加同轴心配合关系。单击装配体工具栏的"配合"按钮,在图形区域选择"从动轴"的外圆柱面和"从动齿轮"的内圆柱面,选择"配合"属性管理器中的"同轴心",其他项目接受默认设置,单击"确定"按钮,完成该操作。结果如图 5.62 所示。

图 5.62　同轴心配合面的选择和结果

图 5.63　重合面的选择和结果

(3) 添加面重合关系。选择"键"的侧面和"从动齿轮"上键槽的侧端面,选择"配合"属性管理器中的"重合",查看"重合"配合关系添加的结果预览,根据方向的正确与否,选择"配合对齐"中的"同向对齐"或"反向对齐"。其他项目接受默认设置,单击"确定"按钮,完成该操作。其结果如图 5.63 所示。用同样的方法给如图 5.64 所示"从动齿轮"和"从动轴"的深色表面添加"重合"配合关系,选择"反向对齐",结果如图 5.65 所示。

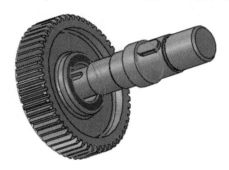

图 5.64　配合面的选择

图 5.65　面重合配合结果

2) 轴承与从动轴的装配

(1) 插入"套筒"零件,将其放置在合适位置。

(2) 添加面重合配合。单击装配体工具栏的"配合"按钮,在图形区域选择如图 5.66

所示"从动齿轮"和"套筒"的端面,选择"配合"属性管理器中的"重合",查看"重合"配合关系添加的结果预览,根据方向的正确与否,选择"配合对齐"中的"同向对齐"或"反向对齐"。其他项目接受默认设置,单击"确定"按钮 ,完成该操作。其结果如图 5.67 所示。

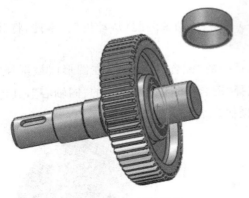

图 5.66　配合面的选择

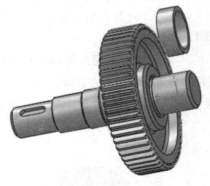

图 5.67　面重合配合结果

(3) 添加同轴心配合。选择如图 5.68 所示"从动轴"和"套筒"的深色表面,选择"配合"属性管理器中的"同轴心",查看"同轴心"配合关系添加的结果预览,根据方向的正确与否,选择"配合对齐"中的"同向对齐"或"反向对齐"。其他项目接受默认设置,单击"确定"按钮 ,完成该操作。其结果如图 5.69 所示。

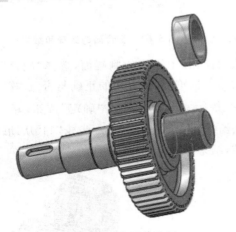

图 5.68　配合面的选择

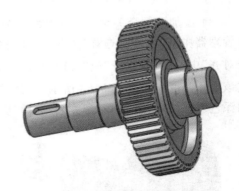

图 5.69　同轴心配合结果

(4) 两个"轴承 6206"零件的装配。按照"主动齿轮轴装配体"中轴承"6204"的装配方法来装配"轴承 6206",并且通过零部件的镜向完成两个轴承的装配过程,结果如图 5.70 所示。

3) 从动轴端盖的装配

插入"端盖(闷盖)"和"嵌入端盖(透盖)(从动)"零部件,按照"主动齿轮轴装配体"中端盖的装配方法进行装配,结果如图 5.71 所示。

4) 保存文件

单击"保存"按钮 ,保存装配体文件,完成"从动轴装配体"的装配。

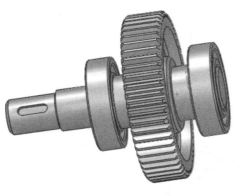

图 5.70　轴承的装配结果

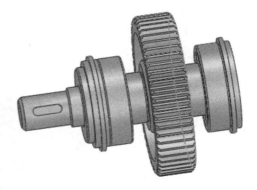

图 5.71　端盖装配结果

5.4.2　总装

5.4.1 详细介绍了一级圆柱齿轮减速器中"主动齿轮轴"和"从动轴"组件的装配过程，完成了子装配体的装配。下面讲解的内容主要是在前面知识的基础上，完成零部件的总装。

1. 定位减速箱的箱体

（1）新建一个 SolidWorks 装配体文件，将其命名为"一级齿轮减速器装配体"，单击"保存"按钮 💾 保存。

（2）插入"网盘：\第 5 章\5.4.2 减速器总装\箱体"零部件，将它的原点与装配体原点重合。

2. 主动齿轮轴组件的装配

（1）插入"网盘：\第 5 章\5.4.2 减速器总装\主动齿轮轴（端盖）"组件，将其放置在合适位置。

（2）添加同轴心配合。选择如图 5.72 所示"主动齿轮轴"组件和"箱体"的深色表面，选择"配合"属性管理器中的"同轴心"，查看"同轴心"配合关系添加的结果预览，根据方向的正确与否，选择"配合对齐"中的"同向对齐"或"反向对齐"。其他项目接受默认设置，单击"确定"按钮 ✔，完成该操作。

（3）添加面重合配合。选择如图 5.73 所示"主动齿轮轴"组件和"箱体"的深色表面，选

图 5.72　同轴心配合选择

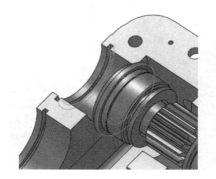

图 5.73　面重合配合选择

择"配合"属性管理器中的"重合",查看"重合"配合关系添加的结果预览,根据方向的正确与否,选择"配合对齐"中的"同向对齐"或"反向对齐"。其他项目接受默认设置,单击"确定"按钮 ,完成该操作。

主动齿轮轴装配的最终结果如图 5.74 所示。

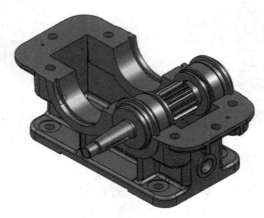

图 5.74　主动齿轮轴装配结果

3. 从动轴组件的装配

(1) 插入"网盘:\第 5 章\减速器总装\从动轴装配体"组件,将其放置在合适位置。

(2) 添加同轴心配合。选择如图 5.75 所示"从动轴装配体"组件和"箱体"的深色表面,选择"配合"属性管理器中的"同轴心",查看"同轴心"配合关系添加的结果预览,根据方向的正确与否,选择"配合对齐"中的"同向对齐"或"反向对齐"。其他项目接受默认设置,单击"确定"按钮 ,完成该操作。

(3) 添加面重合配合。选择如图 5.76 所示"从动轴装配体"组件和"箱体"的深色表面,选择"配合"属性管理器中的"重合",查看"重合"配合关系添加的结果预览,根据方向的正确与否,选择"配合对齐"中的"同向对齐"或"反向对齐"。其他项目接受默认设置,单击"确定"按钮 ,完成该操作。

从动轴组件装配的最终结果如图 5.77 所示。

图 5.75　同轴心配合选择

图 5.76　面重合配合选择

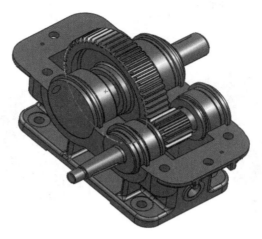

图 5.77 从动轴组件装配结果

4. 齿轮传动配合

（1）隐藏与显示零件。在特征管理器中将"主动齿轮轴"和"从动齿轮"显示，其余全部隐藏。

（2）添加齿轮配合。单击标准视图工具栏的"前视"按钮，从前视的角度观察模型。使用"旋转零部件"工具 将配合齿轮旋转到图 5.78 所示位置。

（3）单击装配体工具栏的"配合"按钮 ，展开"高级配合"选项，选中"齿轮"配合，在"比率"数值框中输入"3:11"，选中"反转"，在图形区域中选择两齿轮的齿顶圆，如图 5.79 所示，其他项目接受默认设置，单击"确定"按钮 ，完成该操作。

图 5.78 齿轮旋转定位

图 5.79 添加齿轮配合

5. 箱盖的配合

（1）插入"网盘:\第 5 章\5.4.2 减速器总装\箱盖"零件，将其放置在合适位置。

（2）添加面重合配合。选择如图 5.80 所示"箱盖"下端面和"箱体"的上端面，选择"配合"属性管理器中的"重合"，查看"重合"配合关系添加的结果预览，根据方向的正确与否，选择"配合对齐"中的"同向对齐"或"反向对齐"。其他项目接受默认设置，单击"确定"按钮 ，完成该操作。

选择如图 5.81 所示"箱盖"和"箱体"的前视基准面,选择"配合"属性管理器中的"重合",单击"确定"按钮 ,完成该操作。

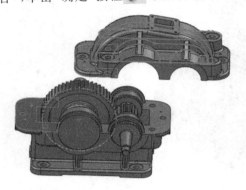

图 5.80 面重合配合的实体选择(端面)

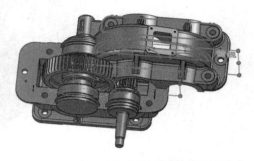

图 5.81 面重合配合的实体选择(前视)

(3) 添加同轴心配合。选择如图 5.82 所示"箱盖"和"轴承"的圆弧面,选择"配合"属性管理器中的"同轴心",查看"同轴心"配合关系添加的结果预览,根据方向的正确与否,选择"配合对齐"中的"同向对齐"或"反向对齐"。其他项目接受默认设置,单击"确定"按钮 ,完成该操作。箱盖装配结果如图 5.83 所示。

图 5.82 同轴心配合实体选择

图 5.83 箱盖装配结果

其他零部件的装配过程就不一一列出了,一级圆柱齿轮减速器的总装图如图 5.84 所示。

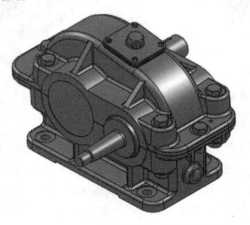

图 5.84 一级圆柱齿轮减速器的总装图

5.5　装配体统计与检查

5.5.1　装配体统计

在 SolidWorks 2016 装配体中,运用"AssemblyXpert"命令可以报告装配体文件的有关统计资料,其操作步骤如下。

(1)单击菜单栏中的"工具"→"AssemblyXpert"命令,弹出"AssemblyXpert"对话框,其中列出了装配体的相关信息,比如零部件总数、零件数、不同零件数、子装配体数量、不同子装配体数量、还原零部件数、压缩零部件数、轻化零部件数、顶层配合数量、顶层零部件数量、装配体层次关系的最大深度等统计资料。

(2)单击"确定"按钮,关闭"AssemblyXpert"对话框。

5.5.2　干涉检查

在一个复杂的装配体中,如果想用视觉来检查零部件之间是否有干涉的情况是很困难的。SolidWorks 可以在零部件之间进行干涉检查,并且能查看所检查到的干涉,可以检查与整个装配体或所选的零部件组之间的碰撞与冲突。

要在装配体的零部件之间进行干涉检查,可按如下步骤来操作。

打开"网盘:\第 5 章\齿轮配合\齿轮配合.SLDASM"装配体文件。

(1)选择"工具"→"干涉检查"命令。

(2)在出现的"干涉检查"属性管理器中,单击"所选零部件"显示框。在装配体中选取两个或多个零部件,或者在特征管理器设计树中选择零部件图标。所选的零部件会显示在"干涉检查"对话框中,如图 5.85 所示。

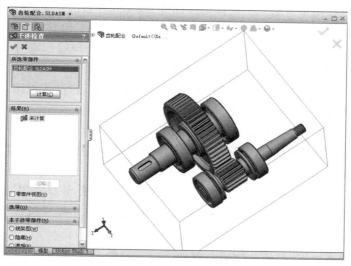

图 5.85　"干涉检查"对话框

（3）选择"视重合为干涉"复选框，则重合的实体（接触或重叠的面、边线或顶点）也被列为干涉的情况，否则将忽略接触或重叠的实体。

（4）单击"确定"按钮 ✔。如果存在干涉，在"结果"显示框中会列出发生的干涉，在图形区域中对应的干涉会被高亮显示，在"干涉检查"属性管理器中还会列出相关零部件的名称，如图 5.86 所示。

（5）单击"关闭"按钮，关闭对话框。图形区域中高亮显示的干涉也被解除。

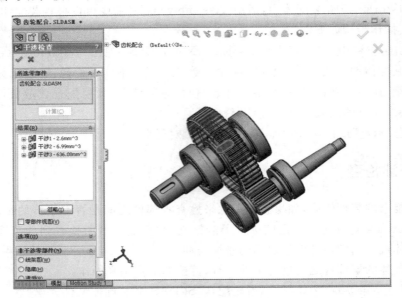

图 5.86　干涉检查的结果

5.5.3　爆炸视图

装配体的爆炸视图是将组成装配体的零部件分解开，并按照一定的位置关系进行排列，这是一种特殊的视图，虽然在这种视图下零件之间是分解开的，但并不影响装配体中的其他任何信息，如配合关系、配置等。使用爆炸视图可以方便他人理解和查看设计的产品，还可以将爆炸视图生成爆炸动画，以观察产品的装配（或拆卸）过程。

图 5.87 所示为"齿轮减速器从动轴"装配体的爆炸视图，通过该视图，可以清晰地观察装配体的各组成零件和装配体的结构。

在 SolidWorks 中生成爆炸视图的操作非常简单，用户只需要选择当前爆炸步骤的零件，零件上显示"参考三重轴"，将鼠标移至某一个坐标轴上，按住鼠标左键拖动坐标轴至合适位置确定零件的爆炸位置。

（1）打开"网盘:\第 5 章\爆炸视图\5.5.3 装配体爆炸图.SLDASM"文件。单击"装配体"工具栏中的"爆炸视图"按钮 ，弹出"爆炸"属性管理器，该属性管理器中包括"爆炸步骤"、"设定"等选项。

（2）当"设定"选项下"爆炸步骤的零部件"选择框 处于激活状态时，通过装配体"特征设计树"或在绘图区域选择"滚动轴承 6206〈1〉"零件，在零件上显示"参考三重轴"，如图

图 5.87　"齿轮减速器从动轴"装配体的爆炸视图

5.88 所示,将鼠标移至 Z 轴(蓝色)上,捕捉到该坐标轴(黄色显示),按住鼠标左键拖动该零件至合适位置,如图 5.89 所示,松开鼠标左键,放置该零件。"爆炸"属性管理器中"爆炸步骤"选项下的列表框中添加"爆炸步骤 1"条目。

图 5.88　参考三重轴

图 5.89　爆炸步骤 1

（3）参考步骤（2），将"滚动轴承 6206〈2〉"沿"参考三重轴"Z 轴负方向移动合适距离，"爆炸步骤"选项下的列表框添加了"爆炸步骤 2"条目，爆炸结果如图 5.90 所示。

（4）继续按照以上方法，完成"套筒"和"齿轮"的爆炸，如图 5.91 所示。

（5）选择"键"零件，沿"参考三重轴"Y 轴方向移动合适距离，完成"键"的爆炸。到此，"从动轴"装配体的爆炸视图基本完成，如图 5.92 所示。

图 5.90　两个"滚动轴承"的爆炸结果

图 5.91　"套筒"和"齿轮"爆炸结果

图 5.92　"从动轴"装配体爆炸图

（6）单击"爆炸"属性管理器中的"确定"按钮 ✅，关闭该属性管理器。

（7）右键单击装配体"特征设计树"中装配体的名称，弹出快捷命令菜单，选择"解除爆炸"命令，装配体切换至正常装配状态。

（8）右键单击装配体"特征设计树"中装配体的名称，弹出快捷命令菜单，选择"爆炸"命令，装配体切换至爆炸视图状态。

（9）单击标准工具栏中的"保存"按钮 💾，保存该装配体。

5.6　模型的测量

在 SolidWorks 2016 装配体中，可以计算整个装配体或其中部分零部件的质量属性，包括模型的密度、质量、体积、表面积、重心、惯性张量和惯性主轴等，并且可以打印、复制计算结果。计算质量属性的操作步骤如下。

（1）单击标准工具栏中"打开"按钮 📂，打开"网盘:\滚动轴承\滚动轴承装配体.SLDASM"文件。

（2）单击工具栏中的"质量属性"工具按钮 🔩，弹出如图 5.93 所示的"质量属性"对话框，显示所选零部件的质量信息。

（3）在"输出坐标系"选项框中选择一坐标系，可分别进行以下一系列操作。

① 单击"所选项目"选项框，在特征管理器设计树或图形区域中选择零部件，然后单击"重算"按钮，即可在下方显示该零部件的质量属性结果，主轴和质量中心以图形方式显示在模型中。

② 单击"选项"按钮，弹出如图 5.94 所示的"质量/剖面属性选项"对话框，在此可以设定长度和角度单位等，以便用不同的单位来显示质量属性结果，如图 5.95 所示。

③ 单击"打印"按钮，可以打印所显示的质量属性结果。

④ 单击"复制"按钮，可以将质量属性结果复制到剪贴板中，以便粘贴到另一个文件中使用。

（4）单击"关闭"按钮，完成质量属性的计算。

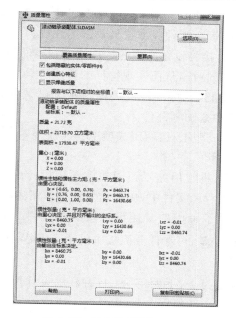

图 5.93　"质量属性"对话框

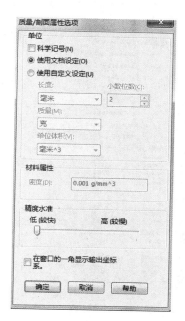

图 5.94　"质量/剖面属性选项"对话框

图 5.95　在模型中显示主轴和质量中心

5.7　设计库和智能扣件

5.7.1　设计库

设计库为管理库特征、零件和装配体、常用注解及钣金零件成型工具提供了一个快捷的操作方法。使用设计库只需拖动相应的项目到 SolidWorks 文件窗口中，就可以非常方便地在文件中添加相应项目。

图 5.96　设计库

1. 设计库和设计库资源

利用设计库可以提高设计效率，可以快速管理和使用特征、零件和装配体、钣金零件成型工具及常用注解。

（1）特征：用直接将设计库中的特征拖动到零件窗口中的方法，在零件中建立特征，从而实现特征的快速建立。

（2）零件和装配体：将零件或装配体拖动到装配体窗口中，在装配体文件中添加零部件。

（3）钣金零件成型工具：使用成型工具在钣金零件中生成钣金零件的冲压形状。

（4）常用注解：将常用的工程图注解利用设计库来管理，可以直接拖放到工程图文件中，快速建立各种常用注解。

设计库中提供了可用的常用设计资源，如图 5.96 所示，单击"设计库"按钮，可在任务面板中显示 SolidWorks 设计库。

设计库窗口分为上、下两部分，上面显示设计库的目录，下面显示目录中的文件和文件夹。

2. 添加设计库位置

在使用过程中，用户可以指定用于设计库的其他文件夹位置。如图 5.97 所示，在"设计库"中单击"添加文件位置"按钮，浏览到相应的文件夹，即可在设计库中添加用户自己的设计库位置。

用户添加设计库位置后，将在设计库中显示用户自己的文件，如图 5.98 所示。

图 5.97　添加设计库文件位置

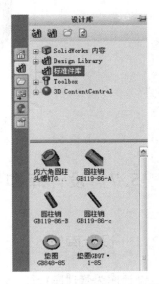

图 5.98　添加用户设计库位置

3. 拖放操作

对设计库的利用,大部分是采用拖放的操作完成的,常用操作如下。

1)建立特征

从设计库中拖放库特征到零件相应的面上,可以直接在零件中添加特征。

2)插入零部件

从设计库中拖放零件或装配体到装配体文件中,可以在装配体中插入零部件。

3)建立钣金成型特征

从设计库钣金成型工具文件夹中拖动成型工具到钣金零件表面,可以为钣金零件建立成型特征,如钣金零件的拉伸和冲压特征。

4)添加库特征文件

从打开的零件窗口中拖动某个特征到特征库中,可以在特征库中建立库特征文件。

5)添加设计库零件

从打开的零件窗口中拖动设计库顶端特征(文件名)到设计库,可以添加设计库零件。

5.7.2 智能扣件

如果装配体中的孔、孔系列或孔阵列有大小规格并可接受标准件,"智能扣件"(smart fasteners)将使用"SolidWorks Toolbox"扣件库,自动给装配体添加"扣件"(螺栓和螺钉)。扣件库中有大量的 ANSI Inch、Metric 及其他标准件。智能扣件遵循"SolidWorks Toolbox 配置浏览器"对话框复制零件选项,以决定扣件是否作为现有零件的配置或作为现有零件的复件添加到装配体中。

1. 智能扣件的孔

"智能扣件"功能将扣件添加到装配体的阵列、面、零部件或添加到所有可用的孔中。智能扣件以特征为基础。扣件可放置到异型孔向导孔、简单直孔及圆柱切除特征中。孔可以是装配体特征或零件特征。

智能扣件不会识别派生、镜向或输入的实体中的孔。如果拉伸带有一个圆为基体特征的矩形草图,智能扣件不会识别凸台内部为孔,因为圆柱不是单独的特征,如图 5.99 所示。

智能扣件不支持下列类型的孔。

(1)单孔。孔必须通过至少两个零部件,如图 5.100 所示。

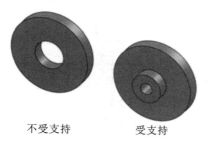

不受支持　　　　受支持

图 5.99　带内圆的基体拉伸

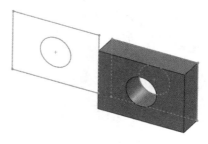

图 5.100　单孔

(2)镜向的"异型孔"向导孔。

(3)未对齐的孔。孔如果没对齐将不受支持。

（4）半径差异很大的孔。如果系列中的任何一个孔的半径是系列中最小孔的两倍以上，则"智能扣件"不能识别孔。

（5）不匹配的阵列孔。

（6）自输入、派生或镜向零件的孔。

（7）孔之间有大间隙的对齐孔。

2. 激活 Toolbox

必须激活 Toolbox 以便使用智能扣件。激活 Toolbox 的步骤如下。

（1）选择菜单命令"工具"→"插件"。

（2）在"插件"对话框中选择"SolidWorks Toolbox"和"SolidWorks Toolbox Browser"。

（3）单击"确定"按钮。

习　题

5-1　装配千斤顶，装配完成后如题 5-1(a)图所示。

题 5-1(b)图是千斤顶的装配示意图，各零件名称如题 5-1 表所示，各零件如题 5-1(c)图至题 5-1(i)图所示。首先根据所给的零件完成各零件的建模，再利用自底向上的方法进行装配完成千斤顶的装配体模型。

题 5-1 表　千斤顶零件明细表

零 件 编 号	零 件 名 称	数　　量
1	起重螺母	1
2	螺钉 1	1
3	转动杆	1
4	螺钉 2	1
5	螺套	1
6	螺杆	1
7	底座	1

（a）零件实体图

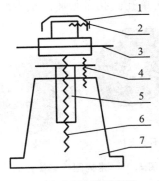

（b）千斤顶装配示意图

题 5-1 图

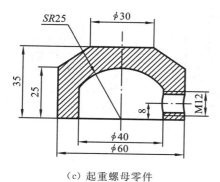

（c）起重螺母零件

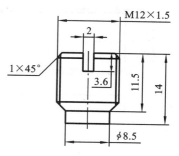

（d）螺钉 1 零件

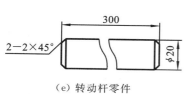

（e）转动杆零件

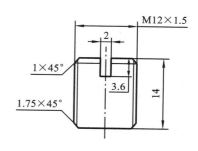

（f）螺钉 2 零件

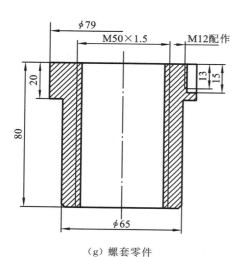

（g）螺套零件

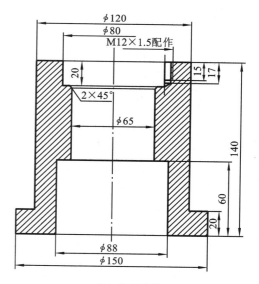

（h）底座零件

题 5-1 续图

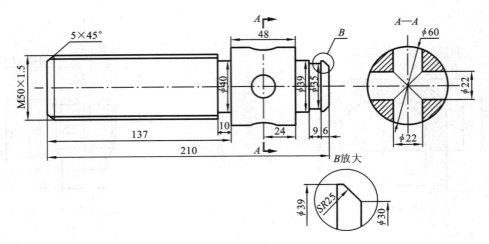

（i）螺杆零件

题 5-1 续图

第6章 工程图

用户可以为三维实体零件和装配体创建二维工程图。零件、装配体和工程图是互相关联的文件，对零件或装配体所做的任何修改会导致工程图文件的相应变更，一般来说，工程图包含由模型建立的几个视图、尺寸、注解、标题栏、材料明细表等内容。用户要掌握工程图的基本操作，能够快速地绘制出符合国家标准、用于加工制造或装配的工程图样。

6.1 概述

在工程技术中，工程图样用来表达和交流技术思想；在生产中图样也是加工制造、检验、调试、使用、维修等方面的主要依据。因此，工程图样被称为工程技术部门的一种重要的技术资料。同时，在国内外进行工程技术交流及在传递工程技术信息时，工程图样也是不可缺少的工具。

使用 SolidWorks 工程图环境中的工具可以创建三维模型的工程图，且图样与模型相关联。图样可以反映模型的设计更改，可以使图样与装配模型或单个零件保持同步。其主要特点如下。

（1）用户界面直观、简洁、易学易用，创建图样快速方便，系统能自动正交对齐视图。

（2）具有从图形窗口编辑尺寸、符号等的功能。

（3）使用对图样进行更新的用户控件，能有效地提高工作效率。

6.1.1 工程图的组成

SolidWorks 工程图主要由三部分组成，如图 6.1 所示。

（1）视图：包括基本视图、各种剖视图、局部放大图、折断视图等。在制作工程图时，根据实际零件的特点，选择不同的视图组合，以便简单明了地表达设计思想和设计尺寸，其中基本视图包括前视图、后视图、左视图、右视图、仰视图、俯视图和轴测图。

（2）尺寸、公差、表面粗糙度及注释文本：包括形状尺寸、位置尺寸、尺寸公差、基准符号、形状公差、位置公差、零件表面粗糙度及注释文本。

（3）图框和标题栏等。

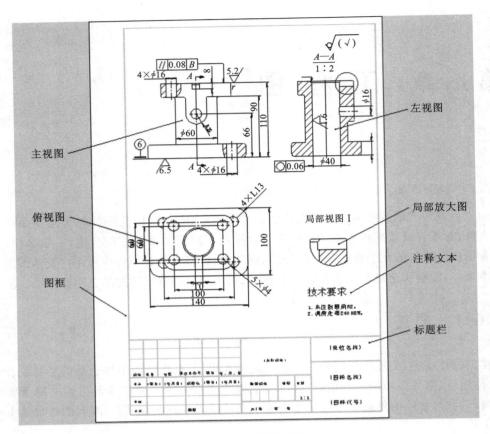

图 6.1　工程图组成

6.1.2　工程图环境中的工具条

如图 6.2 所示,"工程图"工具条中各按钮的含义从左到右依次如下:① ▨ 模型视图;② ▤ 投影视图;③ ▨ 辅助视图;④ ▤ 剖面视图;⑤ ▨ 局部视图;⑥ ▤ 标准三视图;⑦ ▨ 断开的剖视图;⑧ ▨ 断裂视图;⑨ ▨ 剪裁视图;⑩ ▤ 交替位置视图。

图 6.2　"工程图"工具条

如图 6.3 所示,"尺寸/几何关系"工具条中各按钮的含义从左到右依次如下:① ▨ 智能尺寸;② ▤ 水平尺寸;③ ▤ 竖直尺寸;④ ▤ 基准尺寸;⑤ ▨ 尺寸链;⑥ ▤ 水平尺寸链;⑦ ▤ 竖直尺寸链;⑧ ▨ 倒角文字;⑨ ▤ 添加几何关系;⑩ ▤ 显示或删除几何关系。

如图 6.4 所示,"注解"工具条中各按钮的含义从左到右依次如下:① ▨ 智能尺寸;② ▨ 模型项目;③ ▨ 检查拼写程序;④ ▨ 格式涂刷器;⑤ A 注释;⑥ ▨ 零件序号;⑦ ▨

图 6.3　"尺寸/几何关系"工具条

自动零件序号；⑧ √ 表面粗糙度符号；⑨ ⚡ 焊接符号；⑩ ⊞ 形位公差；⑪ A 基准特征；⑫ ⚙ 基准目标；⑬ ⊔ø 孔标注；⑭ ▨ 剖面区域填充；⑮ A 快命令；⑯ ⊕ 中心符号线；⑰ ⊞ 中心线；⑱ ⊞ 表格。

图 6.4　"注解"工具条

6.2　新建工程图图纸

工程图包含一个或多个由零件或装配体生成的视图。在生成工程图之前，必须先保存与它有关的零件或装配体，可以从零件或装配体文件内生成工程图。

工程图文件的扩展名为". slddrw"。新工程图使用所插入的第一模型的名称。该名称出现在标题栏中。当保存工程图时，模型名称作为默认文件名出现在"另存为"对话框中，并带有默认扩展名". slddrw"。保存工程图之前可以编辑该名称。

新建工程图的操作步骤如下。

（1）选择下拉菜单"文件"，单击"新建"，系统弹出"新建 SOLIDWORKS 文件"窗口，如图6.5所示。

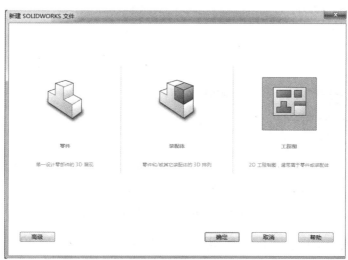

图 6.5　"新建 SolidWorks 文件"窗口 1

（2）单击"工程图"，再单击"高级"，弹出"新建 SOLIDWORKS 文件"窗口，如图 6.6 所示。

图 6.6 "新建 SolidWorks 文件"窗口 2

（3）单击"工程图"→"确定"，弹出"图纸格式/大小"对话框，选中"标准图纸大小"单选按钮，去掉"只显示标准格式"前的钩，如图 6.7 所示。

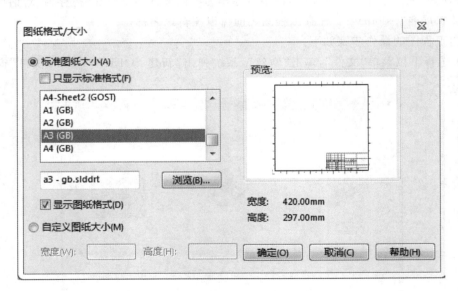

图 6.7 "图纸格式/大小"对话框

（4）从下拉列表框中选择合适大小的 GB 图纸格式，单击"确定"按钮，完成"工程图"的创建，如图 6.8 所示。

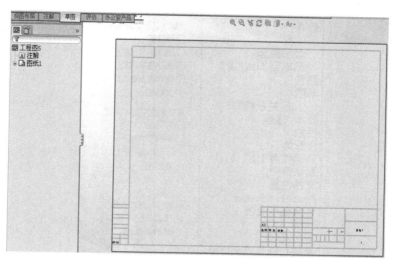

图 6.8 选择标准图框和标题栏

6.3 设置国标的工程图选项

不同的系统选项和文件属性设置将使生成的工程图文件内容不同,因此,在工程图绘制前首先要进行系统选项和文件属性的相关设置,以及符合工程图设置的一些设计要求。

1. 工程图"系统选项"设置

单击"选项"按钮 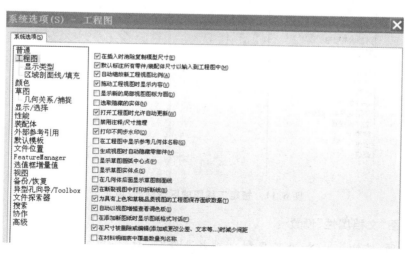（标准工具栏），或者选择"工具"→"选项"命令,弹出"系统选项(S)-工程图"对话框,如图 6.9 所示。

图 6.9 "系统选项(S)-工程图"对话框

工程图的其他系统选项可在现实类型、区域剖面线/填充中设置。

（1）"显示类型":工程视图显示模式和相切边线显示,如图 6.10 所示。

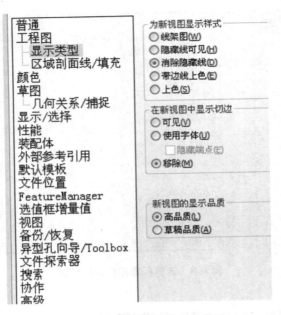

图 6.10 指定工程图的显示类型

(2)"区域剖面线/填充":区域剖面线的剖面线或实体填充、阵列、比例及角度,如图 6.11所示。

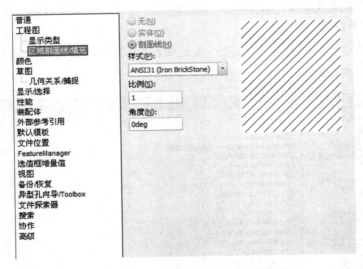

图 6.11 指定工程图的区域剖面/填充

2. 工程图"文档属性"设置

单击"选项"按钮 (标准工具栏),或者选择"工具"→"选项"命令,弹出"文档属性(D)-绘图标准"对话框,在总绘图标准中选择"GB",按"确定"键,如图 6.12 所示。选择"尺寸",设置如图 6.13 所示的参数。

图 6.12　指定工程图的绘图标准

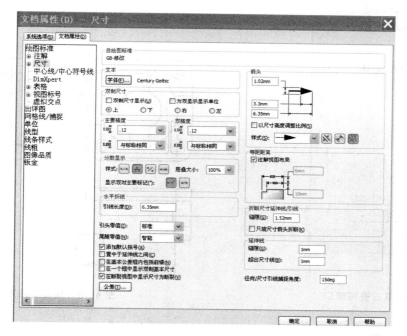

图 6.13　指定工程图的尺寸属性

6.4　工程图视图的创建

工程图视图是按照三维模型的投影关系生成的,主要用来表达部件模型的外部结构及形状。在 SolidWorks 的工程图模块中,视图包括基本视图、各种剖视图、局部放大图等。产品的工程图分为零件图和装配图,可以由 3D 实体零件和装配体创建 2D 工程图。一个完整的工程图包括几个标准视图。下面分别以具体的实例来介绍各种视图的创建方法。

6.4.1 标准三视图

标准三视图工具能为所显示的零件或装配体同时生成 3 个相关的默认正交视图。

下面以案例来说明标准三视图的生成过程。

（1）新建工程图文件。选择下拉菜单"文件"→"新建"，系统弹出"新建 SolidWorks 文件"对话框。在"新建 SolidWorks 文件"对话框中选择"模板"，单击"工程图"，按"确定"键，进入如图 6.14 所示界面。

（2）单击"浏览"，打开"网盘：\第 6 章\连接座模型. SLDPRT"文件，即生成标准三视图，如图 6.15 所示。

图 6.14　标准三视图窗口

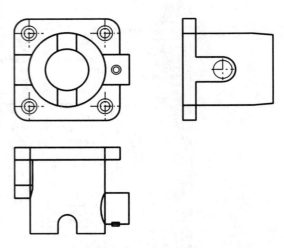

图 6.15　标准三视图

6.4.2 模型视图

如图 6.15 所示的零件三视图，并不符合工程中常见的表达方式。因此，为了使零件视图的表达更符合习惯，可以自己定义模型的视图。

模型视图包括主视图和投影视图，本节主要介绍主视图的创建过程，投影视图将在下节介绍。下面以连接座模型的主视图为例，说明创建主视图的一般操作过程。

（1）新建一个工程图文件。选择下拉菜单"文件"→"新建"命令，系统弹出"新建 SolidWorks 文件"对话框。在"新建 SolidWorks 文件"对话框中选择"模板"，单击"工程图"，按"确定"键。

（2）点击下拉菜单"插入"→"工程图视图"→"模型（M）"→"浏览"，打开"网盘：\第 6 章\连接座模型. SLDPRT"文件，得到如图 6.16 所示的对话框。

（3）选择要打开的文件，系统弹出如图 6.17 所示的"模型视图"窗口。

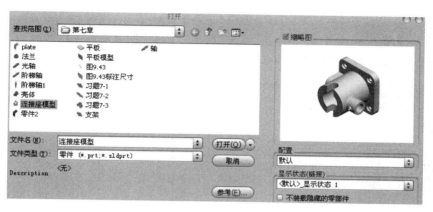

图 6.16　打开模型窗口

（4）打开文件"连接座模型"，即生成模型视图，如图 6.18 所示。

图 6.17　"模型视图"窗口

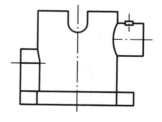

图 6.18　模型视图

说明　如果在"要插入的零件/装配体"区域的"打开文档"列表框中已存在该零件模型，此时只需双击该模型就可将其载入。

（5）定义视图参数。

① 在"方向"区域中单击 按钮，再选中"预览"复选框，预览要生成的视图，如图 6.19 所示。

② 定义视图比例。在"比例"区域中选中"使用自定义比例"单选项，在其下方的列表框中选择"1：5"，如图 6.20 所示。

（6）放置视图。将鼠标放在图形区，会出现视图的预览，如图 6.21 所示，选择合适的放置位置单击，以生成主视图。

（7）单击"工程视图"窗口中的 ✔ 按钮，完成操作。

说明 如果在生成主视图之前，在"选项"区域中选中"自动开始投影视图"复选框，则在生成一个视图之后会继续"自动开始投影视图"，生成其他投影视图。

图 6.19 "方向"区域

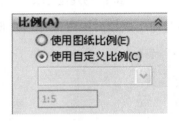

图 6.20 "比例"区域

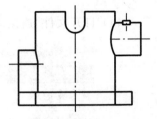

图 6.21 主视图预览图

6.4.3 投影视图

投影视图包括仰视图、俯视图、右视图和左视图。下面以图 6.22 所示的视图为例，说明创建投影视图的一般操作过程。

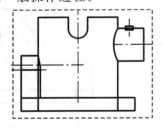
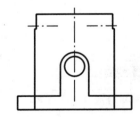
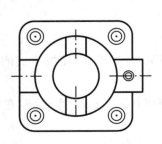
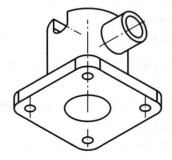

图 6.22 创建投影视图

（1）打开工程图文件"网盘:\第 6 章\连接座工程图.SLDPRT"。

（2）选择命令。选择下拉菜单"插入"→"工程图视图"→"投影视图"，在窗口中出现投影视图的虚线框。

（3）在系统"选择一投影的工程视图"的提示下，选择图 6.22 中的主视图作为投影的父视图。

说明　如果该视图中只有一个视图，系统默认选择该视图为投影的父视图，就无需再选取。

（4）放置视图。在主视图的右侧单击，生成左视图；在主视图的下方单击，生成俯视图；在主视图的右下方单击，生成轴测图。

（5）单击"投影视图"窗口中的 按钮，完成操作。

6.4.4　视图的操作

1. 移动视图和锁定视图移动

在创建完主视图和投影视图后，如果它们在图样中的位置不合适，视图间距太小或太大，用户可以根据自己的需要移动视图，具体方法如下：将鼠标停在视图的虚线框上，按住鼠标左键并移动至合适的位置后放开。

当视图的位置放置好了以后，可以右击该视图，在弹出的快捷菜单中选择"锁住视图位置"命令，使其不能被移动；再次右击，在弹出的快捷菜单中选择"解除锁住视图位置"命令，该视图又可被移动。

2. 对齐视图

根据"长对正、高平齐、宽相等"的原则（即左、右视图与主视图水平对齐，俯、仰视图与主视图竖直对齐），用户移动投影视图时，只能横向或纵向移动视图。在特征树中选择要移动的视图并右击，在弹出的快捷菜单中依次选择"视图对齐"→"解除对齐关系"命令，如图6.23所示，可移动视图至任意位置。当用户再次右击选择"视图对齐"→"中心水平对齐"命令时，被移动的视图又会自动与主视图横向对齐。

3. 旋转视图

右击要旋转的视图，在弹出的快捷菜单中依次选择"缩放/平移/旋转"→"旋转视图"命令，系统弹出如图 6.24 所示的"旋转工程视图"对话框。在工程视图角度文本框中输入要旋转的角度值，单击"应用"按钮即可旋转视图，旋转完成后单击"关闭"按钮；也可直接将鼠标移至该视图中，按住鼠标左键并移动以旋转视图。

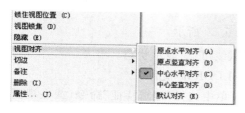

图 6.23　解除对齐关系

图 6.24　"旋转工程视图"对话框

4. 删除视图

要将某个视图删除，可先选中该视图并右击，然后在弹出的快捷菜单中选择"删除"命令或直接按 Delete 键，系统弹出如图 6.25 所示"确认删除"对话框，单击"是"按钮即可删除该视图。

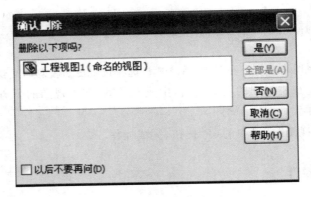

图 6.25 "确认删除"对话框

6.4.5 视图的显示模式

在 SolidWorks 的工程图模块中选中视图，利用弹出的"工程视图"窗口可以设置视图的显示模式。下面介绍几种一般的显示模式。

(1) （线架图）：视图中显示所有边线，如图 6.26 所示。

(2) （隐藏线可见）：视图中的不可见边线以虚线显示，如图 6.27 所示。

(3) （消除隐藏线）：视图中只显示从所选角度可见的边线，移除不可见的线，如图 6.28 所示。

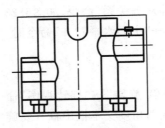

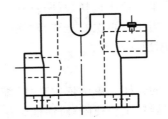

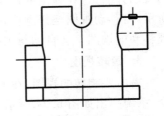

图 6.26 "线架图"显示模式   图 6.27 "隐藏线可见"显示模式   图 6.28 "消除隐藏线"显示模式

(4) （带边线上色）：视图中以带边上色零件的颜色显示，如图 6.29 所示。

(5) （上色）：视图以上色零件的颜色显示，如图 6.30 所示。

下面以图 6.27 为例，说明如何将视图设置为"隐藏线可见"显示状态。

(1) 打开"网盘:\第 6 章\连接座工程图 view01.SLDDRW"文件。

(2) 在设计树中选择视图并右击，在弹出的快捷菜单中选择"编辑特征"命令（或在视图上单击），系统弹出"工程视图"窗口。

(3) 在"工程视图"窗口的显示样式区域中单击"隐藏可见"按钮，如图 6.31 所示。

(4) 单击 ✔ 按钮，完成操作。

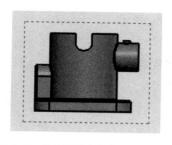

图 6.29　"带边线上色"显示模式

图 6.30　"上色"显示模式

图 6.31　显示样式区域

说明　当在生成投影视图时,在显示样式区域中选中"使用父关系样式"复选框,改变俯视图的显示状态时,与其保持父子关系的子视图的显示状态也会相应地发生变化,如果不选中"使用父关系样式"复选框,则在改变父视图时,则与其保持父子关系的子视图的显示状态不会发生变化。

6.4.6　全剖视图

全剖视图是用剖切面完全地剖开零件所得的剖视图。下面以图 6.32 为例,说明创建全剖视图的一般过程。

（1）打开工程图文件"网盘:\第 6 章\连接座全剖视图.SLDDRW"。

（2）选择下拉菜单"插入"→"工程图视图"→"剖面视图"命令,系统弹出"剖面视图"窗口。

（3）绘制剖切线。绘制如图 6.32 所示的 *AA* 直线作为剖切线。

（4）在"剖面视图"窗口的 文本窗中输入视图标号"*A*",并选择" 反转方向(**I**) "。

（5）放置视图。选择合适的位置单击,生成全剖视图。

（6）单击"剖面视图"窗口中的 按钮,完成操作。

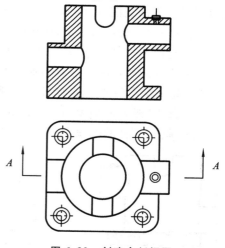

图 6.32　创建全剖视图

6.4.7　半剖视图

下面说明创建半剖视图的一般过程。

（1）打开工程图文件"网盘\第 6 章\连接座半剖视图.SLDDRW"。

（2）选择下拉菜单"工具"→"草图绘制实体"→"直线"命令,绘制如图 6.33 所示的两条直线作为剖切线。

（3）按住 Ctrl 键,选取如图 6.33 所示的直线 1 和直线 2,再选择下拉菜单"插入"→"工程图视图"→"剖面视图"命令,系统弹出"剖面视图"窗口。

（4）放置视图。在"剖面视图"窗口的 文本框中输入视图标号"*A*",选中 后的"反转方向"复选框,选择合适的位置单击,生成半剖视图,如图 6.34 所示。

(5)单击"剖面视图"窗口中的 ✔ 按钮,完成操作。

说明　在选择剖切线时,若选择的顺序不同,会生成不同的半剖视图。当依次选择如图 6.33 所示的直线 2 和直线 1 时,生成的半剖视图如图 6.35 所示。

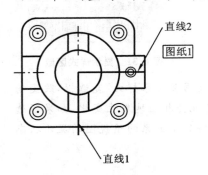
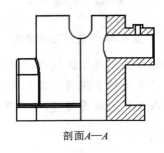
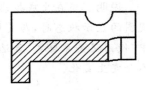

图 6.33　创建半剖视图　　　　图 6.34　半剖视图效果一　　　图 6.35　半剖视图效果二

6.4.8　局部剖视图

局部剖视图是工程图中生成一个局部视图来显示一个视图的某个部分,通常是以放大比例显示。下面以图 6.36 所示为例,说明创建局部剖视图的一般过程。

(1)打开"网盘:\第 6 章\连接座局部剖视图.SLDDRW"文件。

(2)选择下拉菜单"插入"→"工程图视图"→"断开的剖视图"。

(3)绘制剖切范围。绘制如图 6.37 所示的样条曲线作为剖切范围。

(4)定义深度参考。在"断开的剖视图"管理器中,将深度定义为 30 mm,如图 6.38 所示。

(5)选中"断开的剖视图"→"预览"复选框,预览生成的视图。

(6)单击"断开的剖视图"窗口,按"确定"键,完成操作。

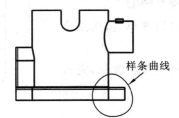
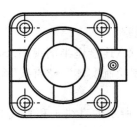

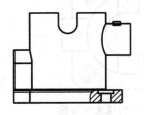
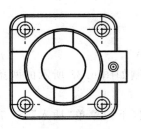

图 6.36　局部剖视图　　　　图 6.37　绘制样条曲线　　　图 6.38　"断开的剖视图"管理器

6.4.9　局部放大图

局部放大图是将机件的部分结构用大于原图所采用的比例画出的图形,根据需要可画成视图、剖视图或断面图,放置时应尽量放在被放大部位的附近。下面以图 6.39 为例,说明创建局部放大图的一般步骤。

(1)打开文件"网盘:\第 6 章\连接座局部剖视图.SLDDRW"。

(2)选择下拉菜单"插入"→"工程图视图"→"局部视图"命令,系统弹出"局部视图"窗口。

(3)绘制剖切范围。绘制如图 6.39 所示的圆作为剖切范围。

(4)定义放大比例。在"局部视图"窗口的"比例缩放"区域中选中"使用父关系比例"或"使用自定义比例"单选项,在其下方的下拉列表中选择"用户定义",再在其下方的文本框中输入比例"2∶5"。

(5)放置视图。选择合适的位置单击以放置视图。

(6)单击局部视图窗口中的 ✔ 按钮,完成操作。

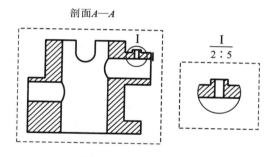

图 6.39　局部放大图

6.4.10　断裂视图

在机械制图中,经常遇到一些长细形的零件组,若要反映整个零件的尺寸形状,需要大幅面的图纸来绘制。为了节省空间和反映零件形状尺寸,在实际绘图中常选用断裂视图。断裂视图是指从零件视图中删去选定亮点之间的视图部分,将余下的两部分合并成一个带破断线的视图。下面以图 6.40 为例,说明创建断裂视图的一般过程。

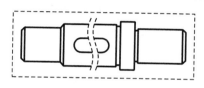

图 6.40　断裂视图

(1)打开文件"网盘:\第 6 章\轴工程图"。

(2)选择命令。选择下拉菜单"插入"→"工程图视图"→"断裂视图"命令,系统弹出"断裂视图"窗口。

（3）选择要断裂的视图，放置两条折断线，如图 6.41 所示。

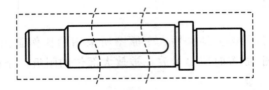

图 6.41　放置折断线

（4）在"断裂视图设置"区域的"缝隙大小"文本框里输入 3 mm，再在"折断线样式"下拉菜单中选择"曲线切断"，如图 6.42 所示。

图 6.42　"缝隙大小"设置

（5）单击"断裂视图"中的 ✔ 按钮，完成操作。

6.5　尺寸及尺寸公差标注

由 3D 实体零件和装配体创建的 2D 工程图，除了包含由模型建立的各类视图外，还有尺寸、注解和材料明细表等标注内容。SolidWorks 工程图模块具有方便的尺寸标注功能，也可以根据用户需要手动标注尺寸。

工程视图中的尺寸标注是与模型相关联的，而且模型中的尺寸修改会反映到工程图中。通常用户在生成零件特征时就会生成尺寸，然后将这些尺寸插入到各个工程图中。在模型中更改尺寸会更新工程图，在工程图中改变插入的尺寸也会改变模型。

6.5.1　自动标注尺寸

"自动标注尺寸"命令可以一步生成全部的尺寸标注，下面介绍其操作步骤。

打开文件"网盘:\第 6 章\带孔平板工程图. SLDDRW"。

（1）选择命令。选择下拉菜单"工具"→"标注尺寸"→"智能尺寸"命令，系统弹出如图 6.43 所示的"尺寸"管理器窗口。

（2）在图 6.43 所示的"尺寸"管理器窗口中，单击"自动标注尺寸"选项卡，系统弹出如图 6.44 所示的"自动标注尺寸"管理器窗口。

图 6.43　"尺寸"管理器窗口

图 6.44　"自动标注尺寸"管理器窗口

（3）在要标注尺寸的实体区域中选择"所有视图中实体"单选项，在"水平尺寸"和"竖直尺寸"区域中的"略图"下拉列表中选中"基准"。

（4）选取要标注尺寸的视图。在视图以外、视图虚线框以内的区域单击，选取要选中的视图。

（5）单击 按钮，如图 6.45 所示，完成操作。

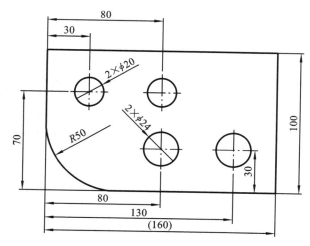

图 6.45　自动标注尺寸

6.5.2　手动标注尺寸及尺寸公差

当自动生成尺寸不能全面地表达零件的结构，或者在工程图中需要增加一些特定的标注时，就需要手动标注尺寸。选择下拉菜单"工具"→"标注尺寸"命令，利用该菜单可以完成尺寸标注。

下面请手动标注图 6.46 所示的尺寸及尺寸公差。其操作步骤如下。

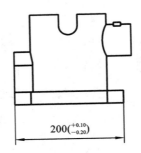

图 6.46　尺寸及尺寸公差标注

（1）打开文件"网盘:\第 6 章\连接座工程图. SLDDRW"。

（2）选择命令。选择下拉菜单"工具"→"标注尺寸"→"智能尺寸"命令,系统弹出"尺寸"窗口。

（3）选取图 6.46 所示的直线,选择合适的位置单击,以放置尺寸。

（4）定义公差。在"尺寸"窗口的"公差/精度"区域中设置如图 6.47 所示的参数,或者直接点击基本尺寸,在如图 6.48 所示的图框中填写尺寸公差。

（5）单击"尺寸"窗口中的 ✔ 按钮,完成操作。

图 6.47　"尺寸"管理器窗口

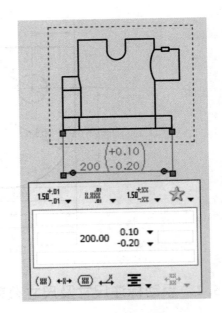

图 6.48　公差设置

6.6　尺寸编辑

从"尺寸标注"的操作中,有时尺寸会显得很杂乱,有时或出现重复尺寸,这类问题可通过尺寸操作来解决。尺寸操作包括尺寸文本的移动、删除和隐藏,尺寸在视图上的切换,尺寸线的修改,尺寸线的延长,尺寸属性的修改等。

6.6.1　移动尺寸

移动尺寸及尺寸文本有以下三种方法。

(1) 在同一视图内,直接拖拽要移动的尺寸到理想位置。

(2) 在不同的视图内,按住 Shift 键直接拖拽要移动的尺寸到理想位置。

(3) 在不同的视图内,按住 Ctrl 键直接拖拽要移动的尺寸复制到理想位置。

6.6.2　删除尺寸

选择要删除的尺寸,按 Delete 键即可。

6.6.3　隐藏与显示尺寸

隐藏尺寸:选中要隐藏的尺寸并单击右键,在弹出的快捷菜单中选中"隐藏"命令。

显示尺寸:选择下拉菜单"视图"→"隐藏/显示注解",此时被隐藏的尺寸是灰色,选择要显示的尺寸,再按 Esc 键即可显示尺寸。

6.6.4　尺寸属性修改

尺寸属性包括尺寸精度、尺寸的显示方式、尺寸文本、尺寸线和尺寸公差等。其修改步骤如下:打开工程图,单击要修改的尺寸,系统弹出"尺寸"窗口,如图 6.49 所示,在"尺寸"窗口中有"数值"、"引线"和"其它"三类选项,在各类选项中按要求修改即可。

图 6.49　"尺寸"属性修改

6.7　注释文本

在工程图中,除了注释还有技术文件,其创建步骤如下。

(1) 选择下拉菜单"插入"→"注解"→"注释",系统弹出"注释"窗口,如图 6.50 所示。

(2) 定义引线类型。单击"引线",选择理想的引线。

（3）创建文本。在图形区单击一点放置注释文本,在弹出的注释文本框中输入注释文本,如图 6.51 所示。

图 6.50 "注释"窗口

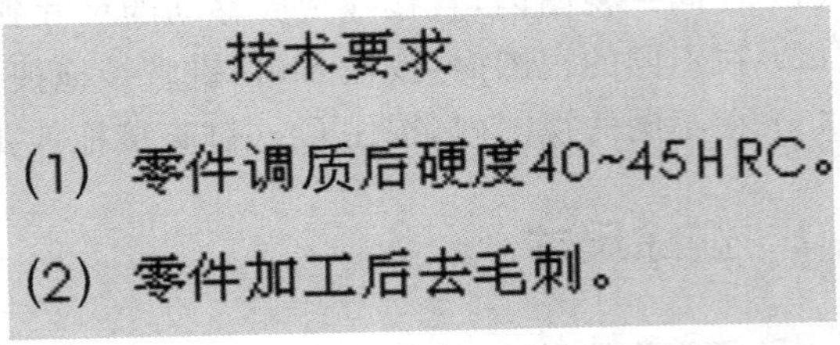

技术要求

（1）零件调质后硬度40~45HRC。

（2）零件加工后去毛刺。

图 6.51 创建注释文本

（4）单击"尺寸"窗口中的 ✔ 按钮,完成操作。

6.8 工程图实例

下面以轴的工程图设计为例,介绍从模型生成完整工程图的过程。

1. 新建的工程图

点击"文件"→"新建"→"工程图",按"确定"键。

2. 建立符合 GB 零件的 A3 图纸格式

在"图纸格式大小"选中"标准图纸大小",选择 A3 图纸格式,按"确定"键,得到 A3 图纸界面,如图 6.52 所示。

3. 将模型视图插入到工程图中

点击"插入"→"工程图视图"→"模型"窗口,点击"浏览"→打开"网盘:\第 6 章\光轴.SLDPRT"文件。在"方向"标准视图中选择适合的主视图。

4. 指定图纸比例

在"比例"中,选择"使用自定义比例",选择"2：1"作为图纸比例,如图 6.53 所示,得到主视图,如图 6.54 所示。

5. 添加中心线

点击"插入"→"注解"→"中心线",打开"中心线"管理器窗口,如图 6.55 所示。选择如图 6.56 所示的中下两边的边线 1 和边线 2,得到水平中心线,中心线长度可以随意伸缩,拉伸中心线到如图 6.56 所示的位置。点击"插入"→"注解"→"中心符号线",选择圆弧,得到圆弧的中心线。

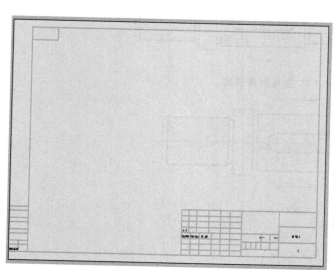

图 6.52　A3 图纸界面

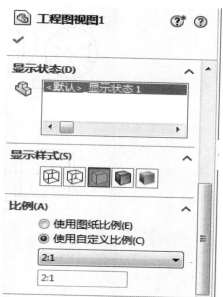

图 6.53　指定图纸比例

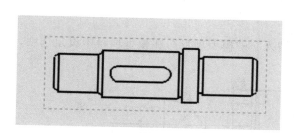

图 6.54　主视图

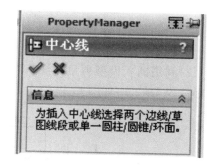

图 6.55　"中心线"管理器窗口

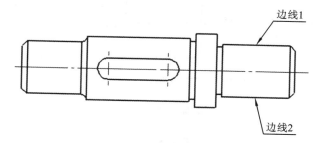

图 6.56　添加中心线和中心符号线

6. 生成剖面视图

（1）单击工程图工具栏上的"剖面视图"按钮 ，出现"请在工程图视图上绘制一条线以生成剖视图"的提示，按要求完成该操作，如图 6.57 所示。

（2）编辑视图编号或字体样式，更改视图对齐方式，如图 6.58 所示。

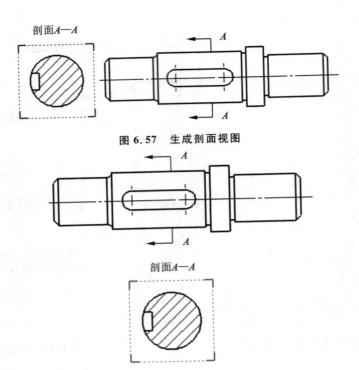

图 6.57 生成剖面视图

剖面A—A

图 6.58 视图对齐

7. 尺寸标注

利用插入模型项目标注基本尺寸。单击"插入"→"模型项目",在模型项目中设定选项,标注模型尺寸,如图 6.59 所示。

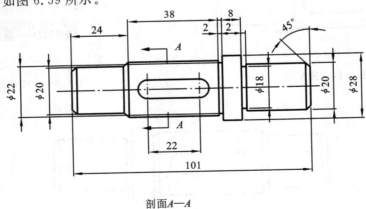

剖面A—A

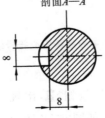

图 6.59 尺寸标注

8. 标注尺寸公差

单击需要标注公差的尺寸，进行公差标注，如图 6.60 所示。

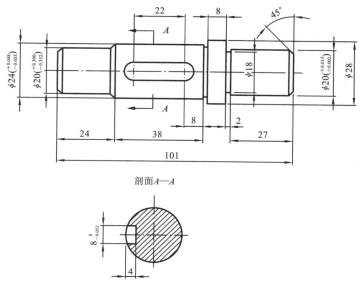

剖面 *A—A*

图 6.60　标注尺寸公差

9. 标注基准特征与形位公差

单击"插入"→"注解"→"基准特征"，如图 6.61 所示，打开"基准特征"管理器窗口，在"标号设定"中填写相关标号，按要求设定基准符号相关信息，如图 6.64 所示。

单击"插入"→"注解"→"形位公差"，如图 6.62 所示，打开"形位公差"属性窗口，输入要求的"形位公差"，如图 6.63 所示，按要求设定"形位公差"的相关信息，如图 6.64 所示。

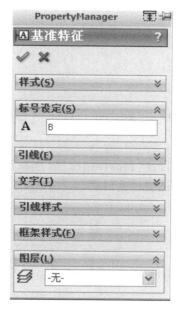

图 6.61　"基准特征"管理器窗口

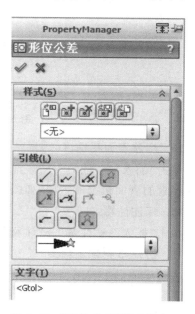

图 6.62　"形位公差"管理器窗口

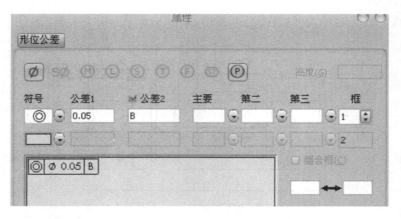

图 6.63 "形位公差"属性窗口

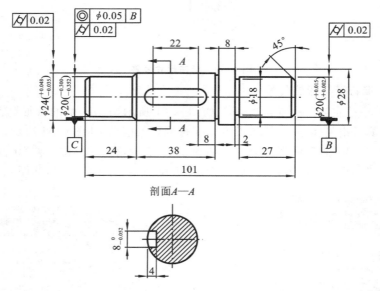

图 6.64 基准特征与形位公差标注

10. 标注表面粗糙度

单击"插入"→"注解"→"表面粗糙度",如图 6.65 所示,打开"表面粗糙度"管理器窗口,输入要求的表面粗糙度数值,如图 6.66 所示,按要求设定粗糙度相关信息。

11. 标注注释

单击"插入"→"注解"→"注释",设定相关信息。

12. 进一步完善工程图

查看生成的工程图,将遗漏的地方完善。最终的轴工程图如图 6.67 所示。

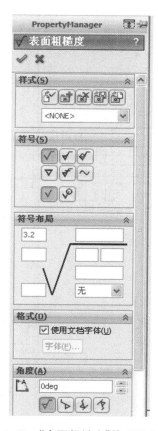

图 6.65　"表面粗糙度"管理器窗口

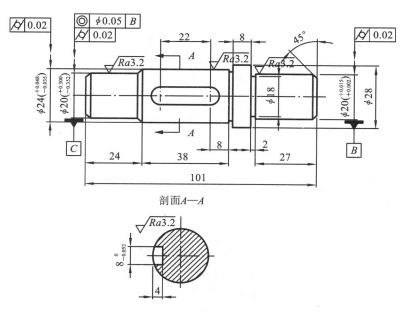

剖面 A—A

图 6.66　表面粗糙度标注

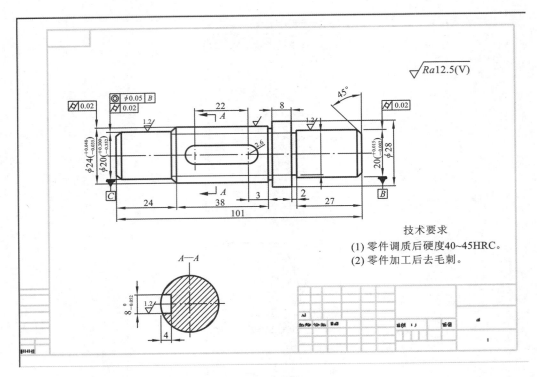

图 6.67   轴工程图

习　　题

6-1　打开"网盘：\第 6 章\习题 6.1"文件，如题 6-1 图所示，创建工程图。

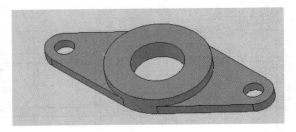

题 6-1 图

6-2　打开"网盘：第 6 章\习题 6.2"文件，如题 6-2 图所示，创建工程图。

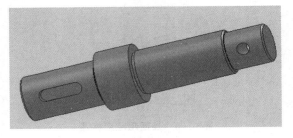

题 6-2 图

6-3 打开"网盘:第六章\习题 6.3"文件,如题 6-3 图所示,创建工程图。

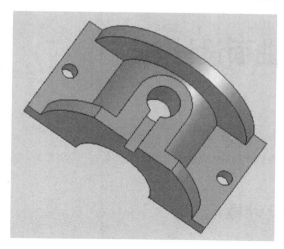

题 6-3 图

第 7 章 曲面设计

7.1 曲面设计概念

随着现代制造业对产品的外观、功能、实用设计等角度的要求越来越高,产品的造型也越来越复杂,单纯的实体造型特征已满足不了产品造型的需要,曲线曲面特征就可以解决这一问题。

曲线是构成曲面的基本要素,在绘制许多造型复杂的零件时,要经常用到曲线工具。

曲面是一种零厚度的几何体,生成曲面和生成实体特征的许多方法都有相同之处,如拉伸、旋转、扫描及放样等。曲面同时还使用其他功能,如剪裁、解除剪裁曲面、填充及缝合曲面等特征。

曲面有助于丰富实体的造型功能。曲面比实体更为灵活,因为设计人员不需要马上定义曲面间的边界,而一直到设计的最后阶段才需要定义,这种灵活性可以帮助产品设计人员对平滑、延伸曲面进行操作。

7.2 创建曲线

SolidWorks 提供了多种生成曲线的方法,如通过 XYZ 点的曲线、通过参考点的曲线、螺旋线/涡状线、投影曲线、分割线和组合曲线等。曲线工具栏如图 7.1 所示。

图 7.1 曲线工具栏

7.2.1 通过 XYZ 点的曲线

通过 XYZ 点的曲线是根据系统坐标系,分别给定曲线上若干点的三维坐标值,系统通过对这些点进行平滑过渡而形成的曲线。

所给定点的坐标值可以通过手工输入,也可以通过外部文本文件并读入。输入的点文件只能是文本文件(后缀 txt)或 SolidWorks 曲线文件(后缀 sldcrv)。有效的文本文件内容,数据之间只能用空格隔开或换行。

1. 手工输入创建"通过 XYZ 点的曲线"

手工输入创建"通过 XYZ 点的曲线"的操作步骤如下。

(1) 单击"曲线"工具栏上的"通过 XYZ 点的曲线"按钮 ，或者选择下拉菜单"插入"→"曲线"→"通过 XYZ 点的曲线"命令,出现"曲线文件"对话框,如图 7.2 所示。

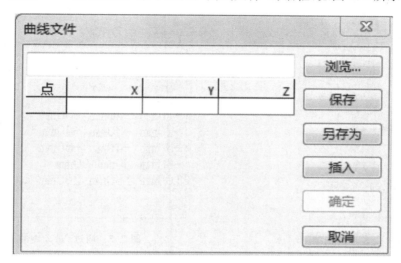

图 7.2　"曲线文件"对话框

(2) 定义曲线通过的点。通过双击对话框中的 X、Y 和 Z 坐标列中的单元格,并在每个单元格中输入坐标值,输完后在单元格中双击可添加新点,如图 7.3 所示。

点	X	Y	Z
1	10mm	15mm	20mm
2	20mm	30mm	40mm
3	25mm	40mm	50mm
4	40mm	50mm	60mm

图 7.3　通过 XYZ 输入坐标点

(3) 双击数据值,可以对数据进行局部修改。

（4）单击 [保存] 按钮，保存数据文件，要将文件名中的"＊"改为其他字符，否则不能保存。

（5）单击 [确定] 按钮，生成通过 XYZ 点的曲线，如图 7.4 所示。

2. 通过文本文件创建"通过 XYZ 点的曲线"

通过文本文件创建"通过 XYZ 点的曲线"的操作步骤如下。

（1）新建文本文件，输入点的三维坐标值，如图 7.5 所示。数值缺省的单位为"mm"，如是其他距离单位，应在数值后添加具体单位。

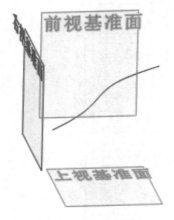

图 7.4 通过 XYZ 点的曲线

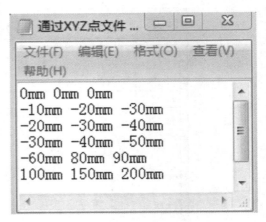

图 7.5 通过 XYZ 点的文本

（2）单击"曲线"工具栏上的"通过 XYZ 点的曲线"按钮 ，或者选择下拉菜单"插入"→"曲线"→"通过 XYZ 点的曲线"命令，出现"曲线文件"对话框，如图 7.2 所示。

（3）点击 [浏览...] ，导入图 7.5 建立的文本文件，如图 7.6 所示。

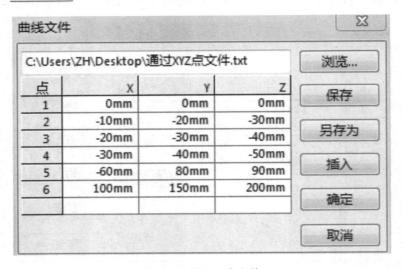

图 7.6 导入文本文件

（4）点击 [确定] 按钮，生成通过 XYZ 点的曲线，如图 7.7 所示。

图 7.7 导入文本文件生成曲线

7.2.2 通过参考点的曲线

通过参考点的曲线是指利用模型的顶点或草图中的点,来生成一条通过这些点的曲线。

1. 利用模型的顶点创建"通过参考点的曲线"

利用模型的顶点创建"通过参考点的曲线"的操作步骤如下。

(1) 单击"曲线"工具栏上的"通过参考点的曲线"按钮 ,或者选择下拉菜单"插入"→"曲线"→"通过参考点的曲线"命令,出现"通过参考点的曲线"属性管理器,如图 7.8 所示。

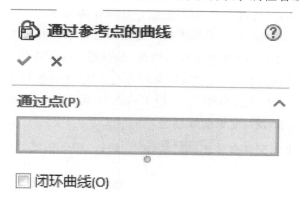

图 7.8 "通过参考点的曲线"属性管理器

(2) 在绘图区已有模型上选取模型的顶点,如图 7.9 所示。

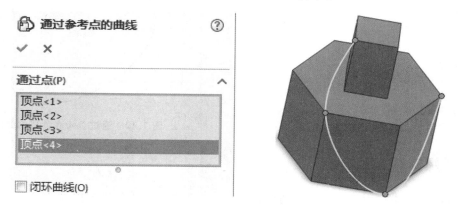

图 7.9 "通过参考点的曲线"的操作

（3）单击"确定"按钮 ，生成通过参考点的曲线，如图 7.10(a)所示。如果在上步操作中图 7.9"通过参考点的曲线"属性管理器中选中 ☑ **闭环曲线(O)**，则完成的创建曲线如图 7.10(b)所示。

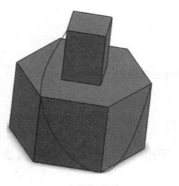　　　　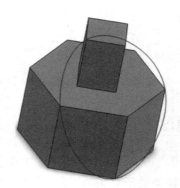

（a）未封闭曲线　　　　　　　　　　　（b）封闭曲线

图 7.10　"通过参考点的曲线"完成图

2. 利用草图中的点创建"通过参考点的曲线"

利用草图中的点创建"通过参考点的曲线"的操作步骤如下。

（1）打开"网盘:\第 7 章\利用草图中的点创建通过参考点的曲线.SLDPRT"文件。

单击"曲线"工具栏上的"通过参考点的曲线"按钮 🔲，或者选择下拉菜单"插入"→"曲线"→"通过参考点的曲线"命令，出现"通过参考点的曲线"属性管理器，如图 7.8 所示。

（2）定义通过的点。依次选取图 7.11 所示的点 1、点 2、点 3、点 4、点 5。

（3）单击"确定"按钮 ✔，完成曲线创建。

注意　　如果选中曲线窗口中的 ☑ **闭环曲线(O)** 按钮，那么创建的曲线为封闭曲线，如图 7.12 所示。

　　　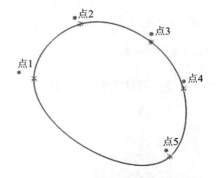

图 7.11　定义通过的点　　　　　　**图 7.12　通过参考点创建的曲线**

7.2.3　螺旋线/涡状线

通过曲线命令可以在零件中生成螺旋线/涡状线曲线。此曲线可以被当成一个路径或引导曲线使用在扫描的特征上，或者作为放样特征的引导曲线。在创建螺旋线/涡状线之前,必须绘制一个圆或选取包含单一圆的草图来定义螺旋线的断面。螺旋线有恒定螺距和可变螺距两种参数,其中通过恒定螺距创建螺旋线的定义方式有螺距和圈数、高度和圈数、高度和螺距;通过可变螺距创建螺旋线的定义方式有螺距和圈数、高度和螺距。

1. 恒定螺距创建"螺旋线"

恒定螺距创建"螺旋线"的操作步骤如下。

1)螺距和圈数

(1)新建"恒定螺距螺旋线-螺距和圈数.SLDPRT"文件。在 FeatureManager 设计树中选择前视基准面,单击"草图"工具栏上的"草图绘制"按钮 ,进入草图绘制,绘制 φ30 mm 的圆。

(2)单击"曲线"工具栏上的"螺旋线/涡状线"按钮 ,或者选择下拉菜单"插入"→"曲线"→"螺旋线/涡状线"命令,出现"螺旋线/涡状线"属性管理器。

(3)在"螺旋线/涡状线"属性管理器中设定参数。在"定义方式"下拉列表中选择"螺距和圈数"选项,在"参数"选项中选中"恒定螺距"单选按钮,在"螺距"文本框中输入"15.00 mm",在"圈数"文本框中输入"6",在"起始角度"文本框中输入"0.00 度",选择"顺时针"单选按钮,如图 7.13 所示。

图 7.13 "螺旋线/涡状线"属性管理器

(4)单击"确定"按钮 ,生成螺旋线,如图 7.14 所示。

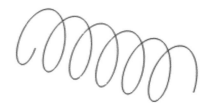

图 7.14 "螺距和圈数"创建恒定螺距-螺旋线

2)高度和圈数

(1)新建"恒定螺距螺旋线-高度和圈数.SLDPRT"文件。在 FeatureManager 设计树中选择前视基准面,单击"草图"工具栏上的"草图绘制"按钮 ,进入草图绘制,绘制 φ30 mm 的圆。

(2)单击"曲线"工具栏上的"螺旋线/涡状线"按钮 ,出现"螺旋线/涡状线"属性管理器,在"定义方式"下拉列表中选择"高度和圈数"选项,在"高度"文本框中输入"90.00 mm",在"圈数"文本框中输入"6",在"起始角度"文本框中输入"0.00 度",选择"顺时针"单选按钮。

（3）单击"确定"按钮 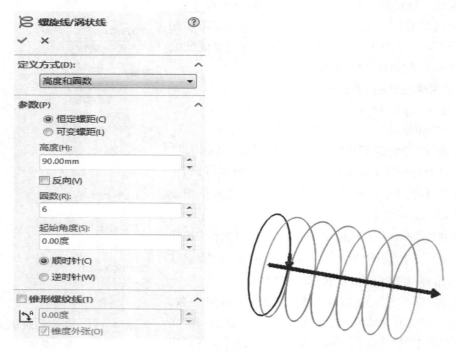，生成螺旋线，如图7.15所示。

图 7.15 "高度和圈数"创建恒定螺距-螺旋线

3）高度和螺距

（1）新建"恒定螺距螺旋线-高度和螺距.SLDPRT"文件。在FeatureManager设计树中选择前视基准面，单击"草图"工具栏上的"草图绘制"按钮 ，进入草图绘制，绘制 ϕ30 mm 的圆。

（2）单击"曲线"工具栏上的"螺旋线/涡状线"按钮 ，出现"螺旋线/涡状线"属性管理器，在"定义方式"下拉列表中选择"高度和螺距"选项，在"参数"选项中选中"恒定螺距"单选按钮，在"高度"文本框中输入"90.00 mm"，在"螺距"文本框中输入"15.00 mm"，在"起始角度"文本框输入"0.00度"，选择"顺时针"单选按钮。

（3）单击"确定"按钮 ，生成螺旋线，如图7.16所示。

2. 可变螺距创建"螺旋线"

可变螺距创建"螺旋线"的操作步骤如下。

1）螺距和圈数

（1）新建"可变螺距螺旋线-螺距和圈数.SLDPRT"文件。在FeatureManager设计树中选择前视基准面，单击"草图"工具栏上的"草图绘制"按钮 ，进入草图绘制，绘制 ϕ30 mm 的圆。

（2）单击"曲线"工具栏上的"螺旋线/涡状线"按钮 ，出现"螺旋线/涡状线"属性管理器，在"定义方式"下拉列表中选择"螺距和圈数"选项，在"参数"选项中选中"可变螺距"单选

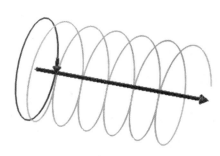

图 7.16　"高度和螺距"创建恒定螺距-螺旋线

按钮,在"区域参数"列表框中输入参数,在"起始角度"文本框中输入"180.00 度",选择"顺时针"单选按钮。

（3）单击"确定"按钮 ✅,生成可变螺旋线,如图 7.17 所示。

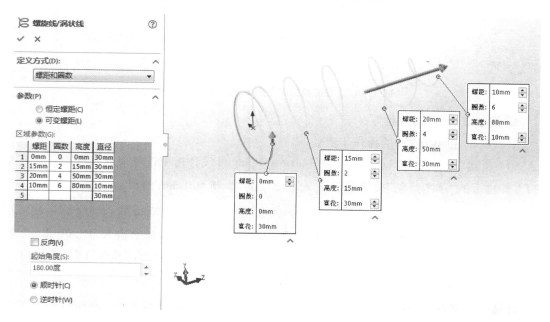

图 7.17　"螺距和圈数"创建可变螺距-螺旋线

2）高度和圈数

（1）新建"可变螺距螺旋线-高度和圈数.SLDPRT"。在 FeatureManager 设计树中选择前视基准面,单击"草图"工具栏上的"草图绘制"按钮 ,进入草图绘制,绘制 φ30 mm 的圆。

(2) 单击"曲线"工具栏上的"螺旋线/涡状线"按钮 ,出现"螺旋线/涡状线"属性管理器,在"定义方式"下拉列表中选择"高度和圈数"选项,在"参数"选项中选中"可变螺距"单选按钮,在"区域参数"列表框中输入参数,在"起始角度"文本框中输入"180.00 度",选择"顺时针"单选按钮。

(3) 单击"确定"按钮 ,生成可变螺旋线,如图 7.18 所示。

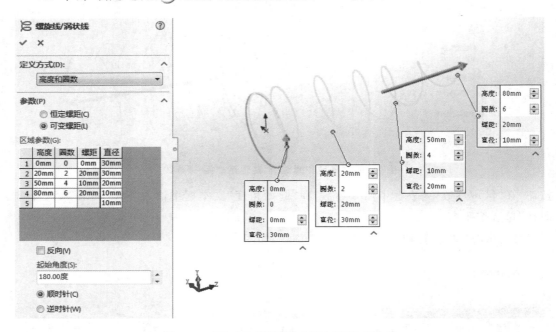

图 7.18 "高度和圈数"创建可变螺距-螺旋线

3. 涡状线创建"螺旋线"

涡状线创建"螺旋线"的操作步骤如下。

(1) 新建"涡状线.SLDPRT"。在 FeatureManager 设计树中选择前视基准面,单击"草图"工具栏上的"草图绘制"按钮 ,进入草图绘制,绘制 φ30 mm 的圆。

(2) 单击"曲线"工具栏上的"螺旋线/涡状线"按钮 ,出现"螺旋线/涡状线"属性管理器,在"定义方式"下拉列表中选择"涡状线"选项,在"螺距"文本框中输入"15.00 mm",在"圈数"文本框中输入"6",在"起始角度"文本框中输入"0.00 度",选择"顺时针"单选按钮。

(3) 单击"确定"按钮 ,生成涡状线,如图 7.19 所示。

注意 在螺旋线/涡状线的创建过程中,如果在 参数(P) 定义区域选中 反向(V) ,则所创建的螺旋线/涡状线方向相反。

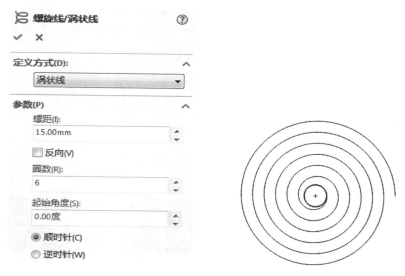

图 7.19　涡状线

7.2.4　投影曲线

投影曲线是将曲线沿其所在平面的法向投影到指定曲面上而生成的曲线,有"面上草图"和"草图上草图"两种创建方式。

"面上草图"的投影是将草图投影到模型的面上,并在模型的面上形成一条 3D 曲线。

"草图上草图"的投影生成曲线的方法如下:首先在两个相交的基准面上分别绘制草图,此时系统会将每一个草图沿所在平面的垂直方向投影得到一个曲面,最后这两个曲面在空间中相交而生成一条 3D 曲线。

1."面上草图"创建"投影曲线"

"面上草图"创建"投影曲线"的操作步骤如下。

(1)打开"网盘:\第 7 章\草图到面投影曲线.SLDPRT"文件。

(2)单击"曲线"工具栏上的"投影曲线"按钮 ,或者选择下拉菜单"插入"→"曲线"→"投影曲线"命令,出现"投影曲线"属性管理器,如图 7.20 所示。

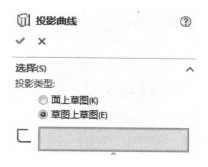

图 7.20　"投影曲线"属性管理器

（3）在"选择"下，将"投影类型"设定到 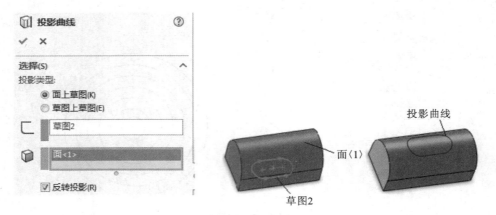 面上草图(K) 选项，激活"要投影的草图"列表框，在图形区选择"草图 2"，激活"投影面"列表框，在图形区选择"面〈1〉"，选中"反转投影"复选框，单击"确定"按钮，生成投影曲线，如图 7.21 所示。

图 7.21　面上草图投影曲线

2. "草图上草图"创建"投影曲线"

"草图上草图"创建"投影曲线"的操作步骤如下。

（1）打开"网盘：\第 7 章\草图上草图投影曲线.SLDPRT"文件。

（2）单击"曲线"工具栏上的"投影曲线"按钮，或者选择下拉菜单"插入"→"曲线"→"投影曲线"命令，出现"投影曲线"属性管理器，如图 7.22 所示。

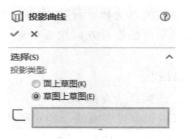

图 7.22　"投影曲线"属性管理器

（3）在"选择"列表中选择"草图上草图"选项，激活"要投影的一些草图"列表框，在图形区选择"草图 1"、"草图 2"，单击"确定"按钮，生成投影曲线，如图 7.23 所示。

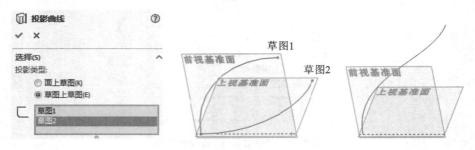

图 7.23　草图上草图投影曲线

7.2.5　分割线

"分割线"命令可以将草图、实体边缘、曲面、面、基准面或曲面样条曲线投影到曲面或平面,将所选的面分割为多个分离的面,从而允许对分离的面进行操作。分割线类型有轮廓、投影和交叉点分割线三种。

1. 使用轮廓建立"分割线"

使用轮廓建立"分割线"的操作步骤如下。

(1) 打开"网盘:\第 7 章\使用轮廓建立分割线.SLDPRT"文件。

(2) 单击"曲线"工具栏上的"分割线"按钮 ⊠,或者选择下拉菜单"插入"→"曲线"→"分割线"命令,出现"分割线"属性管理器,如图 7.24 所示。

(3) 在"分割类型"中选择"轮廓"单选按钮,激活"拔模方向"列表框,在 FeatureManager 设计树中选择"上视基准面",激活"要分割的面"列表框,在图形区选择"面〈1〉",单击"确定"按钮 ✅,生成分割线,如图 7.24 所示。

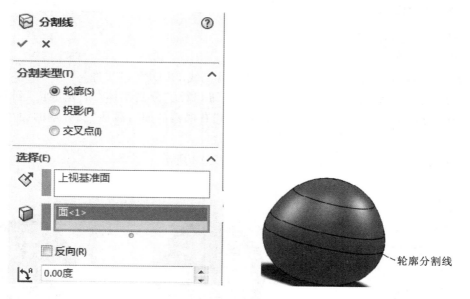

图 7.24　使用轮廓建立"分割线"

2. 使用投影建立"分割线"

使用投影建立"分割线"的操作步骤如下。

(1) 打开"网盘:\第 7 章\使用投影建立分割线.SLDPRT"文件。

(2) 单击"曲线"工具栏上的"分割线"按钮 ⊠,出现"分割线"属性管理器,在"分割类型"中选择"投影"单选按钮,激活"要投影的草图"列表框,在 FeatureManager 设计树中选择"草图 2",激活"要分割的面"列表框,在图形区选择"面〈1〉",如图 7.25 所示。

(3) 单击"确定"按钮 ✅,生成分割线,如图 7.26 所示。

注意　投影曲线和使用投影建立分割线的区别在于:投影曲线生成的曲线,对所投影的面没有任何影响;而分割线所生成的曲线,可同时以曲线为轮廓将投影面分割开来。

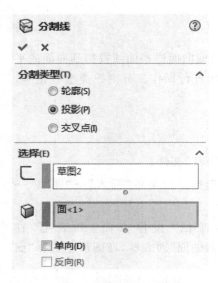

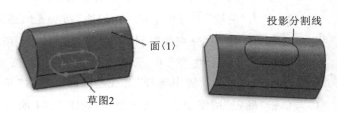

图 7.25 "分割线"属性管理器

图 7.26 使用投影建立"分割线"

3. 使用交叉点建立"分割线"

使用交叉点建立"分割线"的操作步骤如下。

（1）打开"网盘：\第 7 章\使用交叉点建立分割线.SLDPRT"文件。

（2）在"分割类型"中选择"交叉点"单选按钮，激活"分割实体/面/基准面"列表框，在 FeatureManager 设计树中选择"前视基准面"和"右视基准面"，激活"要分割的面/实体"列表框，在图形区选择"面〈1〉"，如图 7.27 所示。

（3）单击"确定"按钮 ✅，生成分割线，如图 7.28 所示。

 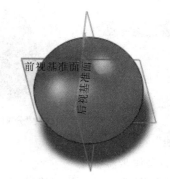 

图 7.27 交叉点"分割线"属性管理器

图 7.28 使用交叉点建立分割线

7.2.6 组合曲线

组合曲线是将连续的曲线、草图线或模型的边线组合为单一的曲线。组合后的曲线可作为扫描或放样操作的路径、中心线或引导线。这里需要特别说明的是要组合的曲线必须是首尾端点相连的几条曲线,曲线不连续或不是首尾端点相交都无法组合。

创建"组合曲线"的操作步骤如下。

（1）打开"网盘:\第 7 章\组合曲线.SLDPRT"文件。

（2）单击"曲线"工具栏上的"组合曲线"按钮，出现"组合曲线"属性管理器，激活"要连接的实体"列表框，在图形区选择"边线〈1〉"、"草图 3"和"草图 4"。

（3）单击"确定"按钮，生成组合曲线，如图 7.29 所示。

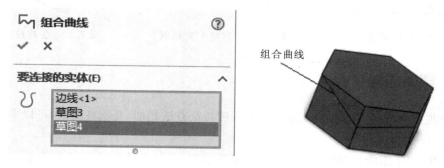

图 7.29　组合曲线

7.3　曲面

曲面是一种可用来生成实体特征的几何体。SolidWorks 的"曲面"工具栏如图 7.30 所示。

图 7.30　"曲面"工具栏

7.3.1　拉伸曲面

拉伸曲面的造型方法和特征造型中的拉伸特征方法相似,不同点在于曲线拉伸操作的草图对象可以封闭也可以不封闭,生成的是曲面而不是实体。要拉伸曲面,可以采用下面的操作。

（1）单击"草图绘制"按钮　，打开一个草图并绘制曲面轮廓,如图 7.31 所示。

（2）单击"曲面"工具栏上的"拉伸曲面"按钮，或者选择菜单栏中的"插入"→"曲面"→"拉伸曲面"命令。

（3）在如图 7.32 所示的"方向 1(1)"对话框中的终止条件下拉列表框中选择拉伸终止条件。

选择"给定深度",在　微调框中设置拉伸的深度为"10.00 mm",单击"确定"按钮，完成拉伸曲面的生成,如图 7.33 所示。

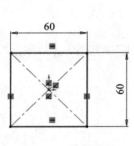

图 7.31　绘制草图

图 7.32　"方向 1"对话框

图 7.33　生成拉伸曲面

7.3.2　旋转曲面

旋转曲面的造型方法和特征造型中的旋转特征方法相似,要旋转曲面,可以采用下面的操作。

(1) 单击"草图绘制"按钮 🖿,选择前视基准面,并绘制曲面轮廓及它将绕着旋转的中心线,如图 7.34 所示。

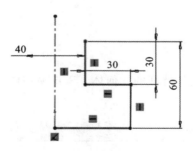

图 7.34　绘制草图

(2) 单击"曲面"工具栏上的"旋转曲面"按钮 🐾,或者选择菜单栏中的"插入"→"曲面"→"旋转曲面"命令。

(3) 选择一特征旋转所绕的轴 🖍。根据所生成的旋转特征的类型,此旋转轴可能为中心线、直线或一边线等。

(4) 在方向按钮 🗒 下"旋转类型" 🐾 下拉列表框中进行设置,如图 7-35 所示。

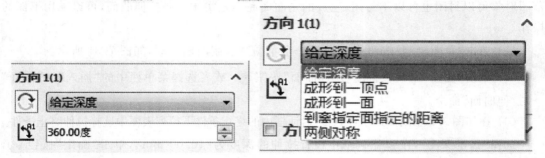

图 7.35　生成旋转曲面

7.3.3 扫描曲面

扫描曲面的方法同扫描特征的生成方法十分类似,也可以通过引导线扫描,在扫描曲面中最重要的一点就是引导线的端点必须贯穿轮廓图元。

下面以一个实例来介绍引导线的曲面扫描的操作过程。

(1) 选择前视基准面,绘制扫描引导线,如图 7.36 所示。

(2) 再次选择前视基准面,绘制扫描路径,如图 7.37 所示。

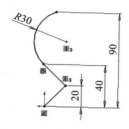

图 7.36 扫描引导线

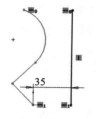

图 7.37 扫描路径

(3) 选择上视基准面,绘制扫描轮廓,在引导线与轮廓之间建立重合几何关系,在路径与轮廓之间建立穿透几何关系,如图 7.38 所示。

(4) 单击"曲面"工具栏上的"扫描曲面"按钮 ,或者选择菜单栏中的"插入"→"曲面"→"扫描"命令。

(5) 在"曲面-扫描"PropertyManager 设计树中,单击"轮廓" 图标右侧的显示框,然后在图形区域中选择轮廓草图,则所选草图出现在该框中。

(6) 单击"路径" 图标右侧的显示框,然后在图形区域中选择路径草图,则所选路径草图出现在该框中。此时在图形区域中可以预览扫描曲面的效果。

(7) 在"方向/扭转类型"下拉列表框中,选择以下选项:随路径和第一条引导线变化及随第一条引导线变化确定扭转类型。

(8) 激活"引导线"栏,然后在图形区域中选择引导线。

(9) 单击"确定"按钮 ,即可生成扫描曲面,如图 7.39 所示。

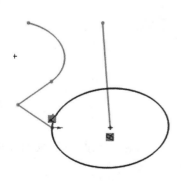

图 7.38 扫描轮廓

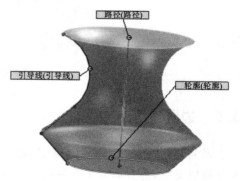

图 7.39 引导线扫描曲面

7.3.4 放样曲面

放样曲面的造型方法和特征造型中的放样特征方法相似,放样曲面是通过曲线之间进行过渡而生成曲面的方法。

下面就以一个实例来简单介绍如何对该 PropertyManager 设计树进行放样曲面的操作。

(1) 创建基准面,选择 ⊞ 参考几何体,建立与前视基准面距离为 40 的参考基准面,共建立 3 个。

(2) 分别在前视基准面和创建的基准面上面绘制放样轮廓,如图 7.40 所示。

(3) 如有必要还可以生成引导线来控制放样曲面的形状。

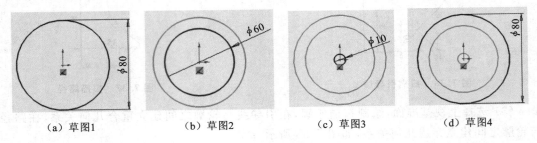

| (a) 草图1 | (b) 草图2 | (c) 草图3 | (d) 草图4 |

图 7.40　放样草图

(4) 单击"曲面"工具栏上的"放样曲面"按钮 🎏 。

(5) 在"曲面-放样"PropertyManager 设计树中,单击 🐾 图标右侧的显示框,然后在图形区域中按顺序选择轮廓草图,则所选草图出现的该框中,在右面的图形区域中显示生成的放样曲面。

(6) 单击"确定"按钮 ✅,即可完成放样,如图 7.41 所示。

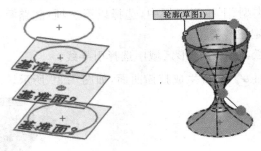

图 7.41　放样曲面

7.3.5 边界曲面

边界曲面的造型方法可用于生成在两个方向(曲面的所有边)相切或曲率连续的曲面。在大多数情况下,边界曲面生成的曲面比放样曲面生成的曲面质量更高。

边界曲面的造型方法具体操作步骤如下。

（1）打开"网盘:\第 7 章\边界曲面.SLDPRT"文件。

（2）单击"曲面"工具栏的"边界曲面"按钮 ◈，或者选择菜单栏中的"插入"→"曲面"→"边界曲面"命令，会弹出如图 7.42 所示的"边界-曲面 1"属性管理器。

（3）在"边界-曲面 1"属性管理器 ◈ 中，在方向 1(1)区域的列表框中选择曲线草图，设置边界曲面如图 7.42 所示。

（4）单击"确定"按钮 ✅，即可生成边界曲面，如图 7.43 所示。

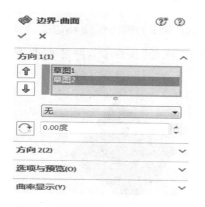

图 7.42 "边界-曲面 1"属性管理器

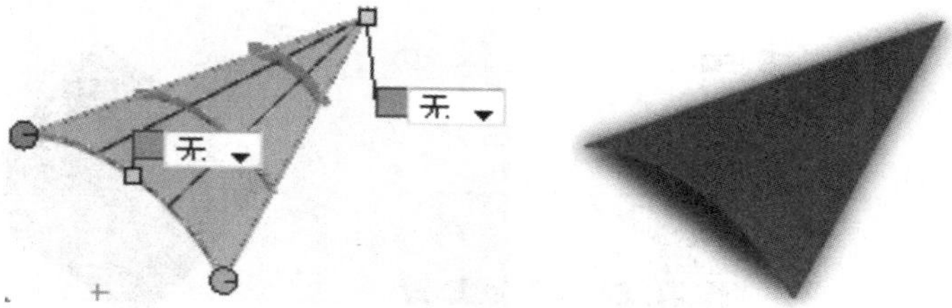

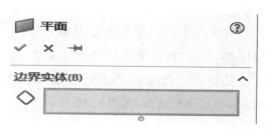

图 7.43 生成边界曲面

7.3.6 平面区域

生成平面区域可以通过草图中生成有边界的平面区域，也可以在零件中生成有一组闭环边线边界的平面区域，具体操作步骤如下。

（1）选择前视基准面，点击草图绘制按钮 ▢，绘制单一轮廓的闭环草图，如图 7.44 所示。

（2）单击"曲面"工具栏的"平面区域"按钮 ▢，或者选择菜单栏中的"插入"→"曲面"→"平面区域"命令，会弹出如图 7.45 所示的对话框。

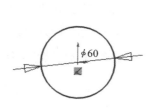

图 7.44 "平面区域"草图

图 7.45 "平面区域"对话框

（3）在"平面区域" ▢ 中，选择"边界实体" ⬡，并在图形区域中选择草图，生成平面区域如图 7.46 所示。

（4）如果要在零件中生成平面区域，打开"网盘:\第 7 章\平面区域.SLDPRT"文件，在

图 7.46   草图生成平面区域

"平面区域" □ 中,则选择"边界实体" ⬡,然后在图形区域中选择零件上的一组闭环边线。

注意   所选的组中所有边线必须位于同一基准面上,单击"确定"按钮 ✓,即可生成平面区域,如图7.47所示。

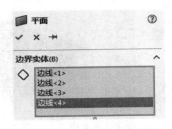

图 7.47   零件中生成平面区域

7.3.7   填充曲面

利用填充曲面特征可以在模型的边线、草图或曲线边界内形成带任意边数的曲面修补。其具体操作步骤如下。

单击"曲面"工具栏上的"填充曲面"按钮 ◈,或者选择下拉菜单"插入"→"曲面"→"填充曲面"命令,出现"曲面填充"属性管理器。根据欲生成的填充曲面类型设定属性管理器选项。单击"确定"按钮 ✓,生成填充曲面。

1. 接触

打开"网盘:\第 7 章\填充曲面(接触).SLDPRT"文件。单击"曲面"工具栏上的"填充曲面"按钮 ◈,出现"曲面填充 1"属性管理器,激活"修补边界"列表框,在图形区域中选择"边线 1"、"边线 2"、"边线 3"、"边线 4",在"曲率控制"下拉列表中选择"相触"选项,单击"确定"按钮 ✓,生成填充曲面,如图 7.48 所示。

2. 相切

打开"网盘:\第 7 章\填充曲面(相切).SLDPRT"文件。单击"曲面"工具栏上的"填充曲面"按钮 ◈,出现"曲面填充 1"属性管理器,激活"修补边界"列表框,在图形区域中选择"边线 1"、"边线 2"、"边线 3"、"边线 4",在"曲率控制"下拉列表中选择"相切"选项,单击"确定"按钮 ✓,生成填充曲面,如图 7.49 所示。

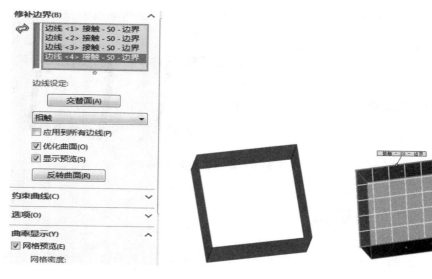

图 7.48　填充曲面(相触)

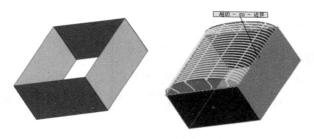

图 7.49　填充曲面(相切)

7.3.8　等距曲面

等距曲面的造型方法是对于已经存在的曲面(不论是模型的轮廓面还是生成的曲面),都可以像等距曲线一样生成等距曲面。

如果要生成等距曲面,可以采用下面的操作。

(1) 打开"网盘:\第 7 章\等距曲面.SLDPRT"文件。单击"曲面"工具栏上的"等距曲面"按钮🥄,或者选择菜单栏中的"插入"→"曲面"→"等距曲面"命令。此时会出现如图7.50所示的"等距曲面"对话框。

(2) 在"等距曲面"对话框中,单击🖐图标右侧的显示框,然后在右侧的图形区域选择等距的模型面或生成的曲面。

(3) 在"等距参数"栏中的微调框中指定等距曲面之间的距离。此时在右面的图形区域中显示等距曲面的效果。

图 7.50　"等距曲面"对话框

(4) 如果等距面的方向有误,单击"反向"按钮🔁,反转等距方向。

（5）单击"确定"按钮 ，完成等距曲面的生成，如图 7.51 所示。

图 7.51　等距曲面的生成

7.4　曲面的圆角

曲面的圆角可以在两组曲面表面之间建立光滑连接的过渡曲面。曲面圆角的类型有等半径、变半径、面圆角和完整圆角。

7.4.1　等半径圆角

创建等半径圆角的一般过程如下。

（1）打开"网盘:\第 7 章\等半径圆角.SLDPRT"文件。

（2）单击"曲面"工具栏上的"圆角"按钮 ，选择"圆角类型" ，修改对话框 圆角项目(I) 中的圆角半径值，使其为 20 mm。

（3）单击"边线圆角项目"对话框，选择边线，可以同时单击选择多条边线，单击"确定"按钮，生成的曲面圆角如图 7.52 所示。

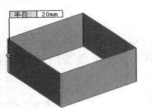

图 7.52　等半径曲面圆角

7.4.2　变半径圆角

曲面变半径圆角可以生成带有可变半径值的圆角。创建变半径圆角的一般过程如下。

（1）打开"网盘:\第 7 章\变半径圆角.SLDPRT"文件。

（2）单击"圆角"按钮 ，或者单击"插入"→"曲面"→"圆角"选项。选择"圆角类型" ，单击"圆角项目"对话框，选择边线，如图 7.53(a)所示。

在"圆角"窗口 变半径参数(P) 区域的 文本框中输入 1，单击图形区空白处或按"Enter"键。

定义圆角半径的操作步骤如下。

（1）在"圆角"窗口 **变半径参数(P)** 区域的 列表框中选择 **V1** 选项后，在 文本框中输入 1，再单击图形区空白处或按"Enter"键。

（2）在"圆角"窗口 **变半径参数(P)** 区域的 列表框中选择 **V2** 选项后，在 文本框中输入 2，再单击图形区空白处或按"Enter"键。

（3）单击"确定"按钮，创建的曲面变半径圆角如图 7.53(b)所示。

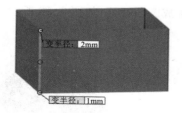
（a）创建变半径圆角

（b）变半径圆角

图 7.53　变半径曲面圆角

7.4.3　面圆角

曲面面圆角是把两个接触或没有结触的面用圆角连接并剪切掉多余的部分。

（1）打开"网盘:\第 7 章\曲面面圆角（面接触）.SLDPRT"文件。

（2）单击"圆角"按钮 ，或者单击"插入"→"曲面"→"圆角"选项。

（3）选择"圆角类型" ，修改对话框 **圆角项目(I)** 中的圆角半径值，使其为 10。在 **圆角项目(I)** 的面组 1 和面组 2 框中，分别选择两相邻的面，如图 7.54(a)所示。

（4）单击"确定"按钮，生成的曲面面圆角如图 7.54(b)所示。

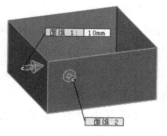
（a）创建面圆角

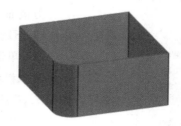
（b）面圆角

图 7.54　两接触面创建的曲面面圆角

7.4.4　完整面圆角

完整面圆角用于生成相切于 3 个相邻面组的圆角，中央面组将被圆角替代，中央面组圆角的半径取决于设置的圆弧的半径。

创建完整面圆角的一般过程如下。

（1）打开"网盘:\第 7 章\完整面圆角.SLDPRT"文件。

（2）单击"圆角"按钮 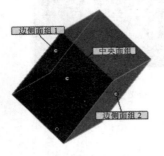，或者单击"插入"→"曲面"→"圆角"选项，选择"圆角类型"

。

（3）在系统弹出的"圆角"属性管理器中，系统缺省状态位于"手工"选项卡，在"边侧面组 1"中选择"面 1"，在"中央面组"中选择"面 2"，在"边侧面组 2"中选择"面 3"，如图 7.55 所示。

（4）单击圆角属性管理器的"确定"按钮 ，生成圆角特征，如图 7.56 所示。

图 7-55　创建完整面圆角

图 7.56　完整面圆角

7.5　曲面的剪裁

剪裁曲面是指采用布尔运算的方法在一个曲面与另一个曲面、基准面或草图交叉处修剪曲面，或者将曲面与其他曲面联合使用作为相互修剪的工具。

图 7.57　"剪裁曲面"对话框

剪裁曲面主要有两种方式：第一种是标准剪裁，以线性图元修剪曲面；第二种是相互剪裁，使两个曲面互相剪裁。

剪裁曲面的一般过程如下。

（1）打开"网盘:\第 7 章\剪裁曲面.SLDPRT"文件。

（2）单击"曲面"工具栏上的"剪裁曲面"按钮 ，或者选择菜单栏中的"插入"→"曲面"→"剪裁"命令，此时会出现如图 7.57 所示的"剪裁曲面"对话框。

（3）在"剪裁曲面"对话框中单选"剪裁类型"按钮，包括以下两种剪裁类型。

①"标准"：使用曲面作为剪裁工具，在曲面相交处剪裁曲面。

②"相互"：将两个曲面作为互相剪裁的工具。

如果选择了"标准"，则在如图 7.58 所示的"选择"栏中单击"剪裁工具"下的显示框，然后在图形区域中选择一个曲面作为剪裁工具。

（4）单击"保留选择"下的显示框，然后在图形区域中选择需要的区域作为保留部分，所选项目会在对应的显示框中显示。单击确定 按钮，完成曲面的剪裁，如图 7.59 所示。

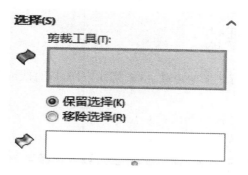

图 7.58 "剪裁曲面"对话框中的"选择"栏

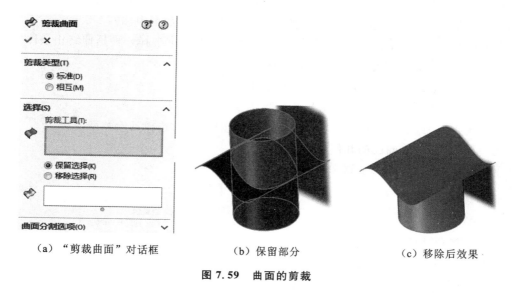

（a）"剪裁曲面"对话框　　（b）保留部分　　（c）移除后效果

图 7.59 曲面的剪裁

注意 （1）如果在图 7.59(a) 的窗口设置中选择 ⊙ **移除选择(R)**，在 图形区域中选择与图 7.59(b) 中相反的部分作为要移除的部分，结果如图 7.59(c) 所示。

（2）如果在图 7.57 中选择了"相互"，在"选择"栏中单击"剪裁工具"项目中 图标右侧的显示框，然后在图形区域中选择作为剪裁曲面的至少两个相交曲面，结果如图 7.60 所示。

图 7.60 剪裁后效果

7.6　曲面的延伸

曲面的延伸可以在现有曲面的边缘,沿着切线方向,以直线或随曲面的弧度产生附加的曲面。

曲面延伸的一般操作过程如下。

(1) 打开"网盘:\第 7 章\曲面的延伸.SLDPRT"文件。

单击"曲面"工具栏上的"延伸曲面"按钮 ，或者选择菜单栏中的"插入"→"曲面"→"延伸曲面"命令,此时会出现如图 7.61 所示的"延伸曲面"对话框。

(2) 在"延伸曲面"对话框中单击"拉伸的边线/面"栏中的第一个显示框,然后在右面的图形区域中选择曲面边线或曲面,此时被选项目出现在该显示框中。

(3) 在如图 7.62 所示的"终止条件"栏中的单选按钮组中选择一种延伸终止条件。

①"距离":在 微调框中指定延伸曲面的距离。

②"成形到某一面":延伸曲面到图形区域中选择的面。

③"成形到某一点":延伸曲面到图形区域中选择的某一点。

(4) 在如图 7.62 所示的"延伸类型"栏的单选按钮组中,选择延伸类型。

①"同一曲面":沿曲面的几何体延伸曲面。

②"线性":沿边线相切于原来曲面来延伸曲面。

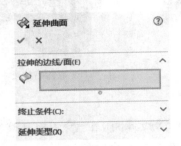

图 7.61　"延伸曲面"对话框

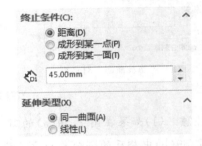

图 7.62　"终止条件"与"延伸类型"栏

(5) 单击"确定"按钮 ,完成曲面的延伸。

如果在步骤(2)中选择的是曲面,则曲面上所有的边都相等地延伸形成曲面,如图 7.63 所示;如果选择的是曲面的边线,则系统会延伸这些边线形成曲面,如图 7.64 所示。

图 7.63　选择面形成的延伸曲面

图 7.64　选择边线形成的延伸曲面

7.7　曲面的缝合

缝合曲面是将相连的两个或多个独立曲面连接成一体。

曲面缝合的一般操作过程如下。

（1）打开"网盘：\第 7 章\缝合曲面.SLDPRT"文件。

（2）单击"曲面"工具栏上的"缝合曲面"按钮 ，或者选择菜单栏中的"插入"→"曲面"→"缝合曲面"命令，此时会出现如图 7.65（a）所示的"缝合曲面"对话框。

（3）在"缝合曲面"对话框中单击"选择"栏中 图标右侧的显示框，然后在图形区域中选择要缝合的面，所选项目列举在该显示框中，如图 7.65（b）所示。

（4）单击"确定"按钮 ，完成曲面的缝合工作。

缝合后的曲面外观没有任何变化，但是多个曲面已经可以作为一个实体来选择和操作，如图 7.65（c）所示。

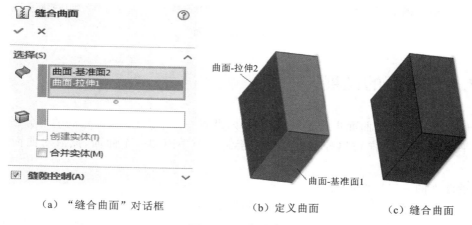

（a）"缝合曲面"对话框　　　　　　（b）定义曲面　　　　（c）缝合曲面

图 7.65　曲面缝合

7.8　删除面

删除面命令可以把现有的多个面进行删除，也可以对删除后的曲面进行修补或填充。删除面有下面 3 种功能：从曲面实体删除面；从曲面实体或实体中删除一个面并自动对其进行修补；从实体中删除一个或者多个面以便生成曲面。

删除曲面的一般操作过程如下。

（1）打开"网盘：\第 7 章\删除曲面.SLDPRT"文件。

（2）单击"曲面"工具栏上的"删除面"按钮 ，或者选择菜单栏中的"插入"→"面"→"删除"命令，此时会出现如图 7.66（a）所示的"删除面"对话框。

（3）在"删除面"对话框中单击"选择"栏中 图标右侧的显示框，然后在图形区域或特征管理器中选择要删除的面。此时要删除的曲面在该显示框中显示，如图 7.66（b）所示。

（4）如果单击"删除"单选按钮，将删除所选曲面；如果单击"删除并修补"单选按钮，则在删除曲面的同时，对删除曲面后的曲面进行自动修补；如果单击"删除并填补"单选按钮，则在删除曲面的同时，对删除曲面后的曲面进行自动填充。

（5）单击"删除"单选按钮后，单击"确定"按钮 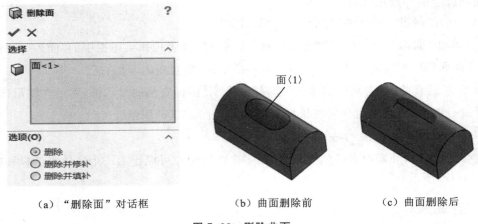，完成曲面的删除，如图 7.66(c)所示。

（a）"删除面"对话框　　　　（b）曲面删除前　　　　（c）曲面删除后

图 7.66　删除曲面

7.9　曲面的延展

延展曲面是对一个曲面进行延展，延展可以沿着一个平面进行，即延展的部分平行于一个参考平面，且延长方向可以控制。这里先绘制一个平面和一个曲面，然后对曲面进行延展。

延展曲面的一般操作过程如下。

（1）打开"网盘:\第 7 章\延展曲面.SLDPRT"文件。

（2）单击"曲面"工具栏上的"延展曲面"按钮 ，或者选择菜单栏中的"插入"→"曲面"→"延展曲面"命令，此时会出现如图 7.67 所示的"延展曲面"对话框。

图 7.67　"延展曲面"对话框

（3）在"延展曲面"对话框中，单击 图标右侧的显示框，然后在右面的图形区域中选择要延展的边线。

（4）单击"延展参数"栏中加的第一个显示框，然后在图形区域中选择模型面作为延展曲面方向,延展方向将平行于模型面。

(5) 注意图形区域中的箭头方向(指示延展方向),如有错误,单击"反向"按钮 。

(6) 在 图标右侧的微调框中指定曲面的宽度。

(7) 如果希望曲面继续沿零件的切面延伸,选择"沿切面延伸"复选框。

(8) 单击"确定"按钮 ,完成曲面的延展,如图 7.68 和图 7.69 所示。

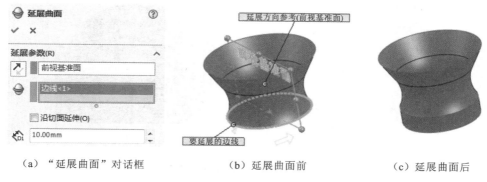

（a）"延展曲面"对话框　　　　（b）延展曲面前　　　　（c）延展曲面后

图 7.68　曲面的延展

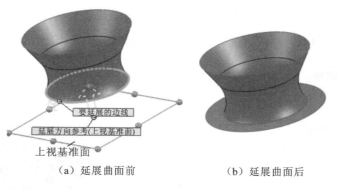

（a）延展曲面前　　　　（b）延展曲面后

图 7.69　曲面的延展

7.10　将曲面转化为实体

7.10.1　缝合曲面的实体化

缝合曲面是将相连的两个或多个独立曲面连接成一体,并可尝试将其实体化。

缝合曲面的实体化的一般操作过程如下。

(1) 打开"网盘:\第 7 章\缝合曲面形成实体.SLDPRT"文件。选择剖面视图命令 ,在剖面视图窗口的设置如图 7.70(a)所示,定义剖面,显示为缝合实体化前的曲面,如图 7.70 (b)所示。

(2) 单击"曲面"工具栏上的"缝合曲面"按钮 ,或者选择菜单栏中的"插入"→"曲面"

→"缝合曲面"命令,此时会出现如图 7.71(a)所示的"缝合曲面"对话框。

（a）"剖面视图"窗口 （b）显示曲面

图 7.70　缝合实体化前的曲面

（3）在"缝合曲面"对话框中单击"选择"栏中  图标右侧的显示框,然后在图形区域中选择要缝合的面,并选中 尝试形成实体(T),所选项目列举在该显示框中,如图 7.71(a)所示。

（4）单击"确定"按钮 ,完成曲面的缝合工作,如图 7.71(b)所示。

（a）"缝合曲面"对话框 （b）缝合曲面形成实体

图 7.71　曲面缝合形成实体

7.10.2　加厚开放曲面的实体化

曲面加厚命令可以将开放的曲面加厚转化为实体特征。

加厚曲面的一般操作过程如下。

（1）打开"网盘:\第 7 章\曲面加厚.SLDPRT"文件。

（2）选择菜单栏中的"插入"→"凸台/基体"→"加厚"命令,此时会出现如图 7.72(a)所示的"加厚"对话框。

（3）在"加厚"对话框中单击"加厚参数"栏中 图标右侧的显示框,然后在图形区域中选择要加厚的面,在"厚度"选项 中选择加厚的方式,最后在 图标右侧的显示框给定要加厚的厚度。

（4）单击"确定"按钮 ,完成曲面的加厚工作,如图 7.72(c)所示。

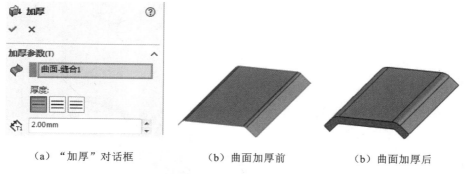

（a）"加厚"对话框　　　　（b）曲面加厚前　　　　（b）曲面加厚后

图 7.72　曲面加厚形成实体

7.11　课堂范例及课后习题

7.11.1　曲线综合范例

应用曲线建模扫描创建拉伸弹簧模型,如图 7.73 所示。

图 7.73　拉伸弹簧

1. 模型建模分析

支架是由两端拉钩和螺旋弹簧部分组成,此模型的建立将分为螺旋线→投影曲线→拉钩→D4 部分完成,如图 7.74 所示。

2. 建模过程

1）螺旋线部分

（1）新建文件

选择下拉菜单"文件"→"新建"命令,在新建对话框中单击"零件"图标,单击"确定"。

（2）在 FeatureManager 设计树中选择"前视基准面",单击"草图"工具栏上的"草图绘制"按钮 ,进入草图绘制,以原点为中心,绘制 $\phi10$ mm 的圆,单击"曲线"工具栏上的"螺旋线/涡状线"按钮 ,出现"螺旋线/涡状线"属性管理器,在"定义方式"下拉列表框内选择

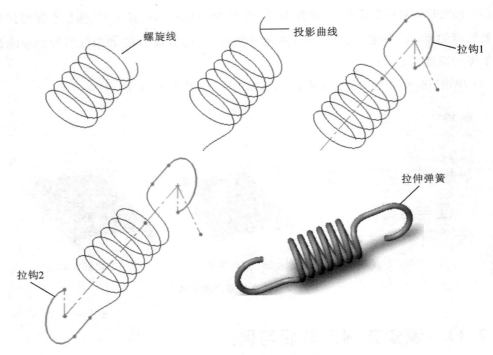

图 7.74 拉伸弹簧建模分析

"螺距和圈数",选择"恒定螺距"单选按钮,在"螺距"文本框内输入"4.00 mm",在"圈数"文本框内输入"6",在"起始角度"文本框内输入"0.00deg",选择"顺时针"单选按钮,单击"确定"按钮,生成螺旋线曲线,如图 7.75 所示。

2) 投影曲线部分

(1) 在 FeatureManager 设计树中选取前视基准面,单击"草图"工具栏上的"草图绘制"按钮,进入草图绘制,绘制四分之一圆,建立与螺旋线的穿透关系,如图 7.76 所示。

(2) 在 FeatureManager 设计树中选取上视基准面,单击"草图"工具栏上的"草图绘制"按钮,进入草图绘制,绘制四分之一圆,建立与螺旋线的穿透关系,如图 7.77 所示。

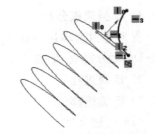

图 7.75 螺旋线曲线   图 7.76 建立"投影曲线"草图 2   图 7.77 建立"投影曲线"草图 3

(3) 单击"曲线"工具栏上的"投影曲线"按钮,出现"投影曲线"属性管理器,在"投影类型"中选择"草图上草图"选项,选择"草图 2"和"草图 3",单击"确定"按钮,完成投影曲线,如图 7.78 所示。

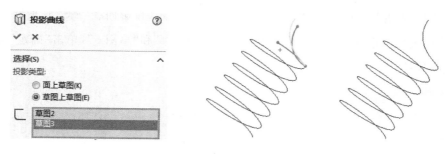

图 7.78　"投影曲线 1"创建

（4）单击"参考几何体"工具栏上的"基准面"按钮 ，出现"基准面"属性管理器，在第一参考 中选取"点〈1〉"，选择重合关系，在第二参考 中选取"前视"，选择平行关系，如图 7.79 所示，单击"确定"按钮 ，完成"基准面 1"的创建。

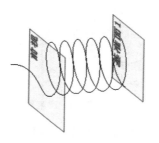

图 7.79　"基准面 1"的创建

（5）在 FeatureManager 设计树中选取基准面 1，单击"草图"工具栏上的"草图绘制"按钮 ，进入草图绘制，绘制四分之一圆，建立与螺旋线的穿透关系，如图 7.80 所示。

（6）在 FeatureManager 设计树中选取上视基准面，单击"草图"工具栏上的"草图绘制"按钮 ，进入草图绘制，绘制四分之一圆，建立与螺旋线的穿透关系，如图 7.81 所示。

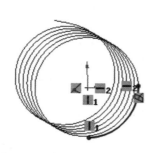

图 7.80　建立"投影曲线"草图 4

图 7.81　建立"投影曲线"草图 5

（7）单击"曲线"工具栏上的"投影曲线"按钮 ，出现"投影曲线"属性管理器，在"投影类型"下拉列表框内选择"草图上草图"选项，选择"草图 4"和"草图 5"，单击"确定"按钮 ✔，完成投影曲线，如图 7.82 所示。

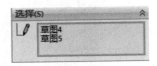

图 7.82　"投影曲线 2"创建

3）拉钩部分

（1）在 FeatureManager 设计树中选择右视基准面，单击"草图"工具栏上的"草图绘制"按钮 ，进入草图绘制，绘制草图，结束"拉钩 1"草图绘制，如图 7.83 所示。

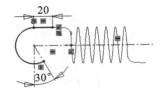

图 7.83　"拉钩 1"草图 6

（2）在 FeatureManager 设计树中选择右视基准面，单击"草图"工具栏上的"草图绘制"按钮 ，进入草图绘制，绘制草图，结束"拉钩 2"草图绘制，如图 7.84 所示。

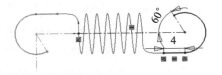

图 7.84　"拉钩 2"草图 7

4）拉伸弹簧部分

（1）单击"曲线"工具栏上的"组合曲线"按钮 ，出现"组合曲线"属性管理器，激活"要连接的实体"列表框，在 FeatureManager 设计树中选择"螺旋线/涡状线 1"、"草图 6"、"草图 7"、"曲线 1"和"曲线 2"，如图 7.85 所示，单击"确定"按钮 ✔，完成组合曲线。

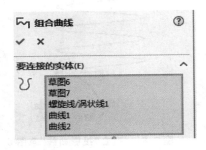
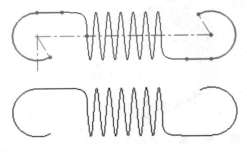

图 7.85　"组合曲线"特征

（2）单击"参考几何体"工具栏上的"基准面"按钮，出现"基准面"属性管理器，在第一参考"点〈1〉"，选择重合，在第二参考"边线〈1〉"，选择垂直，如图 7.86 所示，单击"确定"按钮，完成"基准面 2"的创建。

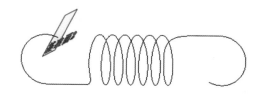

图 7.86 "基准面 2"的创建

（3）选取"基准面 2"，单击"草图绘制"按钮![](，进入草图绘制，绘制"轮廓"草图 $\phi2$ mm 的圆，单击"添加几何关系"按钮"添加几何关系"属性管理器，选取圆心和圆弧，单击"穿透"按钮"确定"按钮，如图 7.87 所示，结束"轮廓线"草图绘制。

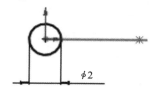

图 7.87 "轮廓线"草图 8

（4）单击"特征"工具栏上的"扫描"按钮"扫描"属性管理器，激活"轮廓"列表框，选择"草图 8"，激活"路径"列表框，选择"组合曲线 1"，展开"选项"标签，在"轮廓方位"下拉列表框内选择"随路径变化"，如图 7.88 所示，单击"确定"按钮。

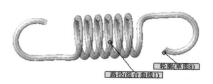

图 7.88 "扫描"特征

7.11.2　曲面综合建模

应用曲面建模创建排风扇面板模型,如图 7.89 所示。

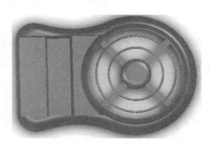

图 7.89　排风扇面板

1. 建模过程

(1)新建文件。选择下拉菜单"文件"→"新建"命令,在新建对话框中单击"零件"图标,单击"确定"。

(2)在 FeatureManager 设计树中选择前视基准面,单击"草图"工具栏上的"草图绘制"按钮 ,进入草图绘制界面绘制草图,如图 7.90 所示。

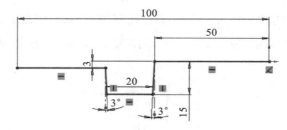

图 7.90　拉伸曲面草图

(3)单击曲面工具栏上的"拉伸曲面" ,设置终止条件为"两侧对称",拉伸深度为 90mm,结果如图 7.91 所示。

图 7.91　拉伸曲面

(4)在右视基准面上,绘制如图 7.92 所示的草图(无关曲面已经隐藏,下同)。

(5)单击曲面工具栏上的"旋转曲面" ,以中心构造线作为旋转轴,设置角度为 360°,结果如图 7.93 所示。

(6)创建一个基准面,将上视基准面向下偏移 10 mm,如图 7.94 所示。

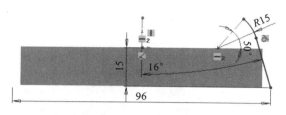

图 7.92　旋转曲面草图

图 7.93　旋转曲面

图 7.94　创建基准面

（7）在创建的基准面上绘制如图 7.95 所示的路径草图。

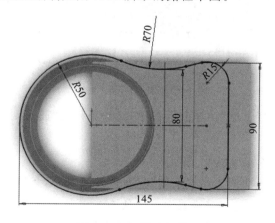

图 7.95　扫描路径草图

（8）在前视基准面上，绘制轮廓草图，并在轮廓草图与路径间添加穿透关系，如图 7.96 所示。

（9）曲面扫描特征。使用上面步骤中创建的草图及路径，使用默认设置，扫描得到如图

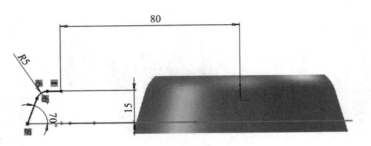

图 7.96 扫描轮廓草图

7.97 所示的曲面。

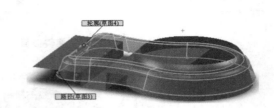

图 7.97 扫描曲面

（10）在右视基准面上绘制如图 7.98 所示草图轮廓。

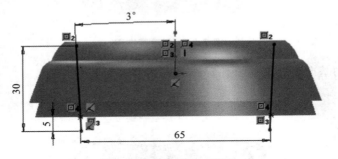

图 7.98 曲面拉伸 2 草图

（11）单击曲面工具栏上的"拉伸曲面" ，终止条件为"成形到一顶点"，拉伸效果如图 7.99 所示。

（12）曲面剪裁。

① 第 1 次剪裁。单击曲面工具栏上的"曲面-剪裁 1" ，具体设置如图 7.100 所示。

说明 剪裁后的曲面会自动缝合成单一的曲面。

② 第 2 次剪裁。在第一次剪裁后得到的曲面与扫描曲面间进行相互剪裁。具体设置如图 7.101 所示。

（13）创建圆角。单击特征工具栏上的"圆角" ，选择图 7.101 上的两条边线，设置半径为 2 mm。生成的曲面圆角如图 7.102 所示。

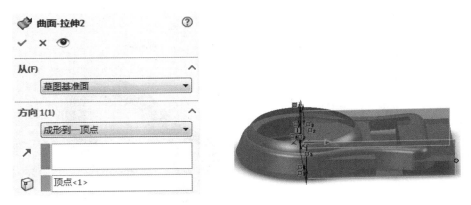

图 7.99　曲面拉伸 2

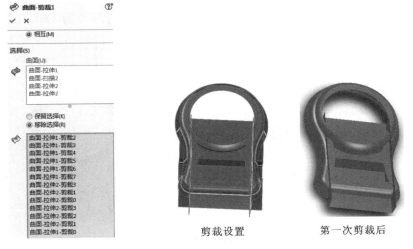

剪裁设置　　　　第一次剪裁后

图 7.100　第 1 次剪裁

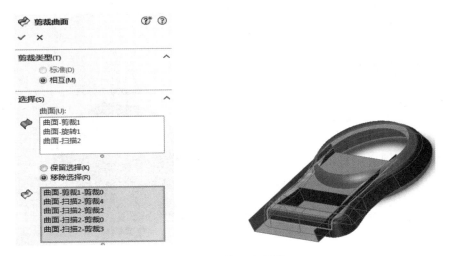

图 7.101　第 2 次剪裁

图 7.102　曲面圆角

（14）单击下拉菜单"插入"→"凸台/基体"→"加厚"，设置厚度为 1mm，并确认向曲面实体内侧加厚。生成的模型如图 7.103 所示。

图 7.103　曲面加厚

（15）单击下拉菜单"插入"→"曲面"→"延展曲面" ，具体设置如图 7.104 所示，确保曲面朝零件内侧延伸。

图 7.104　曲面延展

（16）选择下拉菜单"插入"→"切除"→"使用曲面切除"  ，选择延展曲面作为切割工具，并设置切除方向，如图 7.105 所示。

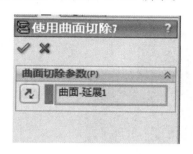

图 7.105　曲面切除

（17）创建中间的圆柱台。

① 选择上视基准面进行草图绘制，在原点处绘制 $\phi 25$ 的圆，如图 7.106 所示。

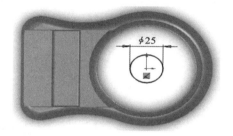

图 7.106　圆柱台草图

② 拉伸。将草图等距 10 mm 开始拉伸，双向拉伸，具体设置如图 7.107 所示。

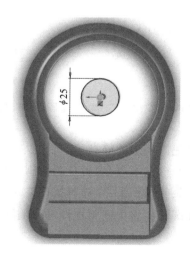

图 7.107　圆柱台创建

（18）创建四个斜的筋。

① 首先创建一个与右视基准面成 45°的基准面 2，然后在基准面 2 上绘制草图，如图 7.108所示。

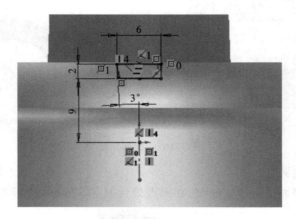

图 7.108　拉伸 2 草图

② 完成拉伸 2，如图 7.109 所示。

图 7.109　拉伸 2

③ 完成四个斜的筋。选择圆周阵列，打开临时轴，将拉伸 2 进行圆周阵列，如图 7.110 所示。

（19）创建圆环形的筋。

① 选择右视基准面，点击草图绘制，绘制如图 7.111 所示的轮廓。

② 选择旋转 命令。选择如图 7.111 所示的草图，具体操作如图 7.112 所示。

（20）面圆角。将中间圆柱体进行倒圆角，完成排风扇面板的创建，如图 7.113 所示。

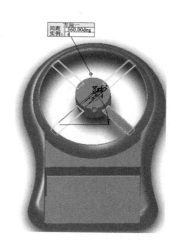

图 7.110 圆周阵列

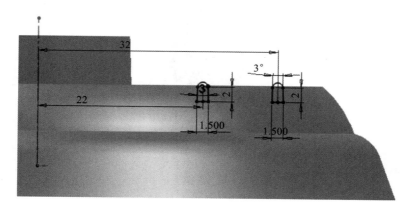

图 7.111 旋转草图

图 7.112 旋转 1

图 7.113　面圆角

习　　题

7-1　用曲面工具建立如题 7-1 图所示的花瓶,尺寸自定。

题 7-1 图

第 *8* 章　动画演示及运动仿真初步

SolidWorks Motion 是 SolidWorks 软件自带的插件之一,利用 SolidWorks Motion 插件,可以很方便地生成工程机构的装配关系、装配过程,并能生成机构实际工作过程的演示动画。此功能可以将设计者的设计意图很直观地展现出来,便于促进设计团队协调工作,也能将设计意图传递给用户。

8.1　SolidWorks Motion 插件的特点及基本操作

开启插件后,SolidWorks Motion 将集成于绘图区底部。

SolidWorks Motion 为基于时间线的界面,包括有三种不同层次的运动模拟类型:动画、基本运动、Motion 分析。

1. 动画类型

可使用动画类型下的工具使装配体运动起来。

(1) 添加马达来驱动装配体一个或多个零件的运动。

(2) 通过设定键码点在不同时间规定装配体零部件的位置。装配体运动使用插值来定义键码点之间装配体零部件的运动。

2. 基本运动类型

可使用该类型下的工具在装配体上模仿马达、弹簧、碰撞及引力。该运动类型在计算运动时会将质量引入分析中。该类型的计算相当快,所以可将之用来生成使用基于物理的模拟的演示性动画。

3. Motion 分析类型

可使用该类型下的工具在装配体上精确模拟和分析模拟单元的效果(包括力、弹簧、阻尼及摩擦)。Motion 分析使用计算能力强大的动力求解器,在计算中考虑到材料属性和质量及惯性,也可使用 Motion 来进一步分析描绘模拟的结果。

本章将在第 2、3、4 节中分别介绍这三种不同的运动模拟类型。

8.1.1　开启 SolidWorks Motion 插件

SolidWorks Motion 是 SolidWorks Education 2016 的插件之一。在 SolidWorks Education 2016 安装完成之后,系统默认并没有加载 SolidWorks Motion 插件,因此,首先

必须启动该插件。单击下拉菜单"工具"→"插件"命令,在 SolidWorks Motion 的前后复选框上打勾,单击"确定"按钮,如图 8.1 所示。这时在屏幕上会出现"新建运动算例"的工具栏。这样就启动了 SolidWorks Motion 插件,并且以后它会随着 SolidWorks 软件一起启动。

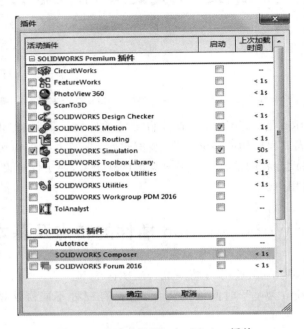

图 8.1 启动 SolidWorks Motion 插件

单击绘图区底部的"模型"或"运动算例 1"的标签,可以方便地在两者之间进行切换,如图 8.2 所示。对动画的编辑主要在 SolidWorks Motion 右半部分区域进行。右击"运动算例 1"标签,可以选择"新建、删除、重新命名"等操作。SolidWorks Motion 可以具备多个动画方案,彼此相互独立。

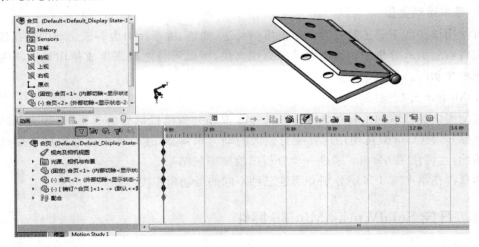

图 8.2 切换至 SolidWorks Motion 界面

8.1.2　SolidWorks Motion 界面介绍

SolidWorks Motion 使用基于"关键点"的界面。各个功能按钮安排得十分紧凑,下面分别予以详细介绍。"关键点"即零部件在不同时刻的不同的状态,包括颜色透明度、几何空间位置的变化等。如果是在装配体环境下,对于零部件进行合理约束之后,能够得到机构确定的运动轨迹。当设定两个关键点之后,SolidWorks 能自动求解出零部件两关键点之间的过渡状态。

SolidWorks Motion 的主要操作界面如图 8.3 所示,主要分为以下四个部分。

(1) 运动类型选项框:包括动画、基本运动和 Motion 分析。

(2) Motion 特征管理器。

(3) 动画和特征时间线:①关键点,对应于零部件位移或视像属性等的菱形状节点;②时间线区域,显示时间和动画事件类型的区域;③时间滑杆,沿时间线定位的竖直移动条,用鼠标拖动以设定动画时间;④过渡状态条,连接关键点的色带,在播放动画时显示。时间线被竖直网格线均分,这些网络线对应于表示时间的数字标记。数字标记从 00:00:00 开始,其间距取决于窗口的大小。例如,沿时间线可能每隔 1 s、2 s 或 5 s 就会有一个标记。间隔的大小可以通过 🔍🔍 按钮来调整,如图 8.4 所示。

(4) MotionManager 工具条。

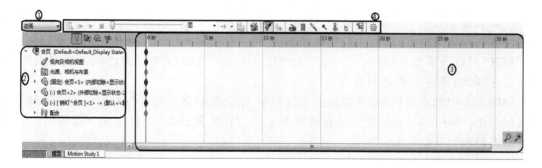

图 8.3　Solidworks Motion 的主要操作界面

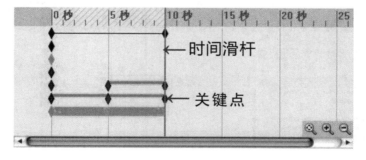

图 8.4　关键点和时间杆

在关键点编辑区域中,可以看到"关键点"由过渡状态条连接。过渡状态条使用不同的颜色来直观地识别零部件和类型的更改。从关键点之间连线的不同可以看出相应实现的功能。

在驱动运动和从动运动之间可以同时存在外观的更改,因此,各状态栏的图示可能存在复合。例如, 表示同时存在驱动运动和零部件外观的更改。

8.1.3　SolidWorks Motion 基本操作

打开一装配体文件,在绘图区底部默认生成"模型"和"运动算例 1"两个标签。右键单击"运动算例 1"标签,可以选择"复制"、"重新命名"或"生成新运动算例"等命令,如图 8.5所示。SolidWorks Motion 可以具备多个运动算例配置,彼此相互独立。在生成动画之前,需要对零部件进行合理的自由度约束。零件有六个自由度,在装配体文件中通过添加零件与零件之间的配合关系来限制自由度,以达到和实际物理样机相同的运动状态:平移或转动。

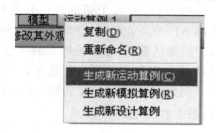

图 8.5　动画标签

生成关键点有三个步骤:①切换到"运动算例"界面;②根据机构运动的时间长度,拖动时间滑杆到相应的位置;③拖动装配体零部件,使其达到动画序列末端应达到的新的位置。

打开"网盘:\第 8 章\合页\合页. SLDSM"。注意,"运动算例 2"为已经设置好的算例,请读者在"运动算例 1"中进行练习。

如图 8.6 中的合页机构,在实际工作过程中,动合页绕合页销进行有限角度的旋转。下面通过 SolidWorks Motion 建立动合页两个不同位置的关键点,模拟出动合页旋转一定角度的动态过程。

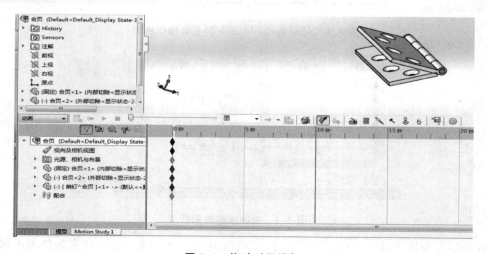

图 8.6　拖动时间滑杆

　　首先用鼠标拖动时间滑杆到 00:00:10 处,如图 8.6 所示,然后转到绘图区域,利用鼠标拖动动合页到 10 s 后应达到的位置,如图 8.7 所示。此时在状态栏中出现两个关键点,一个简单的运动设定完成。单击 SolidWorks Motion 工具栏上的"播放"按钮 就可以查看效果。通过过渡色带可以分析出动合页为主运动。

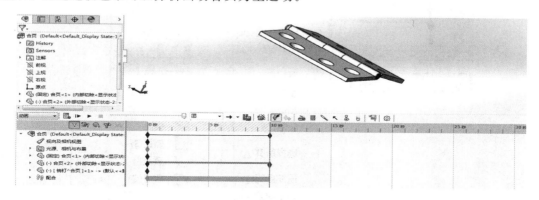

图 8.7　拖动动合页到达最终位置

　　用户也可以在动合页对应水平的时间栏区域 00:00:10 处单击右键,在菜单中选择"放置键码"。单击键码使其处于选中状态,然后再拖动零部件定位,两者达到的效果是一样的,如图 8.8 所示。

图 8.8　右键放置键码

　　对于已经存在的关键点,可以对其进行剪切、复制、删除或压缩处理。

　　在关键点之间,可以添加"插值模式"到动画,已便得到更接近实际情况的模拟,在时间线上,右键单击想要影响的零部件的"关键点",添加"插值模式",如图 8.9 所示。

　　如果零部件从 00:00:00(位置 A)变为 00:00:10(位置 B),则可以调整从位置 A 到位置 B 的播放运动,其中 A 和 B 代表沿时间线的关键点。线性 ∕:默认设置为零部件以匀速从位置 A 移到位置 B。捕捉 ⌐:零部件从位置 A 突变到位置 B。渐入 ⌡:零部件开始匀速移动,但随后会朝着位置 B 方向加速移动。渐出 ⌐:零部件一开始加速移动,但当快接近位置 B 时减速移动。渐入/渐出 ∫:结合这两者移动,这样零部件在接近位置 A 和位置 B 的中间位置过程中加速移动,然后在接近位置 B 过程中减速移动。

　　当所有的关键点都建立完毕,并且经预览无误后,就可以将运动过程录制为 AVI 影片。

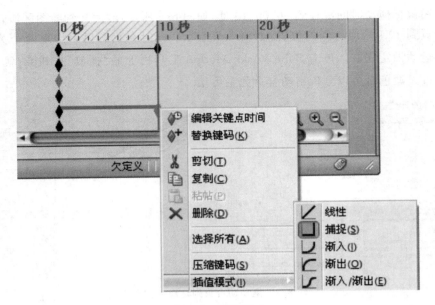

图 8.9　插值模式

单击 SolidWorks Motion 工具栏上的保存动画按钮 ,弹出对话框,默认录制整个动画,即时间从 00:00:00 开始直至结束,也可以根据自己的需要选择时间区间进行录制。

　　如果开启了 PhotoWorks 插件,则在"图象渲染器"中还可选择以 PhotoWorks 渲染输出。如图 8.10 所示,经 PhotoWorks 渲染的动画更为逼真,但是计算时间较长,有关

图 8.10　保存动画到文件

PhotoWorks 渲染的相关知识本书不作介绍,感兴趣的读者可查阅相关参考文献。

单击"保存"后,出现视频压缩对话框,视频压缩率按其默认即可。如图 8.11 所示,在压缩程序下拉列表框中可以选择相应的压缩程序,调整滑杆能调整压缩质量,压缩质量一般选择为 85%左右。

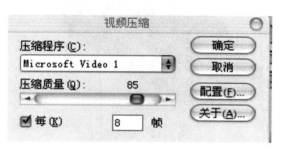

图 8.11　视频压缩

8.2　动画演示综合实例

运动算例是装配体模型运动的图形模拟。运动算例不更改装配体模型或其属性,它们模拟动作并给模型规定各种运动。设计者在建模运动设计时可使用 SolidWorks 来配合约束零部件在装配体中的运动。

SolidWorks Motion 提供如下的产品外观展示能力。

(1) 零件外观渐隐效果与色彩改变。

(2) 爆炸或解除爆炸动画,展示装配体中零部件的装配关系。

(3) 动画显示装配体的剖切视图,展示内部结构。

(4) 通过屏幕捕捉再现零件设计过程。

(5) 利用专业的灯光控制及为零件和特征增加材质,来产生丰富的视觉效果。

(6) 表现零部件位置与视角变化。

(7) 捕捉运行宏程序时绘图区域零部件的变化。

上述七种外观展示能力,在本书中只介绍部分功能,其他功能请感兴趣的读者查阅相关资料自学。

8.2.1　不同顺序运动的实现

在实际情况中,机构零部件的运动往往存在顺序上的先与后。对于这种运动情况,在设定关键点时需要格外注意。

如图 8.12 所示,该机构是一个简单的滑块机构,滑块 1 和滑块 2 有先后运动的顺序,当滑块 1 做直线运动时,滑块 2 保持静止。当滑块 1 移动到外缘位置时,再带动滑块 2 一起运动。

打开"网盘:\第 8 章\导轨机构\导轨机构.SLDASM"文件。注意,"运动算例 1(针对本节内容)"、"运动算例 2(针对 8.3.1 节内容)"为已经设置好的算例,请读者在"运动算例 1"

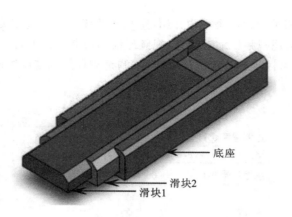

图 8.12　滑块机构

中进行本节练习。

　　首先切换到"运动算例 1"界面，拖动时间滑杆至 00:00:05 处，然后在绘图区域用鼠标拖动滑块 1 到如图 8.13 所示的位置。在 00:00:05 处系统自动生成滑块 1 的关键点。滑块 2 将在 00:00:05 处开始与滑块 1 一起运动，因此，在滑块 2 对应的时间 00:00:05 处需要手动添加一个关键点。单击鼠标右键，选择"放置键码"命令，可以看到滑块 2 的两个关键点相同，因而没有时间色带产生，如图 8.13 所示。

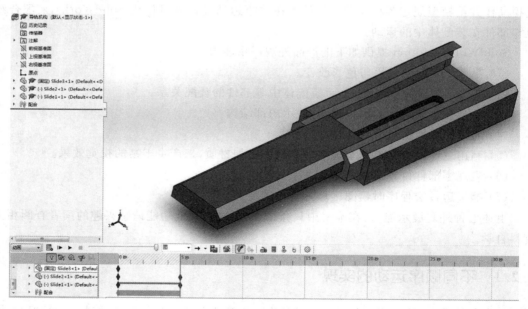

图 8.13　添加关键点

　　继续拖动时间滑杆至 00:00:10 处，然后在绘图区域同时选中滑块 1 和滑块 2，用鼠标拖动两滑块到如图 8.14 所示的位置。00:00:10 处自动生成两个关键点，同时可以看到滑块 2 在 00:00:05 至 00:00:10 时间区间中，由于位置发生了变化，生成了时间色带。

　　此例再次说明了关键点对于动画的产生具有决定性的作用。

　　在上述操作中，如果滑块 2 对应的时间 00:00:05 处并未手动添加一个关键点，其他操

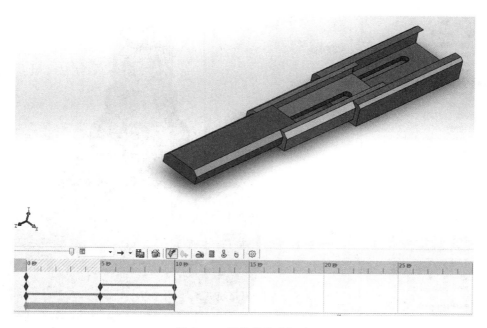

图 8.14　滑块的依次运动

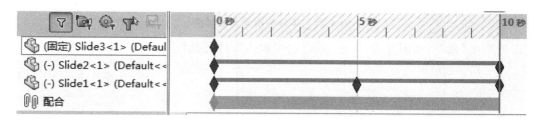

图 8.15　同步运动的关键点

作相同,则如图 8.15 所示,滑块 2 运动的起始点和滑块 1 相同,都为 00:00:00,此时播放动画,发现滑块 2 仍在 00:00:05 处开始产生运动,与滑块 2 时间色带上的起点不相符,不符合异步运动的要求。

通过时间色带,可以清楚地知道每个零部件运动始末的位置,在相同的关键点之间,时间色带不会产生。

8.2.2　改变零件视象属性:安全阀

在 SolidWorks 软件中,支持零件以不同的状态显示,分为线架图、隐藏线可见、消除隐藏线、带边线上色和上色 5 种方式,如图 8.16 所示。显示方式的具体操作如下:在装配体特征管理器中右键单击零件,在"零部件显示"菜单中可以选择合适的显示状态,或者在绘图区右键单击零件模型,也可以进行相同的操作。

在装配体环境下能进行零部件透明度的修改,有两种方法:一种是快速更改法,即直接在特征管理器中左键单击零部件或右键单击零部件,在弹出的菜单中选择"更改透明度"命令,如图 8.17 所示;另一种是直接在绘图区域选择需要改变的零部件,选择快捷菜单中的

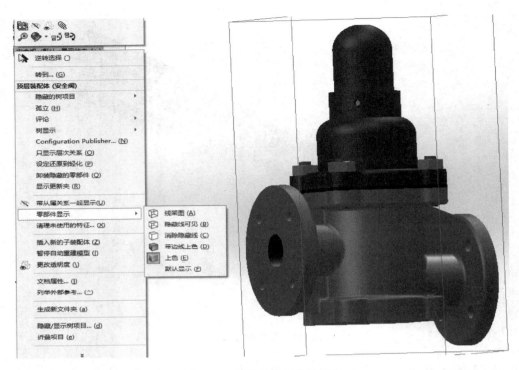

图 8.16　零件的不同显示状态

"更改透明度"命令,如图 8.18 所示,或者右键单击零件,然后选择菜单中的"更改透明度"命令。

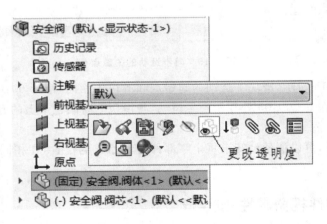

图 8.17　在特征管理器中左键单击零件选择更改透明度

　　通过改变光学属性中的透明度、环境光源、散射度、光泽度、明暗度和发射率能明显改善模型的显示效果。

　　另外,模型显示的线型也支持动画、线架图、带边线上色、上色、隐藏线可见、消除隐藏线。在录制动画的时候,这些改变将被记录。

　　生成动画视像属性同样有以下三个步骤:①切换到动画界面;②拖动时间滑杆,设定动

图 8.18　绘图区右键单击零件选择更改透明度

画序列的时间长度;③改变零部件的视像属性。

　　在这个动画中需要做出安全阀阀体由不透明过渡到透明,再过渡到不透明的动画,由此观察机构内部结构。

　　首先打开安全阀装配体,切换到运动算例 1 界面,将时间滑杆拖动到 00:00:05 处,然后在绘图区右键单击阀体(或在动画特征管理栏中右键单击阀体),在弹出的快捷菜单中选择"更改透明度"命令,一般其默认的透明度为 75%。由图 8.19 可以看到,在 00:00:05 处,增加了一个阀体的外观透明度为 75% 的关键点。

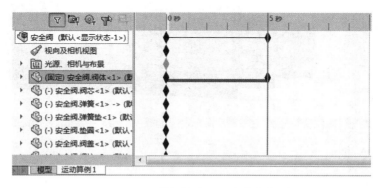

图 8.19　添加更改透明度关键点

　　将时间滑杆拖动到 00:00:10 处,再次用右键单击阀体,在弹出的快捷菜单中将"更改透明度"命令取消,此时外壳的透明度为 0%。通过这三个关键点,就建立了一个零部件透明过渡显示的动画。

单击动画控制工具栏上的"播放"按钮,观察安全阀阀体透明度变化的效果。零件颜色变化及显示状态变化的设置与透明度变化的操作一样,请读者自己尝试操作。

8.3 基本运动初步

在8.2.1节介绍的例子中,滑块1、滑块2运动的距离要靠操作者自己来控制,如果控制不准确,会出现这两个滑块超出运动界限的情况,如图8.20所示,零件之间出现干涉现象,或者出现运动不到位的情况。那么有没有什么办法,让滑块运动到极限位置后自动停下来?下面我们将利用算例类型中的基本运动来实现这个功能。

图 8.20 零件间的干涉现象

8.3.1 基本运动的简单操作

生成基本运动同样有以下三个步骤:①切换到运动算例界面;②在运动算例特征管理栏中,拖动装配体对应的关键点,设定运动序列的时间长度;③设置运动参数。

打开"网盘:\第8章\导轨机构\导轨机构.SLDASM"文件。注意,"运动算例2(针对本节内容)"为已经设置好的算例,请读者在"运动算例2"中进行本节练习。

第一步,在SolidWorks Motion界面的底端单击"运动算例2",在此算例中,将算例类型选择为"基本运动",如图8.21所示。

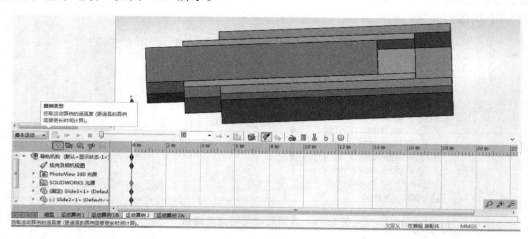

图 8.21 建立"基本运动"类型算例

第二步,设定运动时间。拖动运动总时长关键点至时间 00:00:07 处,如图8.22所示。

第三步,设定运动参数。

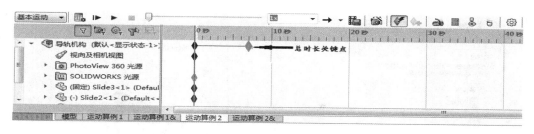

图 8.22　设定运动时间

首先添加马达,在 MotionManager 工具条中单击马达 ![] ,出现如图 8.23 所示对话框。①在马达类型中选择线性马达。②在"零部件/方向"的马达位置栏 ![] 中选择一条边线,此时,在绘图区的滑块 1 上选择一条与运动方向一致的边线,即制定了马达的位置,同时可通过单击反向按钮 ![] ,改变运动的方向。③在运动栏,选择"等速"运动类型,并设定直线运动速度为 50mm/s。设定完成后单击"确定"按钮 ![] ,直线马达的运动参数设置完毕。

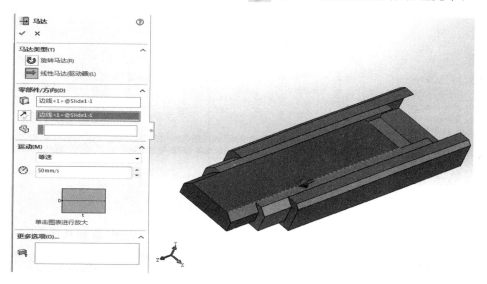

图 8.23　马达参数设定

然后添加接触,在 MotionManager 工具条中单击接触 ![] ,出现如图 8.24 所示对话框,在"选择"栏中添加零部件,具体操作就是在绘图区依次选择滑块 1、滑块 2、滑块 3。设定完成后单击"确定"按钮 ![] ,接触的参数设置完毕。

以上设定完成后,单击"播放"按钮 ![] ,可以看到滑块 1、滑块 2 依次运动,注意第一次播放时,滑块的运动并不流畅,这是由于基本运动类型需要更多的时间进行计算,第二次播放时,运动就会很流畅。观察滑块 1、滑块 2 运动的起止时间,通过放大按钮 ![] ,放大时间间隔以便于观察。如图 8.25 所示,滑块 1、滑块 2 在时间大约为 4.6 s 处就已经自动停止运动了。

为了分析滑块 1、滑块 2 在 4.6 s 处自动停止运动的原因,右键单击"视向及相机视图"

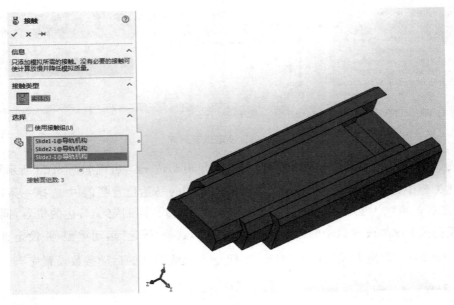

图 8.24　接触参数设定

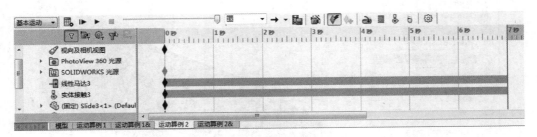

图 8.25　运动的起止时间

选择"禁用观阅键码播放🐚",如图 8.26 所示。然后在绘图区,利用"旋转视图"工具🔄,使滑块的底面面向操作者,如图 8.27 所示。然后再单击"播放"按钮▷,请仔细观察滑块的运动过程。

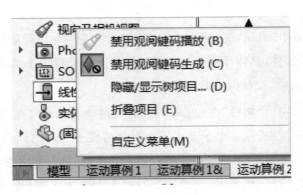

图 8.26　选择禁用观阅键码播放

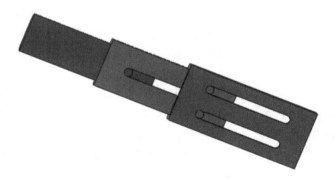

图 8.27　滑块机构的底面

通过观察发现，当滑块 1 底面的销运动到滑块 2 上槽的末端后，带动滑块 2 一起运动，当滑块 2 上的销运动到底座上槽的末端后，滑块 1、滑块 2 就停止运动。

在基本运动类型中，利用"实体接触"功能，可以实现机构各零部件间的接触检测。

8.3.2　基本运动相关知识介绍

1. 马达

马达是运动算例中的驱动单元，驱动装配体中的移动零部件的运动，可以模拟各种类型马达的运动效果。

如图 8.23 所示，马达的类型有旋转马达和线性马达（驱动器）。马达只是提供给所选零部件按一定方向、速度进行移动的功能，但马达不能设定力或力矩。有关马达应提供的力或力矩的大小，将在本章第四节中做具体介绍。

"零部件/方向"的设定：直接在绘图区中选取要应用马达的零部件上的面或线，如表8.1 所示。

表 8.1　"零部件/方向"的设定

马 达 类 型	零部件/方向	马 达 方 向
线性马达	直线	与直线平行
	圆弧	垂直于圆弧所在平面
	平面	垂直于平面
旋转马达	直线	绕直线旋转
	圆弧	沿圆弧旋转
	平面	绕平面的法线旋转

"运动"类型的设定：此项设定包含等速、距离、振荡、插值、表达式、伺服马达这 6 种马达运动类型。此项设定的操作及效果请读者自己尝试，在此不做详细介绍。

"更多选项"栏设定：在本章中不会使用此部分，其作用在于设定相对运动零件间的承载面（或边线），以便于应用 SolidWorks Simulation 模块对选取零部件进行力及强度分析。

2. 接触

对于接触的类型，如图 8.24 所示，其类型有两种：不使用接触组和使用接触组。

在不使用接触组的情况下,只有一个选择零部件的窗口。操作时直接在绘图区选择在运动分析算例中要考虑到相互接触的零部件,8.3.1 节中的例子就是如此操作的。无接触组的运动分析会忽略选择集之外零部件之间的接触,只考虑选定零部件所有可能对组之间的接触。

在使用接触组的情况下,将会出现两个零部件选择窗口,如图 8.28 所示。首先单击"使用接触组"前面的矩形框,将出现零部件组 1、零部件组 2 两个窗口。使用接触组进行运动分析时,软件会忽略同组中各零件间的接触,只考虑两组之间每对零部件组合之间的接触。如 8.3.1 节中的例子,其他设置不变,只是将"接触"参数按图 8.28 设定,可以出现同样的效果。为了加深对"使用接触组"功能的理解,请读者在 8.3.1 节中例子的基础上,新建一个运动算例,其他设置相同,只是在设置"使用接触组"时,在零部件组 1 的窗口中选择滑块 1、滑块 2,在零部件组 2 的窗口中选择滑座。查看播放的效果,理解"使用接触组"的功能。

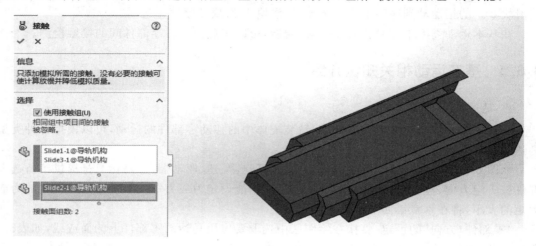

图 8.28　使用接触组情形下的接触参数设定

3. 视向及相机视图

对于"视向及相机视图"中的"禁用观阅键码播放🔧"、"禁用观阅键码生成⚫"这两个选项,其具体功能如下。

1)禁用观阅键码播放

在动画播放过程中,有时为了更好地观察模型,需要对模型进行缩放、旋转等操作。而这些操作有可能会影响到动画播放的效果。

当选择"禁用观阅键码播放🔧"时,缩放或旋转移动模型时,动画将在模型移动后的最新位置继续播放。

当取消对"禁用观阅键码播放🔧"选择时,若在播放过程中使用缩放或旋转移动模型时,模型在设计者完成拖动模型时将跳回到其在动画中的原有位置播放。

2)禁用观阅键码生成

在利用关键点定义零部件运动的过程中,可旋转或缩放模型以访问零部件。对模型的这些操作有可能会影响到关键点的性质,从而改变动画的效果。

当选择"禁用观阅键码生成⚫"时,在关键点处定义零部件运动时,有时会用到旋转、缩放模型等操作,模型的旋转、缩放更改不会影响关键点的性质,此观阅键码处的原有动画保持不变。

当取消对"禁用观阅键码生成 ❸"的选择时,在关键点处定义零部件运动时,用到旋转、缩放模型等操作,此种情形下的模型旋转、缩放更改会影响关键点的性质,也就是模型的旋转、缩放会在动画播放过程中演示出来。

对于"禁用观阅键码生成"的功能,请读者利用 8.2.1 节中的例子自行操作演示。

当设计者旋转并缩放时,图标 ❸ 将会作为视觉提示出现,表示没有对动画进行视向更改。

8.4　Motion 分析初步

Motion 分析是 SolidWorks Motion 模块三种仿真工具中功能最强大的一种工具。Motion 分析使用计算能力强大的动力求解器,在计算中考虑到材料属性和质量及惯性,可用于建立机构的运动模型,对机构进行干涉检查,跟踪机构中某一构件的运动轨迹,分析构件的位移、速度、加速度、作用力、反作用力,以及力矩等运动参数,相关的分析结果可用动画、图形、表格等多种形式输出。本节将介绍其基本知识。

8.4.1　Motion 分析的基本操作

Motion 分析仿真工具主要用来进行机构运动分析,而机构运动分析的主要任务是在已知机构运动尺寸及原动件运动规律的条件下,确定机构中其他构件上某些点的运动轨迹、位移、速度等运动参数。

如图 8.29 所示的对心曲柄滑块机构,已知曲柄逆时针旋转,且转速为 $n=60$ r/min,$l_{AB}=100$ mm,$l_{BC}=300$ mm,求滑块的位移、速度、加速度。

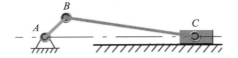

图 8.29　对心曲柄滑块机构简图

对于如图 8.29 所示的对心曲柄滑块机构,利用 SolidWorks 软件建立如图 8.30 所示的装配体。由于机构运动分析的结果与机构杆件的长度关系密切,所以在零件建模的过程中,曲柄、连杆的长度分别为 100 mm、300 mm,而杆的宽度、厚度可自己定义。另外,在装配体中,可利用同轴的配合关系来代替杆件之间的连接销。

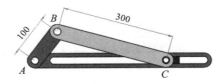

图 8.30　对心曲柄滑块机构装配体

生成 Motion 分析有以下四个步骤：①切换到运动算例界面；②在运动算例特征管理栏中，拖动装配体对应的关键点，设定运动序列的时间长度；③设置运动参数；④进行仿真计算，生成运动图解。

在对图 8.30 所示机构进行 Motion 运动分析之前，先定义一个配合关系：让曲柄和连杆的上视基准面重合，使 A、B、C 三点在一条直线上。然后将该配合关系压缩，此时不要拖动机构的运动部件。

打开"网盘：\第 8 章\曲柄滑块机构\对心曲柄滑块机构.SLDASM"文件。注意，"对心曲柄滑块机构.SLDASM"的文件是已经设置完成的文件，读者可以直接观察运行结果。请读者在"对心曲柄滑块机构.SLDASM"文件中进行本节练习。

单击"运动算例 1"，进入运动算例操作界面，首先选择运动算例类型为"Motion 分析"。

然后拖动仿真时间键码至 1 s 处，如图 8.31 所示。仿真时间最好是让机构运转一个周期，在本例中，机构运行一个周期的时间正好是 1 s。

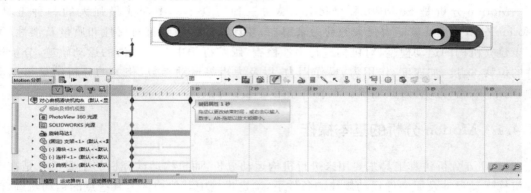

图 8.31　设置运动仿真时间

下面来设置运动参数，因为本例只是做滑块的运动分析，所以在曲柄的 A 点处添加一个"旋转马达"。单击"马达"按钮 ，出现如图 8.32 所示对话框。马达放置的位置选择在曲柄 A 点处的孔面，转速为 $n = 60$ r/min。单击"确定"按钮 完成设定。

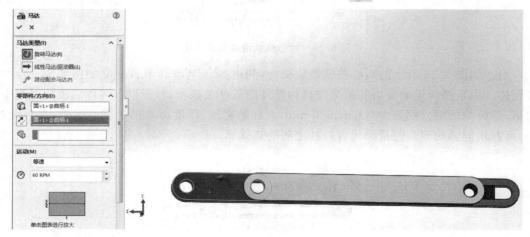

图 8.32　添加马达

单击"计算"按钮 🔢，等软件分析结束后，再单击生成"图解结果"按钮 🔲：先生成滑块的位移图解，具体选择项操作如图 8.33 所示。在选择滑块相对于机架的位移参考点（线）🔲 的窗口中，依次分别选择滑块最右的边线、机架滑槽右侧半圆弧。

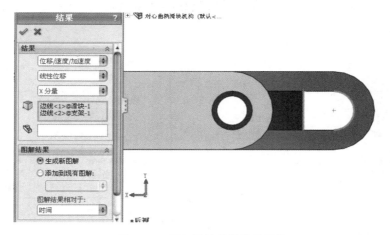

图 8.33　添加滑块线性位移图解

按照同样的操作方法可以生成滑块相对于机架在 X 轴方向的速度、加速度图解，如图 8.34 所示。

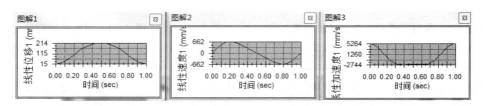

图 8.34　滑块位移、速度、加速度图解

根据图解，可以求出曲柄在任何位置时，滑块对应的位移、速度和加速度。

本例是以对心曲柄滑块机构为例简单地介绍了利用 Motion 分析工具对机构进行机构运动分析。在此例的基础上，继续对该机构进行力的分析。

在绘图区底部右键单击"运动算例 1"，选择"复制"，如图 8.35 所示。在绘图区底部会出现一个名为"运动算例 2"的新算例，它与"运动算例 1"的内容一致。

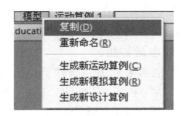

图 8.35　复制运动算例 1

单击"运动算例 2"，在此算例中，分析机构运转一周，马达应提供的驱动力矩是多大。单击"计算"按钮 🔢，等软件分析结束后，单击生成"图解结果"按钮 🔲，按照图 8.36 所示，进

行设置。单击"确定"后,生成如图 8.38 所示的图解。

在绘图区底部右键单击"运动算例 2",选择"复制",在绘图区底部生成"运动算例 2"的新算例。在此算例中对滑块与机架间添加阻尼(分别选择滑块、支架上相接触的两个面),参数设定如图 8.37 所示。单击"计算"按钮📠,等软件分析结束后,马达所需力矩图解如图 8.39所示。

图 8.36　马达应用力矩结果参数设定

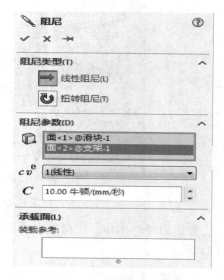

图 8.37　阻尼参数设定

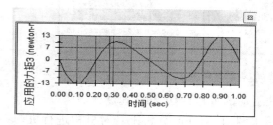

图 8.38　马达提供力矩图解

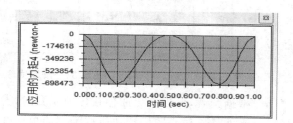

图 8.39　有阻尼下马达提供力矩图解

对比图 8.38 与图 8.39,发现在这两种情况下,马达提供的力矩大不相同。

图 8.38 的结果是在下列条件下得出的:建模时,并未对机构各杆件设置材质,即各杆件质量接近于 0,且忽略了机构间的摩擦力。在 1 s 的周期内,0 s、0.5 s、1 s 这三处时间点滑块速度为 0。其中在 0~0.5 s 期间,滑块先加速,后减速运动,从马达提供力矩的方向分析,有正也有负;同样在 0.5~1 s 区间也是如此。

图 8.39 的结果是在对滑块添加了阻尼力的条件下得出的,阻尼力始终与滑块的速度方向相反,与速度大小成比例。其中在 0~0.2 s 期间,马达力矩大于滑块阻尼,滑块先加速;在 0.2~0.5 s 期间,马达力矩小于滑块阻尼,滑块减速运动。同样在 0.5~1 s 区间也是如此。

8.4.2　Motion 分析相关知识介绍

MotionManager 工具条中有一部分工具按钮在前文已经做了相关介绍,本节仅对 Motion 分析需用到的相关工具按钮作一定的介绍,如图 8.40 所示。

图 8.40　MotionManager 工具条

1. 弹簧

弹簧的作用是模拟弹性力作用。

弹簧有两种类型:线性弹簧和扭转弹簧。

线性弹簧可以在基本运动和 Motion 运动分析这两种仿真类型中使用,表示两个零部件之间作用的力,其特点是弹簧力的大小与两个零部件之间的距离有关。

扭转弹簧仅可用于 Motion 运动分析这一仿真类型,代表作用于两个零部件之间的扭转力,其特点是根据两个零件之间的角度计算弹簧力矩。

弹簧参数的设定,如图 8.41 所示:首先为弹簧两端点选取两个特征;其次根据弹簧力的函数表达式 kx^e,分别确定表达式的指数 e 及常数 k 的取值;然后设定自由长度,当前在图形区域中显示的两零件之间的长度即为初始距离;最后选定"随模型更改而更新",可以保证弹簧的自由长度随模型修改而变换。

图 8.41　弹簧参数设定

2. 阻尼

阻尼效应是一种复杂的现象,它以多种机制(如内摩擦和外摩擦、轮转的弹性应变材料的微观热效应及空气阻力)消耗能量,通常用一个与速度大小成比例、速度方向相反的力来描述。

阻尼仅可用于 Motion 运动分析这一种仿真类型中。阻尼有两种类型:线性阻尼和扭转阻尼。

线性阻尼是指在直线方向以一定速度相互运动两个零件之间的作用力。在两个零件上指定阻尼的位置,阻尼力的大小根据两个零件之间的相对速度来计算。根据线性阻尼力计算式 cv^e,分别确定计算式的指数 e 及常数 c 的取值。

扭转阻尼是指绕特定轴在两个零部件之间应用的旋转阻尼力。根据两个零件之间的相对角速度计算扭转阻尼力。根据扭转阻尼力计算式 cw^e,分别确定计算式的指数 e 及常数 c 的取值。

3. 力

在装配体中的某一零件加上力的作用,可以使零件移动。它的性质与马达类似,是运动算例中的驱动单元,驱动装配体中的移动零部件运动。

力的类型有两种:线性力和扭转力(扭矩),如图 8.42 所示。

对于单作用力 的方向,可在力作用位置和方向选取面、边线或顶点,然后设定力的方向。

对于作用力与反作用力 的方向,可在力作用位置和方向选取面、边线或顶点,并为力反作用位置选取一边线或顶点。

对于作用力的大小,利用"力函数"来定义,力函数有五种类型:恒定值、步长、谐波、表达式和插值。这五种力函数,请读者课后自行尝试。

4. 引力

引力可以在基本运动和 Motion 运动分析这两种仿真类型中使用。引力设定即在装配体模型中引入了一个引力场,通常是地球重力场。

引力参数设定主要有两点:首先是利用 X、Y 或 Z 轴,在装配体参考物中选定引力的方向;其次是定义引力大小,缺省值是重力。

注意,在任何模拟中只可使用一个引力定义。

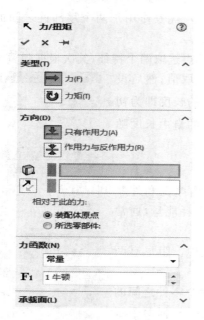

图 8.42　力/扭矩参数设定

图 8.43　结果参数设定

5. 结果

在相关运动参数设定完成后,单击"计算"按钮 ![icon],整个机构在主动件的驱动下运转起来,在一个运动周期中,SolidWorks Motion 自动为运动模型生成和存储机构运动过程中的相关数据:位移、速度、加速度、力及力偶等信息,这些数据信息可以用曲线图形、动画、文本及 excel 格式的数据表等形式输出。

单击"结果和图解"工具按钮 ![icon],出现图解参数设置窗口,如图 8.43 所示,在"结果"栏中依次选取"类别"、"子类别"、"结果分量",以此来决定需显示的图解类型。

在"类别"栏有位移、力、能量及其他四大类。针对不同的大类,又有若干子类别可供选择。

在"图解结果"栏,可以生成一个新的图解,此时必须选取图解结果的横坐标轴是时间还是帧,也可以将结果图解添加到现有的图解中,从清单中选取一图解号以添加图解所指定的结果。

结果参数设置完成后,在 Motion 特征管理器中增加了"结果"这一栏,如图 8.44 所示。右键单击"结果"下的"图解 1",选择"输出到电子表格"菜单,还可以生成相关结果的 excel 格式的数据表图。

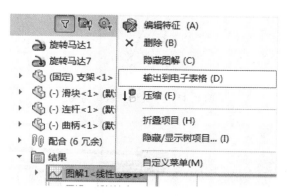

图 8.44　Motion 特征管理器中的结果栏

8.5　Motion 分析综合实例

8.5.1　牛头刨床主运动机构运动分析

本节将介绍如何利用 Motion 分析工具,对牛头刨床主运动机构进行运动分析。

依据牛头刨床主运动的机构简图,如图 8.45 所示,$O_2O_4 = 380$ mm,曲柄长度为 110 mm,连杆长 135 mm,摆杆长 540 mm,导轨位于 B 点轨迹弧的中间位置,曲柄顺时针旋转,转速为 60 r/min。

对于图 8.45 所示的牛头刨床机构,利用 SolidWorks 软件建立对应的三维实体及装配体,如图 8.46 所示。在装配体中,利用同轴的配合关系来代替杆件之间的连接销。

在牛头刨床机构进行 Motion 运动分析之前,先定义一个配合关系:让曲柄和摆杆垂直,即让刨头位于机架的最左端。然后将该配合关系压缩,此时不要拖动机构的运动部件,即可实现让刨头位于机架的最左端,如图 8.46 所示。

对牛头刨床机构进行 Motion 分析要经过以下四个步骤:①切换到运动算例界面;②在运动算例特征管理栏中,拖动装配体对应的关键点,设定运动序列的时间长度;③设置运动参数;④进行仿真计算,生成运动图解结果。

打开"网盘\第 8 章\曲柄滑块机构\牛头刨床机构.SLDASM"文件。注意,"牛头刨床机构.SLDASM"的文件是已经设置完成的文件,读者可以直接观察运行结果,其中"运动算例 1"针对本节内容,"运动算例 2"针对下节内容。请读者在"牛头刨床机构.SLDASM"文

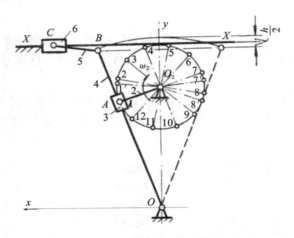

图 8.45　牛头刨床机构简图

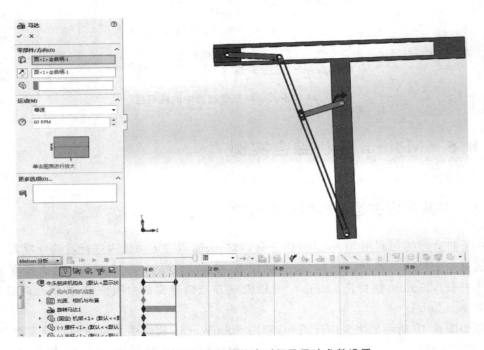

图 8.46　牛头刨床机构仿真时间及马达参数设置

件中进行本节练习。

　　单击绘图区底端的"运动算例 1",进入运动算例操作界面,选择运动算例类型为"Motion 分析"。

　　然后拖动仿真时间键码至 1 s 处,如图 8.46 所示。仿真时间应满足让机构运转一个周期以上的时间,本例中,1 s 的时间机构正好运行一个周期。

　　在机构的运动参数设置过程中,考虑到只是做牛头刨床的运动分析,所以在曲柄上与机架连接的位置添加一个"旋转马达"。单击"马达"按钮 ,出现如图 8.46 所示对话框。马达的位置选择曲柄 O_2 点处的孔面,转速为 $n = 60$ r/min,旋转方向为顺时针。单击"确定"

按钮 完成设定。

单击"计算"按钮，等软件分析结束后，再单击生成"图解结果"按钮，依次生成刨头相对机架的位移、速度和加速度。

生成刨头位移图解时，如图8.47所示，进行参数设定应注意，在选择刨头相对于机架的位移参考点(线)的窗口中，应依次分别选择刨头一个点和机架上的一个点，此顺序表示刨头相对机架的位移，若这两点的选择次序颠倒，则表示机架相对刨头的位移，这两个位移的方向是相反的。请读者自己验证。

按照与生成位移图解同样的操作方法，依次生成刨头的速度、加速度图解，如图8.48所示。

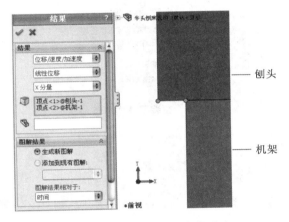

图8.47 刨头位移图解参数设定

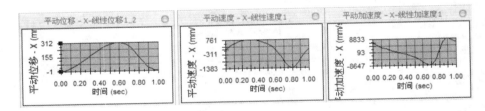

图8.48 刨头的位移、速度、加速度图解

以上仅仅对牛头刨床机构进行了运动分析，在运动分析中，机构各杆件的长度直接关系到分析结果的准确与否，而与各杆件的质量、是否有摩擦、是否受力无关。在实际工作中对机构仅进行运动分析是远远不够的，还应对机构进行力分析，此时各构件的质量、构件间的摩擦力、外力的作用都应综合考虑。

8.5.2 牛头刨床主运动机构力分析

下面将简单介绍如何对牛头刨床进行力的分析。

对构件添加质量属性有两种方法：一种方法是给构件模型添加材质从而使其获得质量属性；另一种方法是通过"工具"下拉菜单中的"质量属性"，对构件定义质量和重心。由于牛头刨床机构的实体模型是通过简化方法建立的，不能体现零件的实际形状大小，所以采用第二种方法给构件添加质量属性。

对刨头添加质量属性。单击绘图区底部的"模型"标签,进入装配体环境。右键单击装配体设计树中的"刨头"零件,选择"打开零件",如图 8.49 所示。此时进入刨头的零件工作界面。单击"工具"栏下拉菜单,选择"质量属性"。在如图 8.50 所示界面中进行设置:首先点击"覆盖质量属性",然后在"覆盖质量属性"中分别设置刨头的质量 70kg 和刨头的实际重心坐标(240,50,5)。单击"确定"退出质量属性设置窗口。保存并退出刨头零件,在装配体文件中单击"重建模型"按钮 🔧,使装配体中刨头的质量属性得到更新。为了简化分析,本例只对刨头添加质量属性。

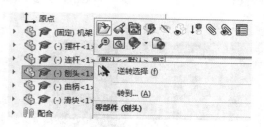

图 8.49　在装配体中打开刨头

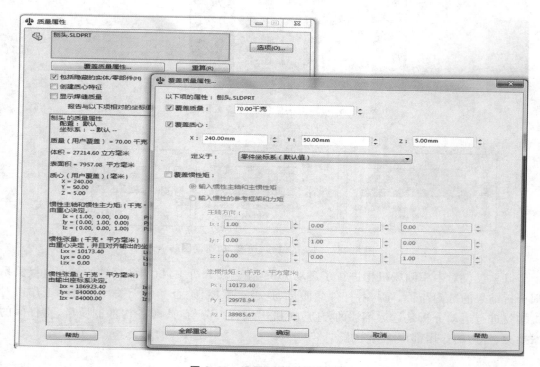

图 8.50　设置刨头的质量属性

右键单击"运动算例 1",选择"复制",生成了新的"运动算例 2"。在"运动算例 2"中单击"引力"按钮 💧,让整个机构处于重力场中,重力的方向为 Y 轴负方向。

由于刨床在工作行程中有刨削力的作用,所以应给刨头添加刨削力。单击"力"工具按钮 ⬉,在如图 8.51 所示窗口中,选择"力"的类型,在方向设置中,选择"只有作用力"。在力的作用点及方向中,选择刨头右侧端面底部边线,力的方向向左。由于刨削力只在工作行程中作用,在空回行程中没有刨削力,所以"力函数"选"步进"类型,具体如图 8.51 所示。

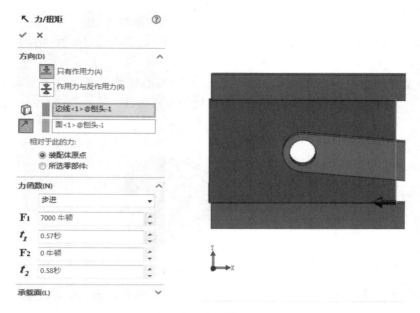

图 8.51　刨削力设置

在此例中,让机构运转一周,分析马达在不同时刻应提供的驱动力矩的变换规律。

单击"计算"按钮 ,等软件分析结束后,单击生成"图解结果"按钮 ,按照图 8.36 所示进行设置。单击"确定"按钮后,可生成马达力矩图解。如图 8.52 所示,分别是无刨削力和有刨削力情况下的力矩图解。

以上分析结果是在对模型做了较多简化的基础获取的。若要想获得更精确的仿真结果,则必须使模型尽量接近实际机构工作情况,即要全面考虑各零部件的质量、转动惯量及摩擦力等影响因素。

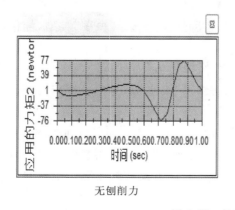

无刨削力

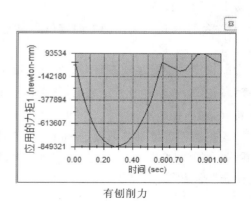

有刨削力

图 8.52　马达提供的力矩图解

8.5.3 凸轮轮廓曲线生成方法简介

本节简单介绍在 SolidWorks 软件环境中生成凸轮轮廓的方法。

打开"网盘:\第8章\凸轮机构\凸轮机构运动分析.SLDASM"文件,出现如图8.53所示的凸轮机构。

求解凸轮轮廓的前提是必须已知推杆的运动规律、凸轮的转速及凸轮基圆半径。本例中,以上条件皆为已知,下文具体介绍凸轮轮廓线的生成方法。

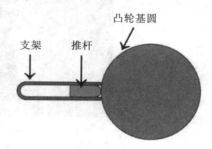

图 8.53　凸轮机构

生成凸轮轮廓的关键有以下几点:①依据推杆的运动规律在 Motion 分析中定义推杆运动;②依据凸轮的运动规律在 Motion 分析中定义凸轮运动;③生成推杆相对凸轮的运动轨迹。

打开"网盘:\第8章\凸轮机构\凸轮机构运动分析.SLDASM"文件。注意,"凸轮机构运动分析.SLDASM"的文件是已经设置完成的文件,读者可以直接观察运行结果。请读者在"凸轮机构运动分析.SLDASM"文件中进行本节练习。

单击绘图区底部的"运动算例1",并将算例类型设置为"Motion 分析"。然后拖动仿真时间键码至1 s处。仿真时间应满足让机构运转一个周期以上的时间,本例中,1 s的时间,机构正好运行一个周期。

为推杆定义直线运动规律,单击"马达"按钮 ，出现如图8.54所示对话框。将马达类型定为"线性马达";运动的方向定位为向左运动;运动规律中选择"振荡"类型,位移定为30 mm,频率为1 Hz。

为凸轮定义旋转运动规律,可将凸轮定义一个"旋转马达",转速定为60 r/min。单击"计算"按钮 ，等软件分析结束后,再单击生成"图解结果"按钮 ，生成推杆相对于凸轮的运动轨迹,即凸轮轮廓。

凸轮轮廓图解结果参数设定,如图8.55所示。在选择参考点/面时,分别选择了推杆右端的圆弧,即圆弧的圆心为所选点;另外选择零件凸轮的面,即生成的轮廓以所选面为基准面。单击"确定"按钮,则生成凸轮轮廓,如图8.56所示。注意此时的轮廓比凸轮的实际轮廓要大。

继续完成由凸轮轮廓线绘制凸轮实体。右键单击 Motion 特征管理器中结果项目下的"图解1〈跟踪路径〉",选择"从跟踪路径生成曲线"下的"在参考引用零件中从路径生成曲线",此操作的功能是将跟踪路径投影到凸轮零件中,如图5.57所示。

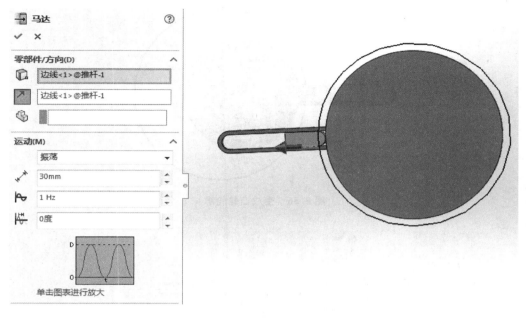

图 8.54　推杆运动规律设置

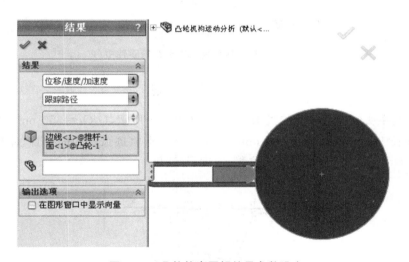

图 8.55　凸轮轮廓图解结果参数设定

在装配体设计树中,右键单击"凸轮"零件,选择打开该零件。零件设计树中多了一个"曲线 1"项目,该项目就是跟踪轨迹。

选择凸轮基圆的平面作为草图基准面,将"曲线 1"利用"等距实体"工具生成凸轮轮廓,等距距离为 5 mm。然后利用特征中"拉伸凸台"工具生成凸轮实体零件。

将修改之后凸轮零件保存并退出,在装配体中更新模型,单击"播放"按钮 ▷,观察凸轮机构的运动。

在实际的凸轮机构中,推杆的运动规律通常会比此例复杂,可以在推杆的运动设置中,选择更为合适的运动类型。

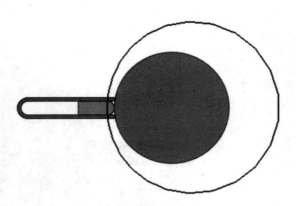

图 8.56 生成凸轮轮廓

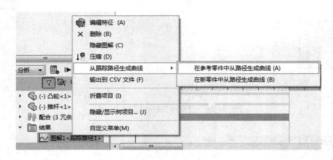

图 8.57 将跟踪路径投影至凸轮零件中

习 题

8-1 依据牛头刨床主运动的机构简图,如题 8-1 图所示,$O_2O_4 = 350$ mm,曲柄长度为 90 mm,连杆长 174 mm,摆杆长 580 mm,导轨位于 B 点轨迹弧的中间位置,曲柄顺时针旋转,转速为 64 r/min。试分析刨头的位移、速度、加速度。

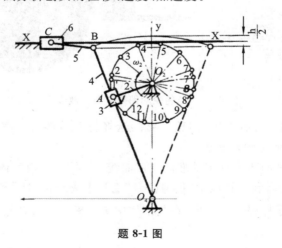

题 8-1 图

第 *9* 章 结构分析初步

SolidWorks Simulation 是 SolidWorks 软件自带的插件之一，借助 SolidWorks Simulation，用户可以将设计的产品置于真实条件下测试，包括应力、冲击、热量等状况，不需要生产样机。SolidWorks Simulation 在 SolidWorks 用户界面中打开，不需要启动多个应用程序，对于训练有素的 FEA 分析人员而言，它的功能非常强大，而对于产品设计者来说，它也非常容易上手。

本章先介绍 SolidWorks Simulation 的设置步骤，设置完成之后，以案例的形式讲解 SolidWorks Simulation 的实施步骤。

9.1 启动 SolidWorks Simulation 插件

在使用 SolidWorks Simulation 分析之前，用户必须首先进入 SolidWorks Simulation 的界面，进行相应设置，然后按照 Simulation 分析步骤进行操作。

在 SolidWorks 界面下，单击下拉菜单"工具"→"插件"，打开如图 9.1 所示的"插件"窗口，勾选"SOLIDWORKS Simulation"，单击"确定"，启动 SolidWorks Simulation 插件。

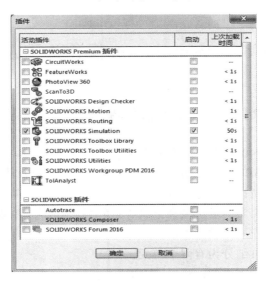

图 9.1 SolidWorks 插件

9.2 启动 SolidWorks Simulation 界面

SolidWorks Simulation 与 SolidWorks 操作方式相同,要创建一个有限元模型,求解并分析求解结果,只要利用图形界面,点击选择 SolidWorks Simulation Study 树中的图标或文件夹进行相关设置即可。

打开"网盘:\第 9 章\带孔钢板.SLDPRT"文件,单击下拉菜单"Simulation"→"算例",如图 9.2 所示,单击"确定",进入 SolidWorks Simulation 的界面,如图 9.3 所示。

图 9.2 Simulation"算例"
属性界面

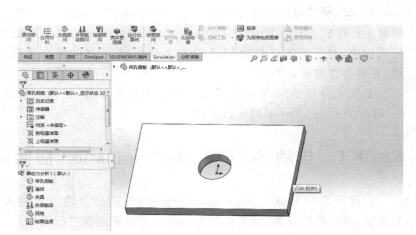

图 9.3 SolidWorks Simulation 的界面

9.3 SolidWorks Simulation 操作步骤及案例分析

9.3.1 SolidWorks Simulation 分析步骤

SolidWorks Simulation 分析的一般步骤如下。

(1) 创建算例:对模型的每次分析都有一个算例,一个模型可以有多个算例。

(2) 应用材料:向模型添加包含物理信息(如屈服强度)的材料。

(3) 添加约束:模拟真实的模型装夹方式,对模型添加约束(夹具)。

(4) 施加载荷:添加作用在模型上的力。

(5) 划分网格:模型被细分为有限个单元。

(6) 运行分析:求解模型中的位移、应变和应力。

(7) 分析结果:解释分析的结果。

9.3.2　Simulation 案例分析

本节以矩形带孔钢板模型为例,对其进行静态分析。该模型的约束为一端固定,另一端载荷 11 000 N 均布载荷,如图 9.4 所示。

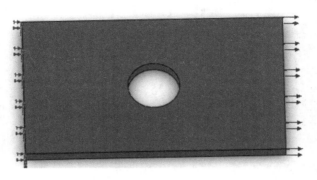

图 9.4　矩形带孔钢板

1. 创建新算例

在 Simulation 菜单中选取"算例",创建一个新算例。

2. 给算例命名

在"名称"中键入算例的名字,本模型命名为"带孔钢板静态分析"。在分析"类型"中选择"静应力分析"。然后单击"确定",如图 9.5 所示。

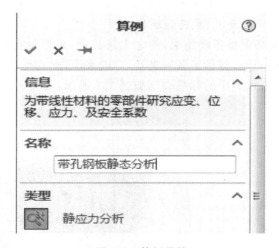

图 9.5　算例属性

3. 指定材料属性

在 Simulation 菜单中选取"材料",单击"应用材料到所有",选择"solidworks materials",然后从名为钢的材料中选择"ANSI 304",单击"应用"添加材料属性。单击"关闭"退出对话框,指定材料属性如图 9.6 所示。

注意　必需的材料常数以红色字体表示,也可以通过"自定义"来添加新材料。

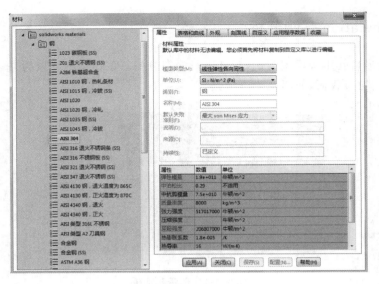

图 9.6　指定材料属性

4. 添加夹具来定义固定约束

在 Simulation Study 树中,右键单击"夹具"并选择"固定几何体",转动模型,选择所要施加载荷的面,然后单击"确定"。最后将夹具中边界条件"固定面"重命名为"固定端面",单击 按钮退出"夹具"的 PropertyManager 窗口。"夹具"窗口如图 9.7 所示。

注意　每个边界条件都可以重命名,以便我们日后了解其中的含义。重命名方法为鼠标左键双击对象,可以重命名夹具、载荷和连接。

在静态分析中,模型必须被正确约束,使之无法移动,矩形带孔钢板固定端面如图 9.8 所示。SolidWorks Simulation 提供了各种夹具,一般来说,夹具可以应用到模型的面、边和顶点。SolidWorks Simulation 中的标准夹具如表 9.1 所示,高级夹具如表 9.2 所示。

图 9.7　打开"夹具"窗口

图 9.8　固定端面

表 9.1　标准夹具

夹 具 类 型	定　　义
固定几何体	限制模型所有的移动和转动自由度
滚柱/滑杆	指定平面内能自由移动,但在垂直平面的方向不能移动。平面在施加载荷的基础上能收缩或扩张
固定铰链	可以转动的圆柱面

表 9.2　高级夹具

夹 具 类 型	定　　义
对称	该选项针对平面问题,它允许平面内位移和绕平面法线转动
圆周对称	物体绕一特定周期性旋转时,对其中一部分加载约束
使用参考几何体	约束指定所选择的基准面、轴、边线、面的设计方向
在平面上	通过对平面的三个主方向进行约束,可设定沿所选方向的边界约束条件
在圆柱面上	与"在平面上"相似,在柱坐标系下定义
在球面上	与"在平面上"和"在圆柱面上"相似,在球形坐标系下定义

5. 定义外部载荷

转动模型,以显示将要加载的拉力面,右键单击"外部载荷"→"力/扭矩"→"法向","单位"输入"SI","力值"输入"11000",选择"反向",再按确定键,如图 9.9 所示。

重命名该力的名字为"拉力"。如果是压力,则清除"反向",如图 9.10 和图 9.11 所示。

图 9.9　定义外部载荷加载力

图 9.10　重命名"力"

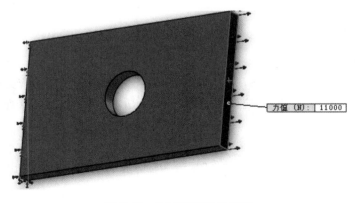

图 9.11　"力"图形显示界面

对约束好的模型施加外部载荷或力，力可以通过各种方法加载到面、边和顶点上。外部载荷类型如表 9.3 所示。

表 9.3　外部载荷类型

外部载荷的类型	定　义
力	沿所选的方向，对一个平面、一条边和一个点施加力和力矩
力矩	适合于圆柱面，转轴在 SolidWorks 中定义
压力	对一个面作用压力，可以是定向的和可变的
引力	对零件和装配体指定线性加速度
离心力	对零件和装配体指定角加速度或加速度
轴承载荷	在两个接触的圆柱面定义轴承载荷
远程载荷/质量	通过连接传递传递法向载荷
分布质量	施加到所选面，以模拟被压缩（或不包含在模型中）的零部件质量

6. 划分网格

右键单击"网格"，选择"生成网格"，利用网格的缺省参数，单击"确定"完成设置，如图 9.12 所示。

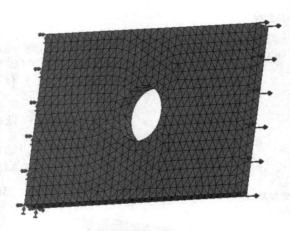

图 9.12　划分网格

7. 运行分析

右键单击算例"default analysis"图标，选择"运行"，则得到相应的应力图解，如图 9.13 所示。位移图解如图 9.14 所示，应变图解如图 9.15 所示。另外，还可以查看其他的一些处理数据。

8. 生成 Word 格式报告

从 SolidWorks Simulation 菜单选择"报告"，输入报告名称，并单击"出版"，如图9.16所示。

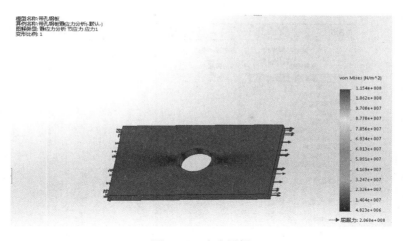

图 9.13　应力图解

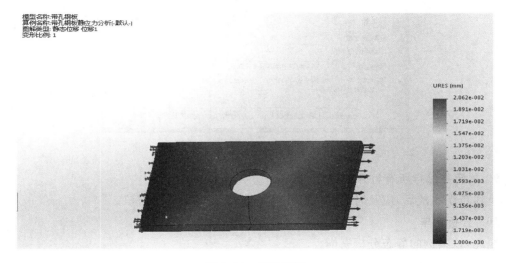

图 9.14　位移图解

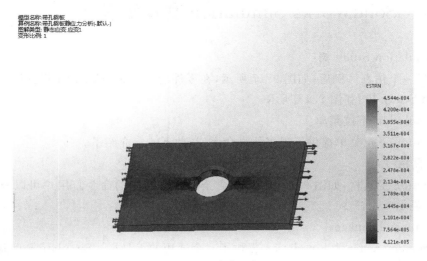

图 9.15　应变图解

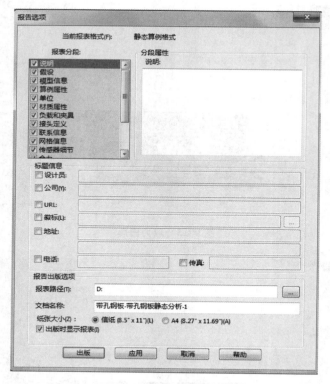

图 9.16 生成 Word 格式报告

9. 关闭并保存所有打开的零件

上述步骤完成后,应及时保存好打开的零件,然后关闭各个窗口。

10. 分析完毕

至此,该案例的静态分析完毕。

9.4 SolidWorks Simulation 基本知识

1. Simulation Study 树

当创建一个仿真算例后,如图 9.17 所示,在零件的 FeatureManager 设计树的下方出现 Simulation Study 树,如图 9.18 所示。

2. Simulation 下拉菜单

Simulation 下拉菜单提供了很多仿真命令,在此不一一介绍了。

3. 工具栏

Simulation 工具栏,如图 9.19 所示,包含全部含有图标的命令。用户可以根据需要自行定义,只显示常用命令。

4. Commandmanager

Commandmanager 为 Simulation 提供了一个通用的工具栏。Simulation 页面包含了创建算例工具栏和分析结果工具栏,分别如图 9.20 和图 9.21 所示。

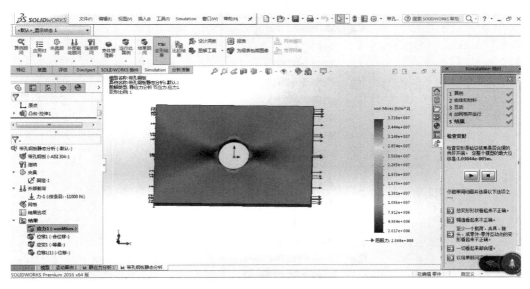

图 9.17　仿真算例界面

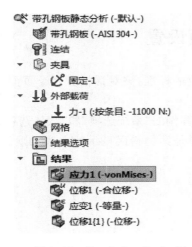

图 9.18　Simulation Study 树

图 9.19　Simulation 工具栏

图 9.20　创建算例工具栏

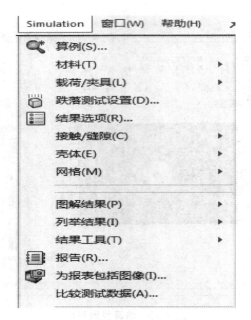

图 9.21 分析结果工具栏

9.5 SolidWorks Simulation 选项设置

打开 Simulation 下的"选项",用户可以定义使用单位的标准,该对话框有两个页面,即"系统选项"和"默认选项"。

在 Simulation 界面点击"Simulation"→"选项",设定算例的"系统选项"和"默认选项"。

"系统选项"是面向所有案例的,里面包含的设置主要是案例错误显示的方法及默认数据库存放的位置。

"默认选项"只针对新算例设置单位、默认图解等。

"默认选项"设置步骤具体如下。

1. 在"默认选项"中选择"单位"

设定单位系统为"公制(I)(MKS)","长度/位移"单位为"毫米","应力"单位为 N/m^2。

2. 设置默认结果

在"结果文件夹"中,选择"SOLIDWORKS 文档文件夹",即文件存放的位置。选中"在子文件夹下",在文本框中输入"results"。这时系统会自动创建一个子文件夹"results"来储存 Simulation 结果。"报告文件夹"(自动存放生成的报告)在默认情况下与结果文件夹在同一目录下。在"默认解算器"一栏,选择"自动",如图 9.22 所示。

3. 设置默认图解

打开图解文件夹下的"默认图解"子文件夹。这一部分可以让用户指定分析求解完毕后要生成哪些默认的结果图解,如图 9.23 所示。

4. 图解设置

图解设置在任何静态分析结束后,Simulation 会自动生成下列图解:应力、位移、应变。

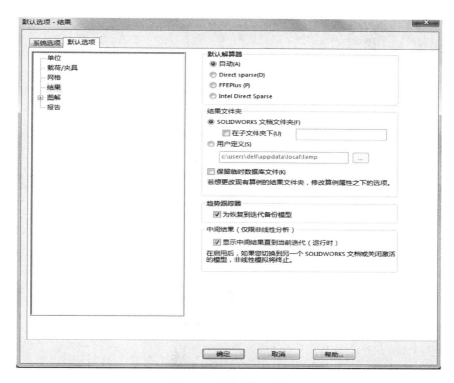

图 9.22　设置默认结果

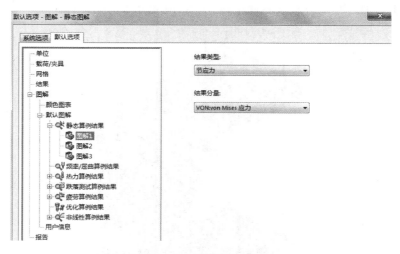

图 9.23　设置默认图解

　　图解设置可以在分析求解后自动生成默认的结果图解和单位。要添加一个默认结果图解，可右键单击"静态结果算例"并选择"添加新图解"。如有必要，每种图解都能储存在用户自定义的文件夹中。在本章中的"默认图解"文件夹下，我们将使用默认设置。

　　5. 指定颜色图表选项

　　在"图解"文件夹下选择"颜色图表"，如图 9.24 所示，设置"数字格式"为"科学"，小数位数为 6，单击"确定"，退出"选项"窗口。

图 9.24　指定颜色图表选项

习　　题

9-1　打开"网盘：\第 9 章\支架"，如题 9-1 图所示，支架材质为铸造碳钢，侧面固定，顶面施加 10 MPa 的压力，试分析该零件位移、应力、应变分布情况。

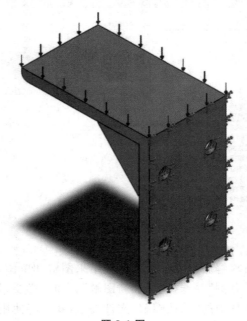

题 9-1 图

参 考 文 献

[1] 黄康.机械 CAD 与 SolidWorks 三维计算机辅助设计[M].合肥:中国科技大学出版社,2005.

[2] 常明.画法几何及机械制图[M].3 版.武汉:华中科技大学出版社,2004.

[3] 邱龙辉,史俊友,胡海明,叶琳.SolidWorks 三维机械设计实例教程[M].北京:化学工业出版社,2007.

[4] 张乐乐,郭北苑,胡仁喜.SolidWorks 应用教程[M].北京:清华大学出版社,2007.

[5] 庄文许,等.中文版 SolidWorks 2009 经典学习手册[M].北京:科学出版社,北京希望电子出版社,2009.

[6] 宋成芳.SolidWorks 基础与实例应用[M].北京:清华大学出版社,2010.

[7] 邢启恩,宋成芳.从二维到三维:SolidWorks 2008 三维设计基础与典型范例[M].北京:电子工业出版社,2008.

[8] 康士廷,胡仁喜,刘丽,等.SolidWorks 2009 中文版机械设计从入门到精通[M].北京:机械工业出版社,2009.

[9] 曹岩,赵汝嘉.SolidWorks 2007 精通篇[M].北京:化学工业出版社,2008.

[10] 刘国良.SolidWorks 2007 完全学习宝典[M].北京:电子工业出版社,2007.

[11] 孙桓,陈作模,葛文杰.机械原理[M].7 版.北京:高等教育出版社,2006.

[12] 江洪,单莉,李春表,等.SolidWorks 机械设计实例解析[M].2 版.北京:机械工业出版社,2007.

[13] 陆利锋,江洪,伍锦辉,等.SolidWorks 工程师高级教程[M].北京:化学工业出版社,2007.

[14] 詹迪维.SolidWorks 快速入门教程(2010 中文版)[M].北京:机械工业出版社,2010.

[15] 上官林建.SolidWorks 三维建模及实例教程[M].北京:北京大学出版社,2009.